BIBLIOTHÈQUE

DES MERVEILLES

PUBLIÉE SOUS LA DIRECTION

DE M. ÉDOUARD CHARTON

L'ÉLECTRICITÉ

5796. — PARIS, IMPRIMERIE A. LAHURE
Rue de Fleurus, 9

BIBLIOTHÈQUE DES MERVEILLES

L'ÉLECTRICITÉ

PAR

J. BAILLE

CINQUIÈME ÉDITION

ILLUSTRÉE DE 76 VIGNETTES SUR BOIS

PAR A. JAHANDIER

PARIS

LIBRAIRIE HACHETTE ET Cie

79, BOULEVARD SAINT-GERMAIN, 79

1882

INTRODUCTION

HISTOIRE DE L'ÉLECTRICITÉ

Jusqu'au milieu du dix-septième siècle, le seul phénomène électrique connu était celui qu'avait observé autrefois Thalès de Milet : un morceau d'ambre jaune frotté sur de la laine attirait les corps légers. Voilà l'origine modeste de toute la partie considérable des sciences physiques, de toutes les industries nouvelles, qui se rattachent à l'électricité. Le nom même, par lequel on désigne la cause inconnue de tous ces phénomènes divers, rappelle la première observation du sage de la Grèce (*électron* ou ambre jaune).

Au commencement du dix-septième siècle, le médecin de la reine Élisabeth d'Angleterre, Gilbert, dans son *Traité de l'Aimant* démontre que d'autres substances, le verre, le soufre, etc., jouissent de la propriété de l'ambre, et deviennent par le frottement capables d'attirer les corps légers. Les nouvelles se répandaient lentement alors, mais les nouvelles scientifiques attiraient toujours l'attention : et c'est ainsi que les expériences de Gilbert furent répétées partout, agrandies et développées.

Le bourgmestre de Magdebourg, Otto de Guéricke, construisit ainsi la première machine électrique. Un globe de soufre était mis en mouvement par une roue et une courroie; on appliquait la main dessus, et le globe de soufre devenu électrique par le frottement attirait vivement les corps légers. Otto de Guéricke remarqua que ces fragments fuyaient vivement le soufre électrisé, dès qu'ils l'avaient touché. La répulsion des corps électrisés était découverte. Dans son expérience, Otto de Guéricke aperçut même l'étincelle et entendit le crépitement caractéristique qui l'accompagne.

Dans les faits nouveaux qu'Otto de Guéricke avait observés, il restait beaucoup de choses inexpliquées, et les savants se mirent à travailler dans la voie qui venait d'être ouverte. Grey, en Angleterre, établit bientôt la distinction entre les corps bons conducteurs et les corps mauvais conducteurs de l'électricité, les *isoloirs*; et, le premier, il compare l'étincelle électrique à l'éclair et au tonnerre (1734). En France, Dufay, intendant du Jardin Royal, découvre les deux espèces d'électricité et parvient à électriser des animaux sur le tabouret isolant. Dufay travaillait ordinairement avec l'abbé Nollet, professeur des pages de la cour; Dufay s'était placé dans un filet de soie et Nollet tirait de l'électricité du corps de son ami.

Cette expérience devint bientôt célèbre : du feu jaillissant du corps humain, jaillissant même d'un vase d'eau électrisée! Voilà qui était étrange, et tous voulurent revoir ces expériences, de sorte qu'en répétant constamment, et sous différentes formes, les expériences déjà connues, on découvrit bientôt de nouveaux faits qui firent oublier tous les autres.

En 1744, un médecin allemand, Ludolf, en voulant électriser de l'éther, parvint à l'enflammer. L'étincelle était donc une sorte de feu, complètement analogue à la foudre.

En 1746, un professeur de Leyde, Muschenbroeck,

voulut électriser l'eau qui emplissait un verre; quand il crut l'eau suffisamment pleine d'électricité, il voulut détacher le crochet qui faisait communiquer l'eau avec la barre de bois suspendu à des cordons de soie, il reçut alors une secousse si forte et si inattendue qu'il en fut épouvanté. Il eut besoin, dit-on, de deux jours pour se

Découverte de la bouteille de Leyde.

remettre de son effroi, et quand il écrivit à Réaumur pour lui raconter son expérience, il affirma que pour la couronne de France il ne voudrait pas recevoir une seconde commotion. La bouteille de Leyde était inventée.

Un professeur de Leipzig, Winkler, avait aussi une machine électrique particulière. Le globe de soufre était remplacé par un globe de verre, et les mains frottant le globe, par des coussins de cuir souple. Il se hâta de faire l'expérience de Muschenbroeck; il se crut menacé d'une fièvre chaude, et pendant plusieurs jours ressentit des tremblements et des convulsions. Néanmoins sa femme voulut tenter l'expérience; elle reçut une secousse telle qu'elle ne put plus marcher de plusieurs jours: ce qui ne l'empêcha pas de recommencer une seconde fois une quinzaine de jours après. Mais ce fut tout et elle ne voulut jamais plus toucher aux bouteilles électrisées.

La découverte de la bouteille de Leyde fut bientôt connue de tous les savants européens. L'abbé Nollet la répéta en grand, et fit ressentir une secousse bénigne à cent trente personnes à la fois et parvint à tuer de petits animaux. On arrriva ainsi à se rendre maître de cette expérience, à doser pour ainsi dire la quantité d'électricité enfermée dans la bouteille; et alors cet instrument scientifique passa des laboratoires des savants aux baraques de la foire. Pour un sou, les badauds se faisaient électriser, et recevaient une secousse qui ne rappelait en rien les formidables chocs de Muschenbroeck et Winckler.

Au milieu des admirables résultats que nous voyons aujourd'hui, on aime à retrouver les anciennes naïvetés et les étonnements qui ont accompagné les premières découvertes, comme un homme sourit volontiers aux souvenirs de son enfance ignorante.

Dès lors, les découvertes se succèdent rapidement. Chacun s'empressait de répéter les expériences déjà connues, de faire varier quelques-unes des conditions de l'expérience et ainsi arrivèrent les faits nouveaux.

On avait remarqué qu'une pointe tenue à la main et dirigée vers le conducteur de la machine électrique,

Expérience de Franklin.

l'empêchait de se charger. Aussitôt un homme destiné à devenir célèbre, travailleur obstiné et modeste, et d'un génie aussi précis que sympathique, Franklin, voulut à Philadelphie répéter cette expérience; et, en soutirant l'électricité de la machine, il conçut l'idée de soutirer la foudre des nuages. On connaît cette expérience fameuse qui occasionna tant de discussions passionnées, tant de controverses où la science n'entrait pas seule, et qui, en rendant Franklin populaire, facilita singulièrement la séparation des colonies américaines de leur métropole anglaise.

Franklin lance son cerf-volant muni d'une pointe vers les nuages; mais son fils tient la corde, et Franklin ne remarque rien; bientôt cependant une petite pluie mouille la corde de chanvre et la rend conductrice, cela n'aurait pas suffi encore. Alors Franklin place un morceau de soie dans la main de son fils. Cette fois il tire des étincelles de la ficelle qui vient du cerf-volant. La joie et l'émotion qu'il ressentit se devinent aisément (1752, juin). Il étudia alors toutes les conditions de son expérience et vit à quel danger énorme il avait échappé : si la corde avait été plus conductrice ou même isolée, il était foudroyé. Toutes ces études le conduisirent à l'invention du paratonnerre, dont il indiqua d'une manière très précise les conditions les meilleures.

D'autres expériences amenèrent également de nouvelles découvertes, et en particulier celle de la pile électrique.

Voici l'histoire de cette découverte, où le hasard eut une grande part.

C'était en 1790, à Bologne, dans le laboratoire de Galvani, professeur d'anatomie à l'université de cette ville. Ce savant s'occupait en ce moment de l'étude des grenouilles; quelques-unes, déjà dépouillées, avaient été placées sur la table de la machine électrique, et un des assistants s'amusait à faire tourner la roue et à tirer des étincelles sans se préoccuper des grenouilles. Quel ne fut pas l'étonnement de tous lorsqu'ils virent, à chaque étincelle, les muscles de l'animal mort et dépouillé agités de violentes convulsions! Galvani se mit aussitôt à étudier ce fait et à rechercher les conditions dans lesquelles se produisaient ces secousses singulières.

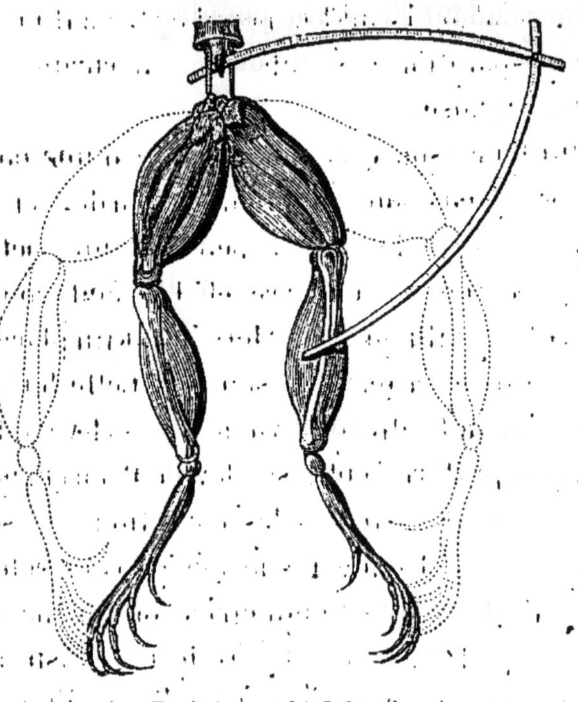

Expérience de Galvani.

Un physicien qui aurait connu la théorie de la foudre telle que venait de la donner Franklin, eût immédiatement expliqué ce fait et n'y eût plus pensé. Mais Galvani était surtout anatomiste, il ne connaissait pas l'explication du choc en retour. Il poursuivit donc ses études.

Il voulut d'abord observer l'action de l'électricité de l'air sur la grenouille dépouillée.

Un jour, le ciel étant nuageux, il suspendit à son balcon

une grenouille dépouillée. Ce balcon était en fer, et Galvani s'était servi d'un fil de cuivre. Quelle ne fut pas encore sa surprise quand il vit les muscles de ce cadavre éprouver des contractions très violentes aussitôt qu'ils venaient de toucher le fer du balcon! Ainsi donc, sans production apparente d'électricité, par cela seul que la grenouille, attachée avec un fil de cuivre, touchait le fer, les contractions musculaires étaient bien plus énergiques que lorsque la machine électrique agissait. A la nouvelle de cette expérience, toute l'Europe savante partagea l'étonnement et l'émotion du professeur de Bologne. On comprenait que de là devait sortir bientôt quelque grande découverte.

Les savants se mirent à l'œuvre. Ils répétèrent l'expérience et en cherchèrent l'explication. Galvani prétendait que les muscles et les nerfs des animaux sont des réservoirs de fluides électriques. Isolés dans ces organes, disait-il, les fluides ne peuvent se combiner que si un circuit métallique leur offre une route, et c'est cette combinaison des fluides qui produit les secousses. Les physiologistes applaudirent à cette théorie : la vie était expliquée; l'électricité devenait l'agent qui transmettait la volonté aux muscles. Hypothèse aussi séduisante qu'éphémère, car elle ne reposait que sur la conception des fluides électriques, mots vides de sens!

Pour reproduire l'expérience de Galvani, on enlève le train antérieur de la grenouille; en écorchant la partie abdominale, on met à nu les nerfs lombaires, deux filets blanchâtres qui suivent la colonne vertébrale; puis, avec un arc formé d'une tige de cuivre et d'une tige de zinc, on touche à la fois les nerfs lombaires et les muscles de la cuisse. A chaque contact, les muscles se contractent et s'agitent; on dirait que cette moitié d'animal reprend vie et veut sauter. Ces convulsions peuvent être observées quelques heures encore après que la grenouille a cessé de vivre.

Galvani, dans son explication, n'avait tenu compte que des nerfs et des muscles; pour lui, le circuit métallique n'était qu'accessoire. Un professeur à Pavie, Alexandre Volta, reconnut, comme Galvani l'avait fait du reste, que les contractions étaient très faibles quand le circuit était composé d'un seul métal. Il attribua donc le développement de l'électricité au contact de deux métaux différents, ou du moins à la rencontre du métal avec les nerfs ou le muscle. C'est seulement, affirmait Volta, parce que deux substances différentes, quelles que soient du reste ces substances, sont en contact, qu'il y a dégagement d'électricité; la grenouille ne sert qu'à manifester ce dégagement.

Un débat mémorable s'engagea entre ces deux savants. Chacun soutint son explication et voulut l'étayer sur des faits nouveaux. Et c'est ainsi que Volta construisit la pile, la découverte la plus féconde en résultats que l'on ait faite.

Il avait édifié sa théorie; son esprit, absorbé par cette idée, y revenait sans cesse, cherchant le moyen de confirmer ses assertions par des preuves concluantes. Il était alors embarrassé par un fait dont il ne pouvait se rendre compte. Il avait mis en contact deux disques, l'un de zinc, l'autre de cuivre, et sur chacun de ces métaux il avait reconnu la présence de l'électricité; mais tous deux étaient électrisés de la même façon, tandis que, d'après sa théorie, ils auraient dû l'être de la façon inverse.

Un jour, ainsi qu'il le dit dans ses lettres, il lisait un journal. Malgré lui, son attention ne pouvait s'attacher à sa lecture, sa pensée se reportait sans cesse vers le phénomène inexplicable. Machinalement, ayant détaché un coin du journal et l'ayant mis à sa bouche, il lui vint la fantaisie d'employer à son expérience ce petit morceau de papier humide. Obéissant à cette inspiration, il prit ses disques, et plaça le papier humide sur l'appareil qui lui servait à désigner la nature de l'électricité. La difficulté était vaincue, chacun des métaux était électrisé d'une manière différente.

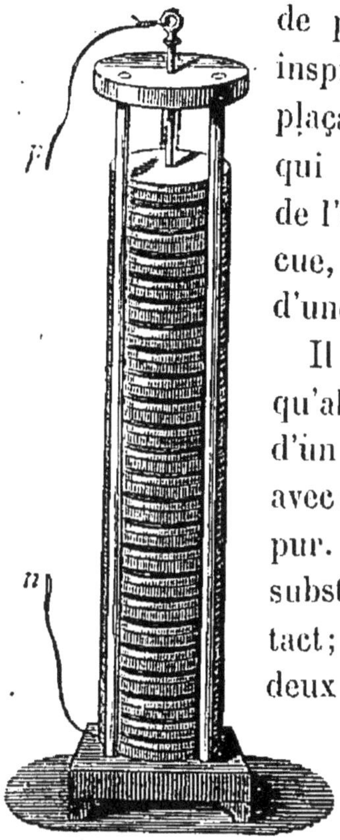

Pile de Volta.

Il comprit alors son erreur. Jusqu'alors, pour reconnaître l'électricité d'un disque, il le mettait en contact avec du laiton qui est du cuivre presque pur. Le cuivre touchant le laiton, deux substances semblables étaient en contact; le zinc touchant le laiton, les deux métaux étaient différents, et le couple primitif, zinc-cuivre, était reproduit. Volta, qui croyait étudier chaque métal séparément, n'observait en réalité que le cuivre. Mais, en touchant le laiton par l'intermédiaire du papier humide, il ne faisait pas intervenir un troisième métal, et rentrait dans les conditions exigées par sa théorie.

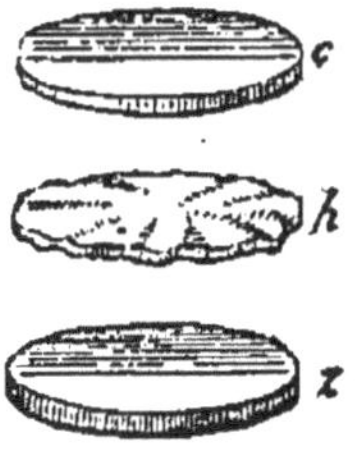

Éléments du couple de Volta.

Dès lors, la pile était inventée. Volta prit une série de deux disques en cuivre (*c*) et en zinc (*z*), soudés l'un à l'autre. Il sépara ces couples par une rondelle de drap imbibée d'eau acidulée (*h*); il les empila en les superposant. Les quantité d'électricité qu'il retira de cet appareil furent assez grands pour produire des commotions et même des étincelles; ces effets furent obtenus d'une façon continue, sans qu'on eût besoin de recharger continuellement la pile comme on devait le faire avec la machine électrique (1800).

On avait dès lors le moyen de produire de l'électricité par grandes quantités. Aussi les découvertes les plus importantes se succédèrent rapidement. Mais avant de les signaler nous allons étudier la propriété de cet agent encore inconnu qu'on appelle *l'électricité*.

PROPRIÉTÉS DE L'ÉLECTRICITÉ

Je ne veux rappeler ici que les principales propriétés de l'électricité, celles qui ont donné lieu à des applications pratiques. La théorie complète des principaux phénomènes électriques nous entraînerait trop loin, et elle a du reste déjà été faite dans divers ouvrages de cette collection, en particulier dans les *Forces physiques* de M. A. Cazin.

On sait donc que deux corps électrisés s'attirent ou se repoussent suivant qu'ils ont été chargés d'électricités contraires ou semblables. Les deux sortes d'électricités qu'on a longtemps appelées *vitrée* et *résineuse* parce qu'on les obtient en frottant le verre ou la résine, ont été appelées, d'une manière plus générale, *positive* ou *négative*. Ces deux dénominations sont empruntées à une théorie hypothétique, celle des fluides, qui est commode pour la facilité du langage, mais qui a l'inconvénient grave de satisfaire l'esprit en laissant prendre des imaginations pour des réalités.

Il résulte de tout ce que nous savons, de tous les phénomènes que l'on peut étudier, que lorsqu'on produit une certaine quantité d'électricité positive on produit aussi et au même instant la même quantité d'électricité négative. De là un troisième fluide, le fluide *neutre*, qui est la superposition des deux autres, et les corps à l'état neutre ne sont pas électrisés, parce qu'ils contiennent en égale quantité l'une et l'autre des deux électricités différentes.

Tous les corps peuvent être électrisés en prenant des précautions convenables. Ceux que l'on peut électriser par le frottement direct, comme le verre ou les résines, servent également à maintenir sur les autres corps l'électricité qu'on y dépose. Aussi les appelle-t-on des *isolants*. Ils sont tels qu'une quantité d'électricité déposée en un point de leur surface y reste et ne se répand pas sur les autres points : comme une goutte d'eau placée sur un corps gras reste au point même où elle a été placée. Les autres corps au contraire se laissent traverser par l'électricité; quel que soit le point sur lequel on a déposé le fluide électrique, toute la surface est électrisée : et ces corps ont ainsi été appelés des *conducteurs*. Un conducteur ne peut donc présenter des signes d'électricité qu'autant que sa surface est limitée, c'est-à-dire qu'il n'est pas en rapport avec d'autres conducteurs, mais qu'il est isolé.

L'électricité se porte à la surface des corps des conducteurs. Il doit bien en être ainsi, puisque les fluides de même nom se repoussent et qu'ils tendent par conséquent à occuper le plus grand espace possible.

Quand une étincelle jaillit, une certaine quantité d'électricité positive s'allie avec la même quantité d'électricité négative : et c'est cette reconstitution du fluide neutre qui est accompagnée du bruit et de la lueur qui forme l'étincelle. Cette reconstitution du fluide neutre est donc une source de chaleur, c'est-à-dire de travail.

En revanche, la décomposition du fluide neutre, c'est-à-dire l'électrisation d'un corps quelconque, exige une certaine quantité de travail ou de chaleur. L'électricité produite peut donc être envisagée comme une sorte de transformation. Nous avons dépensé du travail pour la produire, mais aussitôt que nous l'anéantirons, aussitôt que nous ferons passer ces corps électrisés à l'état neutre, nous pourrons recueillir une quantité de travail égale à celle qui a été dépensée. Nous aurons occasion de revenir sur ces faits et de les préciser davantage.

Un corps électrisé attire les corps légers qui sont voisins de sa surface; en particulier les poussières qui voltigent dans l'air, les molécules d'air même se précipitent sur la surface électrisée, se chargent à son contact et sont ensuite repoussées vivement et attirées par les corps neutres voisins. Ainsi un corps électrisé, abandonné à lui-même, se décharge peu à peu, et répand plus ou moins vite dans l'air l'électricité qu'il contient. De même un corps chaud, en rayonnant de la chaleur vers les corps froids qui l'environnent, se refroidit lentement et se met en équilibre de température avec l'enceinte qui le renferme.

Une autre conséquence du phénomène fondamental, l'attraction des fluides de nom contraire, a reçu le nom d'*induction électrique*. Un corps électrisé positivement, par exemple, décompose par influence le fluide neutre des conducteurs voisins, attire le fluide négatif et repousse le fluide positif aussi loin que possible, de sorte que les conducteurs soumis à l'influence d'un corps électrisé présentent des signes d'électricité; mais qu'on retire le corps influençant, et le conducteur redeviendra neutre; à moins qu'auparavant on n'ait enlevé le fluide positif repoussé.

Tous ces faits forment la base de toutes les théories possibles sur l'électricité. Il est inutile d'énumérer ici les nombreuses hypothèses par lesquelles on a voulu expliquer les propriétés des corps électrisés. Toutes ces théories peuvent être très ingénieuses; mais elles reposent sur des hypothèses et ce n'est point le lieu de se livrer à des imaginations. La constatation exacte et précise des faits naturels et des conséquences matérielles qu'en ont tirées les hommes, suffit pour émerveiller les esprits.

Les propriétés des corps électrisés que je viens de rappeler doivent être transformées et précisées, pour qu'on puisse en tirer des résultats pratiques. L'étincelle électrique, par laquelle un corps électrisé est violemment ramené à l'état neutre, présente, elle aussi, différentes propriétés que l'on a utilisées : elle est lumineuse, et en la produisant dans certaines conditions on en a fait la lumière électrique; elle facilite les décompositions chimiques des corps, et ce phénomène bien étudié est devenu la base des grandes industries de la galvanoplastie, et ainsi de suite.

Nous étudierons les propriétés des corps électrisés à mesure que nous parlerons avec détails des industries, déjà nombreuses, qui se sont créées autour de l'électricité.

DES QUALITÉS DES SOURCES D'ÉLECTRICITÉ

Avant d'aborder l'étude détaillée des industries électriques, il est bon de se demander quelles sont les sources d'électricité que nous avons à notre disposition; comment pourrons-nous produire cet agent merveilleux? et n'y a-t-il pas quelque raison de préférer, pour un usage particulier, une source à une autre?

Une source d'électricité est un appareil disposé pour donner des quantités plus ou moins grandes d'électricité; et comme nous ne pouvons pas obtenir un effet quelconque sans nous soumettre à une dépense équivalente, nous pouvons dire que l'électricité est une sorte de travail disponible, avec lequel nous ferons quelques ouvrages particuliers.

Comparons donc les agents mécaniques ordinaires, ceux qui nous rendent tant de services, et que nous connaissons bien, avec cet agent nouveau, dont la nature est inconnue mais dont les effets sont à peu près à notre volonté.

Pour qu'une source d'eau produise un effet mécanique utile, elle doit présenter deux qualités distinctes : il faut d'abord qu'elle ait un débit suffisant, c'est-à-dire que l'eau arrive à la machine motrice en quantité assez grande pour agir sur cette machine; et il faut aussi que cette eau conserve le plus haut niveau possible. Ces deux qualités sont aussi indispensables l'une que l'autre. Que ferait-on d'un litre d'eau arrivant par heure à une grande hauteur? Rien, le niveau seul ne suffit pas pour obtenir un effet utile. De même que ferait-on d'une grande masse d'eau stagnante? Rien encore, la quantité ne suffit pas seule : et la mécanique nous apprend que le travail que peut effectuer une masse d'eau est égal au produit de cette masse par la hauteur dont elle tombe.

De même une source de vapeur d'eau, c'est-à-dire l'eau qui bout dans une chaudière, doit présenter deux qualités essentielles et distinctes : la vapeur doit être produite en assez grande quantité pour agir sur le piston de la machine; et elle doit en outre avoir une pression la plus élevée possible, pour produire la détente. Dans une vapeur, la pression dépend de la température, de sorte que plus la température est haute et plus la pression de la vapeur est élevée. Il faut donc considérer dans la vapeur deux choses : la quantité et la température. On ne peut faire aucun travail utile avec la masse énorme de vapeur d'eau contenue dans l'air, puisqu'elle n'est pas à la température suffisante ; on ne peut faire davantage aucun travail avec la vapeur d'eau qui se dégage d'une marmite bouillant sur le feu, bien que la température soit assez élevée.

Ces deux éléments sont essentiels, et quand on établira une machine à vapeur, ou une machine hydraulique, il faudra calculer exactement la quantité de vapeur ou d'eau qui seront constamment fournies, et la température ou le niveau dont cette vapeur ou cette eau tomberont en produisant leur travail.

Il en est de même pour l'électricité : il faut qu'une source électrique présente les deux qualités essentielles, analogues à celles que nous venons de trouver par les agents matériels, et qui sont nécessaires pour la production d'un travail mécanique quelconque. Ces deux qualités particulières s'appellent, dans le cas de l'électricité, le *potentiel* et la *quantité*. Comme ces mots sont nouveaux, il est utile de les expliquer avec quelque détail.

Le potentiel, qu'on appelle quelquefois le *niveau* ou la *température électrique*, est caractérisé par la longueur de l'étincelle. Un corps électrisé, qui serait capable, si on le déchargeait, de donner une étincelle de 1 millimètre, est à un certain potentiel, connu, déterminé et dont on trouve la valeur exacte dans des tables construites par divers savants, exactement comme une vapeur d'eau à 150° est à une pression connue.

Mais si l'on regarde bien l'étincelle, on voit qu'elle est tantôt brillante, blanche et en même temps sonore, éclatante; tantôt au contraire elle est bleuâtre; à peine visible, et elle produit un crépitement à peine perceptible. Si la longueur de l'étincelle est la même, le potentiel est resté le même, quelles que soient la couleur et la sonorité de la décharge. Par quoi diffèrent donc ces deux étincelles de même longueur. Elles diffèrent par la *quantité* d'électricité qu'elles mettent en jeu. Plus grande sera la quantité d'électricité qui aura passé par l'étincelle et plus brillante en même temps que plus sonore sera cette étincelle.

Étudions maintenant les différentes sources d'électricité au double point de vue du potentiel et de la quantité d'électricité qu'elles fournissent : et cette étude est indispensable, car avant de demander à l'électricité un travail mécanique, nous devons savoir si ce travail exige beaucoup d'électricité et à un fort potentiel, ou bien si ce travail peut être accompli avec peu d'électricité à un potentiel faible : et nous choisirons alors la source en conséquence. C'est en ne se livrant pas à cette étude préliminaire que l'on subit tant de mécomptes.

DES SOURCES D'ÉLECTRICITÉ

Depuis que l'on étudie avec soin tout ce qui touche à l'électricité, on a reconnu que tous les phénomènes, quels qu'ils fussent, produisaient de l'électricité. L'échauffement ou le refroidissement des corps; une augmentation ou une diminution de pression d'un solide, d'un liquide ou d'un gaz; la mise en mouvement ou l'arrêt, les actions chimiques, les phénomènes lumineux, etc., tout cela produit de l'électricité en quantité plus ou moins grande; et la première difficulté est de faire un triage parmi ces nombreuses sources, de conserver celles qui peuvent donner de l'électricité en quantité assez grande, pour en faire des objets d'étude ou des appareils industriels.

Les premières machines électriques dont on se soit servi sont les anciennes machines dont la première fut construite par Muschenbroeck et qui ont été fréquemment modifiées. On trouve dans tous les cabinets de

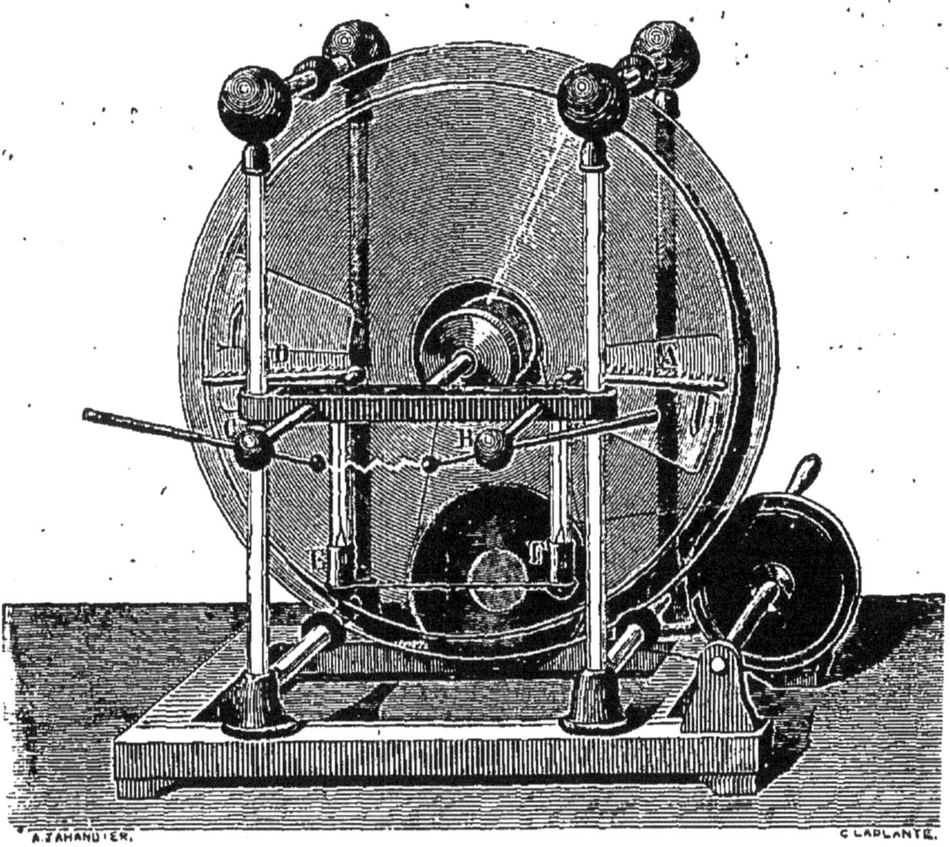

Machine de Holtz.

physique ces machines à plateau de verre, avec des coussins et des conducteurs munis de peignes. L'électricité y est déterminée par le frottement, et on obtient de fortes étincelles, lorsque le temps est favorable.

Une autre machine électrique, qui commence à être très répandue, est celle de Holtz, dans laquelle l'électricité est produite par la vitesse des plateaux mobiles.

Cette machine, dont on trouvera la description et la théorie dans l'ouvrage de M. Cazin, *l'Étincelle électrique*, donne également de fortes étincelles, à la fois longues, bruyantes et éclatantes, et se succédant assez rapidement.

Toutes ces machines à frottement donnent de l'électricité à fort potentiel, capable de franchir de longs intervalles vides, mais en petites quantités. Même lorsque les étincelles sont rapides, la quantité mise en jeu est très faible. On peut, il est vrai, augmenter les quantités d'électricité qui passe dans chaque étincelle, au moyen d'appareils particuliers qu'on appelle les *condensateurs;* mais aussitôt qu'on met un condensateur dans une machine électrique, la longueur d'étincelle diminue tout de suite dans des proportions considérables; la fréquence de ces étincelles est également moins grande; les étincelles sont, il est vrai, beaucoup plus blanches et plus éclatantes qu'elles n'étaient auparavant. Ces machines ne peuvent donc servir à aucun usage industriel : que peut-on faire d'un litre d'eau arrivant toutes les dix minutes à une hauteur de dix mètres?

Les autres sources d'électricité que l'on peut étudier, ce sont les piles, dont la première fut inventée par Volta, et qui ont été si souvent modifiées depuis. Nous décrirons les piles utilisées, à mesure que nous étudierons les différentes applications industrielles auxquelles elles ont donné naissance. Pour le moment il nous suffira de savoir que, dans la plupart des piles, l'électricité est produite par l'action chimique d'un liquide acide sur un métal, le zinc. On attache des fils métalliques aux deux pôles de la pile; ces fils se prolongent, se dirigent où l'on veut; et les extrémités de ces fils forment les pôles de la pile.

Si l'on rapproche les deux fils d'une pile, de façon à faire jaillir une étincelle entre eux, on aperçoit à peine avec beaucoup d'attention une étincelle excessivemen courte; ce n'est plus par centimètres qu'il faut compter ici, mais par millième de millimètres. Les piles donnent de l'électricité à un potentiel extrêmement bas, mais elles en donnent de grandes quantités. L'étincelle qu'on parvient à établir entre les fils d'une forte pile est continue, sans intermittence, et très brillante : c'est elle qui forme l'arc voltaïque de la lumière électrique.

Mais ces piles donnant des masses énormes d'électricité, à un niveau très peu élevé, peuvent rendre de grands services industriels. C'est grâce à elles, grâce au courant électrique qu'elles déterminent, que l'on a pu obtenir tous ces résultats merveilleux qui ont augmenté à la fois les connaissances scientifiques et le bien-être de l'humanité. Mais on voit tout de suite la limite des applications de ces piles. Le courant électrique qu'elles donnent est occasionné par une différence de niveau tellement faible, qu'une foule de travaux dont on entrevoit la possibilité sont impossibles à réaliser. Nous sommes à peu près dans le cas de ce propriétaire d'une machine hydraulique, qui avait une source énorme, mais à peu près au niveau de sa roue hydraulique.... Si seulement il pouvait l'avoir à une hauteur de quelques mètres! Il s'en sert déjà telle qu'elle est pour l'arrosage, pour un moulin très faible, mais il ne peut pas faire tout ce qu'il rêve, il n'a pas de force : et il cherche les moyens de sortir d'embarras. Nous aussi, nous entrevoyons la possibilité de magnifiques travaux, mais il nous manque la différence de niveau.

Ce sont précisément ces desiderata qui ont fait la fortune rapide des machines d'induction : je décrirai plus tard quelques-unes des machines d'induction que l'on emploie aujourd'hui. Le lecteur que ces descriptions intéressent pourra en trouver de nombreux exemples dans les ouvrages de la collection des Merveilles, M. Cazin, les *Forces physiques*, ou l'*Étincelle électrique*, M. Du Moncel, l'*Éclairage électrique*, etc. — Il nous suffit en ce moment de savoir que les machines d'induction fournissent de l'électricité en grandes quantités et à un potentiel assez

Machine Gramme à électro-aimant.

élevé. D'après leur construction, le niveau auquel est fournie l'électricité dépend de la vitesse avec laquelle on les fait mouvoir, de sorte que plus la vitesse sera grande et plus élevé sera le potentiel de l'électricité fournie. D'un autre côté, la quantité de l'électricité fournie dépend de plusieurs éléments, tels que les grandeurs de la machine : plus la machine sera large, et plus elle donnera d'électricité.

La limite d'action est donc notablement reculée : nous n'avons qu'à construire de grandes machines, et à les faire tourner très vite ; c'est bien ce que l'on fait, et c'est ainsi qu'on obtient la lumière électrique, la force que l'on distribue dans les ateliers, etc. On a déjà beaucoup fait; mais ici encore on est arrivé à peu près à la limite. De grandes machines tournant très vite : c'est un problème mécanique bien difficile. Ce sont des vitesses de neuf cents à mille, à quinze cents tours par minute qu'il fautob enir. On les obtient bien pour les scies à bois : mais les scies sont légères, sont petites, elles n'ont pas de moment d'inertie trop grand : tandis que les machines d'induction sont lourdes, difficiles à mettre en mouvement, d'un moment d'inertie énorme. Ici encore on paraît arrivé à la limite des résultats possibles.

Telles sont les trois sources principales d'électricité actuellement en usage et l'étude que l'on peut faire de chacune d'elles, avant même toute application.

DES MESURES ÉLECTRIQUES

Pendant longtemps on s'est contenté de faire de l'électricité descriptive, c'est-à-dire de découvrir les phénomènes et de les décrire avec le plus de soin et le plus d'ingéniosité possible. Les savants décrivaient les phénomènes et les industriels les reproduisaient en les modifiant économiquement.

Mais pour tirer une industrie d'un fait théorique, il faut des conditions spéciales; on doit être absolument maître du phénomène, le reproduire, l'agrandir, le diminuer avec sûreté. Les industriels ont donc été obligés de tourner autour des phénomènes déjà connus, et de s'en emparer définitivement. Pour cela, ils ont été obligés de faire des mesures difficiles, de rapprocher les phénomènes mécaniques ordinaires des phénomènes électriques, de les comparer les uns aux autres et de les mesurer les uns par les autres.

Il est donc arrivé ce fait étrange, que les théoriciens continuant à rechercher des faits nouveaux, et les industriels se rendant maîtres des phénomènes anciens, ceux-ci sont devenus beaucoup plus savants que les premiers, ils connaissent l'électricité beaucoup mieux. Il y a, pour ainsi dire, en ce moment deux sciences de l'électricité, la science théorique et la science pratique, et celle-ci est plus profonde, plus sûre, mieux assise que la première. C'est la précision apportée dans les mesures des éléments électriques qui a amené les progrès les plus incontestables de la science industrielle.

Ce n'est pas ici le lieu de faire toute la théorie des mesures électriques, ni de montrer comment la comparaison des phénomènes, en apparence divers et dissemblables, a introduit dans la science cette idée féconde et philosophique : l'unité de force et la différence des manifestations de cette force. Au lieu de concevoir des agents distincts, la chaleur, la lumière, la force mécanique, les forces chimiques, etc., ayant chacun leur besogne particulière, on a reconnu que quelques-uns de ces phénomènes se développant toujours ensemble, leur diversité tenait non pas à leur cause, mais aux organes divers par lesquels nous percevons nos sensations. Ce qui disparaît sous forme de travail mécanique se retrouve sous forme de chaleur par le frottement ; ce que l'on perd sous forme d'actions chimiques dans les piles reparaît sous forme de lumière dans l'arc électrique, de chaleur dans l'échauffement des circuits traversés, etc. : il doit donc y avoir une équivalence entre ce qui se perd et ce qui se retrouve. De là la notion d'équivalence entre les divers phénomènes très différents en apparence; de là encore le principe de la conservation de la force vive venant compléter le principe de la conservation de la matière, si heureusement placé par Lavoisier à la tête de la chimie.

Que devient l'électricité dans cette conception nouvelle de la nature? On la produit en dépensant de la force mécanique ou des actions chimiques. Mais il faut que nous retrouvions l'équivalent de notre dépense, en chaleur, en lumière, en actions chimiques. L'électricité à elle seule nous est inutile : ce qui nous intéresse, c'est la lumière qu'elle produit, c'est la décomposition galvanique qu'elle occasionne. De sorte que nous ne devon pas considérer l'électricité comme étant un agent indépendant et distinct, mais comme ayant emmagasiné de la force vive qu'elle rendra sous la forme que nous préférerons. L'électricité n'est qu'une sorte de réservoir dans lequel nous mettons de la force vive, et dont nous retirons de la lumière, ou de la chaleur, ou des actions galvaniques, etc. Le courant électrique nous intéresse non pas parce que c'est un phénomène particulier, mais parce qu'il nous permet de produire des effets que nous utiliserons pour notre bien-être ou pour notre travail.

Dès lors nous allons rejeter comme indifférentes toutes discussions sur la nature de l'électricité, toutes les hypothèses de fluides, bonnes tout au plus à faciliter le langage, et nous allons étudier les effets de l'électricité.

PERFECTIONNEMENT DE LA PILE

Jusqu'au moment où Volta construisit la première pile, on produisait l'électricité en quantité parfois très grande, mais toujours d'une manière discontinue : de sorte qu'on ne pouvait en tirer aucun avantage. Il était possible, à la vérité, d'en accumuler de grandes quantités dans des appareils spéciaux qu'on nommait *bouteilles de Leyde* ou *jarres électriques ;* mais le fluide, ainsi qu'on l'appelait alors, disparaissait tout entier aussitôt qu'on lui ouvrait un passage, et par suite ne pouvait pas être utilisé. A quel usage mécanique, par exemple, pourrait-on employer une source qui fournirait un litre d'eau d'heure en heure, si le réservoir dans lequel on cherche à accumuler le liquide présente une bouche d'écluse assez grande pour que toute l'eau disparaisse en un instant ? Une force qui agit par intermittence et par choc, ne peut donner aucun travail fructueux ; il est de toute nécessité que la machine reçoive du moteur un mouvement continu et constant. La pile de Volta, en permettant de produire une quantité d'électricité très faible, il est vrai, mais toujours renouvelée, devint immédiatement un des appareils les plus importants qui aient jamais été découverts.

Toutefois, dans la disposition que Volta avait adoptée, la pile tarissait rapidement, semblable à une source d'abord très abondante mais bientôt épuisée. On s'attacha donc à modifier ce générateur d'électricité, de façon que le débit en pût devenir constant et continu. Un grand nombre de savants, Wollaston, Münch, Volta lui-même, cherchèrent à perfectionner la pile, en en changeant la forme, tout en conservant les éléments primitifs : zinc, eau acidulée et cuivre.

Mais ce fut M. Becquerel qui, en 1829, parvint le premier à construire une pile débarrassée des nombreux inconvénients de l'appareil primitif et présentant même de sérieux avantages. Cette découverte, remarquable au même titre que celle de Volta, dont elle était un complément indispensable, est naturellement revendiquée par plusieurs physiciens. Il est cependant très établi que l'honneur doit en revenir à M. Becquerel, lequel, en partant d'idées théoriques très justes, trouva les vices de la pile de Volta, et pour les corriger construisit un nouveau modèle que l'on appela aussitôt *pile à deux liquides* ou *à courant constant.*

Dans une étude longue et minutieuse des différents phénomènes qui produisent l'électricité, M. Becquerel signala les actions chimiques comme étant un des plus importants, et il put même formuler cet axiome : *Toute action chimique est accompagnée d'un dégagement d'électricité.* La théorie de la pile, telle que la faisait Volta, en prétendant que le contact seul des métaux différents produisait le courant électrique, était donc complètement fausse. C'est l'action chimique de l'acide sur le zinc qui occasionne le courant : telle fut désormais la véritable explication de la pile, sur laquelle les expériences de M. Becquerel, puis de M. de la Rive, de Genève, ne laissent plus aucun doute.

Dans l'action corrosive de l'acide sulfurique sur le zinc, un gaz, l'hydrogène, se forme et se dégage le long du cuivre. Ce gaz, produit en bulles excessivement fines, reste adhérent sur le métal, de sorte que bientôt le disque de cuivre est entouré d'une gaine aériforme, très mince, invisible, mais suffisante pour empêcher le contact du métal et du liquide et arrêter l'action chimique. C'est là un des inconvénients de la pile de Volta. Au bout d'un temps fort court, le courant électrique diminue rapidement et cesse tout à fait; il faut alors démonter la pile, chauffer les disques pour enlever cette couche gazeuse et recharger l'appareil à nouveau.

Pénétré de ces défauts qu'il avait bien analysés, M. Becquerel proposa de détruire l'hydrogène à mesure qu'il se formerait. Il indiqua plusieurs moyens qui réussirent tous et qui aidèrent à en trouver d'autres plus pratiques et plus simples. La pile construite par M. Becquerel n'est pas restée, non plus que celle de Volta, tandis que, plus heureux que lui, la plupart de ceux qui ont suivi ses traces ont donné leur nom à des appareils dont on se sert encore. Nous décrirons ces piles à mesure que nous en aurons besoin; il suffit pour le moment de savoir que le courant électrique est produit par l'action corrosive du vitriol sur le zinc, et que le gaz hydrogène, dégagé dans cette action, est absorbé à travers un vase poreux par un second liquide dans lequel est placé le cuivre ou la substance remplaçant ce métal.

PRINCIPAUX EFFETS DES COURANTS ÉLECTRIQUES

Il y a deux sortes d'électricité, c'est-à-dire que les différents phénomènes, qui distinguent les corps électrisés des autres corps, se manifestent de deux façons différentes. Que l'on frotte, par exemple, avec un morceau de laine un tube de verre ou un bâton de résine, les deux corps seront électrisés, ils attireront tous les deux des corps légers, barbes de plume, moelle de sureau, brins de paille, etc.; ils donneront l'un et l'autre la sensation d'un léger chatouillement sur la joue, et, s'ils ont été fortement frottés, ils pourront produire une petite étincelle : ce sont là les phénomènes qui caractérisent les corps électrisés. Mais si l'on observe attentivement, on verra que lorsqu'une boule de moelle de sureau a été suspendue à un fil de soie, pour qu'elle n'ait aucun contact avec les corps environnants, lorsqu'elle a été attirée et touchée par le bâton de résine, elle est aussitôt repoussée par cette même résine et au contraire fortement attirée par le verre. Voilà donc un corps électrisé, puisqu'il a touché une substance électrisée elle-même, conservant son électricité, puisqu'il n'est en rapport avec aucun autre corps, et se conduisant différemment suivant l'objet qu'on lui présente : attiré par le verre, il est repoussé par la résine; repoussé par le premier, il est de même attiré par le second. Ces phénomènes très nets ont été vus par les premiers observateurs. Ils pouvaient en donner telle explication qu'ils voulaient, puisqu'ils étaient réduits à faire des hypothèses.

On a donc supposé qu'il y avait deux sortes d'électricité, ayant quelques propriétés communes, et quelques manières d'être différentes. On a vu que les corps chargés préalablement d'une même électricité se repoussaient et que les corps chargés d'électricités différentes s'attiraient. Aussitôt on a fait je ne sais quelle hypothèse de deux fluides, libéralement doués de propriétés aussi commodes que nombreuses, auxquels on a donné des noms comme s'ils avaient une existence réelle, l'un fluide positif, l'autre fluide négatif; mais il ne faut pas oublier que ces fluides sont des substances fictives, et que ces mots ont été imaginés pour exprimer d'une façon moins abstraite le fait primitif pour lequel ils ont été inventés.

Dans une pile quelconque, les deux électricités se produisent en même temps. Elles se séparent l'une de l'autre; et chacune d'elles vient s'accumuler en un point particulier, lequel est semblable à l'écluse fermant le réservoir d'eau qui fait tourner le moulin. On a donné à ces points particuliers le nom de *pôles*. L'un est le pôle négatif, l'autre le pôle positif. Lorsqu'on réunit ces deux points par un morceau de métal, il s'établit entre eux un courant continu d'électricité. Quelle que soit la nature du conduit métallique, quelle qu'en soit la forme ou la longueur, aussitôt que les pôles seront réunis, toujours le courant se produira. Mais si l'on coupe le fil qui forme le circuit, si on laisse un vide entre les deux bouts, le courant est interrompu et ce n'est plus qu'aux extrémités mêmes du fil, lesquelles deviendront ainsi les pôles, qu'apparaîtra l'électricité. Ainsi donc, chose essentielle, il est nécessaire que les deux pôles d'une pile soient réunis métalliquement, pour que le courant électrique se produise, et pour que la pile fonctionne.

Ainsi développée et voyageant entre les deux pôles, l'électricité manifeste son existence par une série de phénomènes qui ont tous été soigneusement étudiés, et que l'on a transformés de façon à les rendre utiles aux hommes et à les accommoder à notre usage. En variant à l'infini les conditions dans lesquelles se produisent ces manifestations du courant électrique, on est parvenu à se rendre maître de quelques-unes d'elles, de sorte que l'on sait maintenant, à peu près, les dispositions les meilleures qu'il faut prendre pour faire apparaître tel phénomène plutôt que tel autre. On sait, par exemple, que lorsque les deux pôles d'une pile sont très rapprochés, sans qu'ils se touchent, il jaillit entre eux une série d'étincelles faibles et bleuâtres, et cette étincelle bien étudiée, transformée par des dispositions spéciales, rendue brillante au moyen de certains artifices, est devenue la lumière électrique, que nous étudierons avec détail. C'est là ce que l'on a fait pour toutes les autres applications de l'électricité.

Le courant produit par une pile peut aimanter le fer, et cette faculté particulière a produit les télégraphes électriques. L'étincelle jaillissant entre les pôles a été, ainsi que je viens de le dire, agrandie au point de devenir la lumière électrique. Les secousses, produites par le courant traversant nos organes, ont pu être régularisées de façon à aider le médecin dans le traitement de certaines maladies. Les actions chimiques engendrent l'électricité; mais, à son tour, celle-ci peut développer certaines actions chimiques, et cette propriété nouvelle a donné naissance à toute une industrie importante.

A mesure que nous avancerons dans l'étude de ces applications diverses, nous étudierons complètement les phénomènes fondamentaux qui, transformés et régularisés, sont devenus la propriété de l'homme et le point de départ de tant d'admirables et utiles inventions.

ÉLÉMENTS DES COURANTS ÉLECTRIQUES

Pour bien apprécier les effets d'un courant d'eau, il faut connaître exactement la différence de niveau à laquelle l'eau est fournie et le débit de la source : mais ces éléments qui caractérisent la source, ne sont pas suffisants; il faut connaître encore différents éléments qui dépendent du canal amenant l'eau à la machine; les pertes que ce canal fera subir au courant d'eau, le retard que l'eau éprouvera pour venir de la source au moulin, etc.

Bien qu'il ne faille considérer cette comparaison que comme une image, nous l'emploierons fréquemment afin de fixer les idées par des analogies matérielles.

Nous avons déjà caractérisé les sources électriques par la différence de niveau et le débit; ces éléments constituent également le courant électrique. Mais il faut considérer aussi ce qui caractérise le canal qui amène l'électricité jusqu'au point où elle fera son travail utile. La quantité d'électricité qui passe dans un canal, est donc déterminée par la différence de niveau occasionnée par la source, et par la *résistance* que cette électricité éprouve de la part du canal; résistance qui est d'autant plus grande, que le fil est plus long, plus étroit, etc... *L'intensité* du courant, mesurée par la quantité d'électricité qui passe, est donc reliée à la différence du niveau de la source et à la résistance du fil par une loi très simple qui a été trouvée en même temps par Ohm en Allemagne et Pouillet en France.

On peut considérer aussi dans un canal un élément particulier, la *capacité*, qui n'est autre chose que la quantité d'électricité que ce canal tout entier peut contenir à la fois. Tous les corps ont une capacité électrique; mais cette capacité n'est pas un élément fixe, invariable, constant pour un même corps. C'est là une des grandes difficultés des études sur l'électricité, et des mesures que l'on est obligé de faire. La capacité d'un corps varie avec sa forme, et surtout avec les corps avoisinants : elle est plus grande quand les corps qui avoisinent le conducteur électrisé se rapprochent et quand ils sont en rapport avec le sol. On voit tout de suite combien sont compliquées les conditions dans lesquelles il faut se placer pour avoir des mesures précises et sûres.

Cette variation de la capacité électrique des corps avec les corps avoisinants explique ce qu'on appelait autrefois la *condensation* électrique. On sait qu'un *condensateur* ou une *bouteille de Leyde* est formé d'un plateau métallique isolé qu'on électrise, d'un autre plateau métallique qui est en relation avec le sol, et d'un disque de verre qui sépare les deux plateaux métalliques, tout en laissant leur distance très petite. On s'est aperçu depuis longtemps que cet ensemble de corps peut recevoir une charge électrique bien plus forte que si le plateau était électrisé seul : et on avait édifié une théorie compliquée en inventant le mot *condensation* pour expliquer le jeu de cet appareil. Sans vouloir faire ici la théorie complète des condensateurs, on voit que le plateau électrisé, voisin d'un autre plateau relié au sol, possède une capacité électrique beaucoup plus grande; et par conséquent sa charge a considérablement augmenté.

La notion de capacité est essentielle à mesurer dans les câbles sous-marins, dans les lignes télégraphiques même : car elle donne des indications très sérieuses sur l'état de la ligne, sur sa constance, et même sur sa résistance, etc.

En 1881, a eu lieu à Paris une exposition d'électricité dans laquelle ont été exposés tous les appareils, tous les procédés des industries électriques. En même temps un congrès réunissait les savants des divers pays pour discuter ensemble les questions que soulèvent les applications de l'électricité, et arrêter les mesures d'intérêt général nécessitées par ces questions. Ce congrès, où les savants les plus illustres de tous les pays échangèrent leurs idées et communiquèrent leurs travaux, exprima des vœux : et le plus important de ces désirs ainsi exprimés fut qu'une commission internationale fût nommée à l'effet de fixer les étalons des mesures électriques, de déterminer les unités ou les termes de comparaison auxquels on pourra dorénavant rapporter toutes les mesures des éléments électriques. On fera ainsi cesser les désaccords et les ennuis sans nombre que soulèvent les échanges ou les recherches se rapportant à l'électricité : chaque savant, chaque industriel a sa mesure particulière, qui n'est adoptée par aucun autre. Le vœu du congrès est donc d'une importance considérable. La commission internationale a été nommée et elle fonctionne encore en ce moment.

L'ÉLECTRICITÉ

LIVRE PREMIER

TÉLÉGRAPHIE ÉLECTRIQUE

CHAPITRE I

NOTIONS PRÉLIMINAIRES

De tout temps, les hommes ont désiré communiquer entre eux à travers l'espace. Ce désir devient rapidement un besoin, à mesure que les hommes et les peuples vivent moins isolés et entretiennent les uns avec les autres des rapports plus fréquents et plus multiples.

Plus l'activité humaine s'accroît, plus nous comprenons combien il est nécessaire de perfectionner nos moyens de correspondre à de longues distances. Déjà, l'usage du télégraphe électrique est entré dans nos habitudes journalières et fait pour ainsi dire partie de nos mœurs. C'est un instrument qui nous est maintenant familier, et dont il nous serait difficile de ne plus nous servir. En comptant toutes les applications actuelles du télégraphe, on est déjà presque arrivé à ne plus concevoir comment les peuples ont pu traverser tant de siècles sans l'avoir découvert, et on lit, avec une curiosité mêlée de quelque dédain, l'histoire des moyens imparfaits que nos pères employaient pour leur correspondance.

HISTOIRE DE LA TÉLÉGRAPHIE

Chez nos aïeux les Gaulois, lorsqu'on avait une nouvelle importante à transmettre au loin, un jeune homme montait sur une colline, et, de là, il criait son message à tous les points de l'horizon. Bientôt au loin une voix lui répondait. Ainsi de bouche en bouche, le message cheminait jusqu'aux extrémités du pays. A travers les monts, les plaines, les forêts druidiques, parmi le silence et les ténèbres, on entendait des voix se croiser dans les airs. César assure que ce mode de transmission était très rapide. Il fallut, dit-il, à peine trois jours pour que le message qui appelait aux armes toutes les tribus de la Gaule parvînt des montagnes de l'Auvergne jusqu'aux forêts sacrées de l'Armorique et aux marécages du Rhin. Si, pour ce temps-là, l'expédient était rapide, assurément il n'était pas discret, et les Romains pouvaient surprendre les nouvelles au passage.

On se servait aussi, depuis longtemps, d'autres moyens de correspondance. Des feux allumés sur les hauteurs formaient par leur arrangement des signes véritables auxquels on pouvait reconnaître la signification des dépêches. Eschyle met en scène un vieux serviteur d'Agamemnon, montant chaque soir sur les murs d'Argos pour chercher à apercevoir au loin les feux qui doivent annoncer le retour de son maître. On peut citer aussi la légende touchante de Léandre et de Héro, qui a si souvent inspiré les peintres et les poëtes. Au moyen âge, on parle d'une croix de feu, brillant sur les coteaux de la Grande-Bretagne et annonçant à tous les clans l'approche des Normands : les archers et les moines saxons se répandaient ensuite dans les campagnes et allaient expliquer aux thanes pour quelle guerre il fallait s'armer. C'est encore de cette manière que communiquent entre eux les peuples que la civilisation n'a pas tout à fait conquis. Ainsi, pendant l'insurrection des Arabes d'Algérie en **1871**, il se produisit un contraste curieux entre les deux civilisations ennemies. Le port de Bône était cerné du côté de la terre et privé de communications avec l'intérieur. L'armée française fit alors poser un câble électrique sous-marin entre Bone et Stora. Pendant la pose, les Français voyaient, la nuit, les feux des Arabes allumés sur les hauteurs et répandant au loin les nouvelles de la guerre.

Il est intéressant de constater qu'un des plus grands progrès de la télégraphie consiste à renouveler et à appliquer systématiquement les anciens procédés. La télégraphie militaire, qui se propose de faire communiquer ensemble deux corps d'armée séparés par de larges espaces inaccessibles, emploie comme signaux des rayons de lumière électrique envoyés dans des directions déterminées, aux moyens de miroirs et de lentilles appropriées à ce but.

Tant que les hommes du moyen âge vécurent par groupes isolés autour de leurs clochers, sans grand souci d'intérêts généraux et lointains, ils se sentirent peu pressés de chercher à communiquer entre eux à de longues distances; mais lorsque les mœurs se transformèrent, on ne tarda pas à se servir d'émissaires, soit d'oiseaux dressés, de pigeons, qui portaient des lettres, soit d'un homme courageux et fidèle chargé d'un écrit ou même de simples paroles, bien informé de tous les détails de quelque affaire importante, et se faisant reconnaître à certains signes convenus[1]. Plus tard enfin, le roi Louis XI organisa le régime des postes en France pour son service personnel; et cette institution sans cesse transformée et appropriée aux nouveaux besoins, parut longtemps suffire. On admirait avec raison chaque perfectionnement de ce mode de communication et de transport, quoique les courriers eussent besoin de semaines entières pour traverser des espaces que les nôtres franchissent aujourd'hui en une journée. À la fin du seizième siècle, la nouvelle de la mort de Henri III, le dernier des Valois, n'arriva qu'après quinze jours à Marseille et dans la Provence, qui, faisant partie de la Ligue avait un intérêt tout spécial à connaître cet événement. Aujourd'hui, pour aller de Paris à Marseille, une lettre met 16 heures, et un télégramme à peine quelques secondes.

On ne saurait passer sous silence un autre moyen de transmission qui a précédé l'invention du télégraphe électrique, le télégraphe aérien, que beaucoup d'entre nous ont vu fonctionner.

Ce fut en 1793 que Claude Chappe, après plusieurs tentatives infructueuses, parvint à établir une ligne télégraphique de Paris à Lille. Le 30 novembre 1794, la première dépêche arriva à Paris, annonçant la prise de Condé sur les Autrichiens. La Convention était alors en séance; elle répondit aussitôt ces paroles : « L'armée du Nord a bien mérité de la patrie, » et les soldats reçurent ce glorieux éloge peu d'instants après leur victoire. Un si heureux début assura le succès du nouveau système;

[1] Nous ne pouvons pas oublier de mentionner ici les tentatives souvent heureuses qui ont été faites, pendant le siège (1870-1871) de Paris, pour communiquer avec le reste de la France. La ville envoyait des ballons, la province répondait par les pigeons ou même par des émissaires audacieux. Les essais de télégraphie lumineuse n'ont pas réussi alors, peut-être à cause du défaut d'entente préalable entre les correspondants, et des inquiétudes de toutes sortes qui tourmentaient les esprits.

Fig. 1. — Télégraphe aérien.

on l'organisa immédiatement d'une façon si complète, que longtemps après l'invention du télégraphe électrique, alors qu'il était déjà adopté dans toute l'Europe, nous ne pouvions nous résoudre à abandonner le système aérien.

Sur un tertre élevé dans les campagnes, sur un point culminant dans les villes, on voyait une grosse tour, sur laquelle s'agitaient deux longs bras noirs réunis par une tige mobile, et se pliant et repliant dans diverses positions dont l'ensemble formait des mots, des phrases complètes. Lorsque le ciel était pur, les signaux étaient visibles de loin; mais, hélas! cette condition essentielle était dificile à rencontrer dans certaines saisons et dans certains climats. Souvent, au milieu d'une dépêche importante, des vapeurs s'élevaient, la brume s'épaississait, les signaux s'obscurcissaient de plus en plus, et le directeur qui, la lorgnette à la main, traduisait la dépêche, laissait celle-ci inachevée, en la terminant par cette phrase mélancolique: *Interrompu par le brouillard.*

Les premiers télégraphes électriques, avant de devenir pratiques et industriels ne furent considérés longtemps que comme une curiosité de cabinet. Le système actuellement adopté pour le service ordinaire dans presque tous les pays, celui de Morse, date, dit-on, de 1831; à cette époque, ce système était à peu près déjà ce qu'il est encore aujourd'hui; l'inventeur dut pourtant attendre et travailler pendant huit années encore avant d'obtenir qu'il fût sérieusement examiné.

VITESSE DE L'ÉLECTRICITÉ

Aucune des vitesses que nous observons sur la terre ne peut être comparée à celle de l'électricité. Il est difficile, en effet, de se faire une idée précise de ce que peut être une vitesse de 72 000 lieues par seconde.

Supposez un immense fil télégraphique, partant d'un pôle pour aller s'attacher à l'autre, et revenir ensuite au point de départ; supposez que ce fil, sans discontinuité, fasse deux fois le tour du globe terrestre : un signal donné en un point quelconque du fil, parcourra la longueur totale, et reviendra au même point en moins d'une seconde, dans le rapide instant qui s'écoule entre deux pulsations de votre cœur : en un mot, il faut moins d'une seconde à l'électricité pour faire deux fois le tour de la terre.

Le son est loin d'être aussi rapide que l'électricité. Si un son produit à l'un des pôles était assez puissant pour se faire entendre à l'autre pôle, et là, se répercutant, revenait faire écho au point de départ, il mettrait un jour entier à faire une seule fois le tour de la terre.

On peut citer d'autres exemples. Un boulet de canon, que rien n'arrêterait dans sa course, ne ferait ce même trajet qu'en 21 heures. Une locomotive, lancée à toute vitesse, parcourant 100 kilomètres à l'heure, mettrait 17 jours à parcourir l'espace que l'électricité franchit en moins d'une demi-seconde.

Il est donc vrai que la vitesse de l'électricité paraît être infinie. Si les dépêches n'arrivent pas instantanément au lieu de leur destination, si la transmission exige un certain temps, il faut en accuser non pas l'électricité elle-même, mais les exigences inévitables du service, les circonstances qui accompagnent l'envoi et l'irrégularité des signaux. Grâce à de nouvelles études, il est permis d'espérer qu'on obtiendra une célérité plus grande encore dans la transmission des dépêches.

Mais le mot, *vitesse de l'électricité*, ne correspond pas à une idée simple et précise; et il a besoin de quelques explications. Lorsqu'on chauffe une des extrémité d'une barre de fer, et qu'on refroidit avec de la glace l'autre extrémité, il faut un certain temps pour que la chaleur se propage d'un bout à l'autre; quand le foyer a chauffé le métal autant qu'il pouvait le faire, la barre de fer est dans un état calorifique tout particulier; chacun de ses points est à une température différente d'autant plus grande qu'il est plus près du foyer; et l'ensemble des phénomènes présentés alors par la barre de fer est conforme à certaines lois bien connues et bien étudiées. C'est là l'idée qu'on peut se faire de la propagation d'un courant électrique. La pile est analogue au foyer : celui-ci émet de la chaleur, elle envoie de l'électricité. Si le circuit est ouvert, c'est-à-dire si la pile ne communique qu'avec une des extrémités du fil, comme le foyer avec un des bouts de la barre de fer, il s'établira le long de ce fil un état électrique particulier; chaque point sera différemment électrisé, suivant qu'il sera plus ou moins près de la pile, et les lois de cette distribution ont été reconnues identiques à celles de la chaleur. Si le circuit est fermé, c'est-à-dire si l'on compare la pile à un foyer chauffant un des points d'un large anneau, pendant qu'un morceau de glace refroidit un autre point, les phénomènes ne seront pas changés; les lois de la distribution de la chaleur et de l'électricité seront encore les mêmes[1].

Ainsi donc, l'établissement d'un courant électrique dans un fil est tout à fait analogue à l'échauffement d'une barre de métal. La seule divergence qu'on trouve entre ces deux phénomènes, si différents en apparence, c'est que l'établissement du courant électrique dans un fil, même très long, est excessivement rapide, tandis que l'échauffement d'une barre de métal, quelque courte qu'elle soit, exige un temps très appréciable pour être complet.

[1] C'est ce raisonnement qui a conduit MM. Pouillet et Ohm à trouver, chacun séparément, les lois de la propagation de l'électricité.

II

ACTION DE L'ÉLECTRICITÉ DANS LES TÉLÉGRAPHES

Pour que l'électricité porte une dépêche d'un point à un autre, il faut faire mouvoir certaines machines, lesquelles produisent des signaux qui, par leur ensemble, composent la lettre.

Un télégraphe peut être comparé, pour un premier aspect, à une roue hydraulique, et l'action de l'électricité à celle de l'eau. A certains moments, on ouvre une écluse; l'eau se précipite dans un canal, le parcourt et arrive à l'usine; conduite sur la roue, elle agit sur elle par sa vitesse et par son poids; elle la fait tourner, et, son travail achevé, elle s'échappe de côté et d'autre et va se perdre en aval. Cependant la roue, en se mouvant, met en branle les machines de l'usine et produit le travail qu'on lui demande.

De même, dans le télégraphe, l'employé qui veut envoyer une dépêche lance l'électricité dans le fil; à l'instant, ce fil est parcouru dans toute sa longueur. Ainsi conduite à destination, l'électricité fait mouvoir des machines spéciales; puis, ayant accompli son travail, elle s'échappe dans le sol. Divers mécanismes sont mis en mouvement et les signaux sont produits.

On peut pousser plus loin cette analogie du télégraphe avec la machine hydraulique, bien qu'on la sache fausse et incomplète. L'eau est amenée à la roue par un canal, et pour que la roue tourne, il faut que le liquide arrive en quantité suffisante. Si l'eau n'est pas assez abondante, la roue ne tournera pas assez vite, et le travail ne se produira que très incomplètement. Si la masse d'eau est trop forte, une partie en est perdue, et la dépense est inutilement exagérée. On doit donc régler avant toutes choses la quantité d'eau convenable pour faire tourner la roue, et examiner attentivement les circonstances qui influent sur cette quantité d'eau.

Il faut tenir compte des saignées que l'on pratique au canal pour alimenter des canaux secondaires, et aussi des infiltrations considérables dans les terres voisines; il faut étudier le régime de la source et faire entrer dans le canal assez d'eau pour subvenir sans exagération à toutes ces pertes ; si elles restent les mêmes, il faut que le débit de la source soit également constant; si elles varient, on doit augmenter ou diminuer la quantité d'eau qui entre dans le canal. Ainsi, pour l'établissement d'une roue hydraulique, on doit tenir compte principalement du débit de la source, des pertes provenant de la nature même du canal traversé, et enfin de la dimension de la machine qu'il faut mettre en mouvement.

Il en est de même quand on veut établir un télégraphe. L'électricité est produite dans des appareils spéciaux qu'on appelle piles. Pour lui faire effectuer un travail quelconque, on doit satisfaire à trois conditions analogues aux précédentes. D'abord le débit de la pile ou la quantité d'électricité produite doit être convenable, ni trop forte ni trop faible, et parfaitement appropriée au résultat que l'on veut obtenir. En second lieu, comme cette électricité, produite en un lieu, doit être conduite en un autre, il faut prévoir les pertes possibles dans cette sorte de canal; ce seront des infiltrations dans l'atmosphère environnante, d'autant plus considérables que l'air est plus humide, c'est-à-dire plus perméable, et la route plus longue; ce seront aussi des saignées en faveur de canaux secondaires, tels que branches d'arbres qui touchent le fil, poteaux qui le soutiennent, etc. En troisième lieu, il faut évaluer la force nécessaire pour faire mouvoir le mécanisme sur lequel agit l'électricité.

Les appareils de télégraphie ont été rendus très mobiles, et le plus souvent la moindre quantité d'électricité suffit pour les faire marcher. Mais le trajet qui doit être parcouru est très long et la perte très considérable On exprime ce fait en disant que le circuit qui doit traverser l'électricité oppose une très grande résistance à son passage. Il est donc nécessaire que la pile soit assez forte, et surtout qu'elle soit très constante, c'est-à-dire qu'il doit entrer toujours à peu près la même quantité d'électricité dans le fil.

Parmi les piles de toutes formes et de toutes qualités qui ont été construites depuis celle de Volta, plusieurs présentent un grave inconvénient. Il arrive que la pile débite, tout d'abord et en assez grande abondance, l'électricité nécessaire, mais que bientôt la production se ralentit et s'arrête assez complétement. La source est tarie, la pile est épuisée, et il faut la remettre à neuf. Dans la télégraphie, cet inconvénient serait très grave; les pertes sont toujours à très peu près les mêmes parce que les machines à mouvoir ne changent pas. Il faut donc que la pile soit aussi toujours la même, et que son débit soit constant et continu. Les appareils sont alors à tout instant prêts à fonctionner sans qu'il soit nécessaire de perdre un temps précieux à accumuler de l'électricité.

Une pile constante est propre à la télégraphie, quel que soit, du reste, son débit. Il importe, en effet, assez peu que l'électricité soit produite en grande quantité; si une pile est insuffisante, on en met deux; on en augmente à volonté le nombre, et l'on obtient alors une production convenable.

Toutes les piles, les plus fortes comme les plus faibles, peuvent faire mouvoir un télégraphe, au moins pendant un certain temps et plus ou moins bien. Aussi, lorsque l'inventeur d'une pile se plaint de ce que son appareil n'est pas adopté par l'administration, bien qu'il fasse marcher un télégraphe, on ne saurait s'empêcher de sourire, car cette qualité est commune à toutes les piles. Chacune d'elles peut avoir une qualité spéciale qui la rendra propre à une certaine application, mais il n'y a que les piles constantes qui puissent être adoptées en télégraphie. Il est vrai que cette application de l'électricité est la plus importante, par suite la plus lucrative : ainsi s'explique le nombre considérable d'inventeurs de piles à télégraphe.

CHAPITRE II

TÉLÉGRAPHE DE MORSE

ÉLECTRO-MAGNÉTISME

Lorsque Volta construisit la première pile, il était certainement loin de soupçonner toute la portée de son invention, et longtemps après lui, on ignora le parti que l'on pouvait tirer de cet appareil nouveau.

Fig. 2. — Expérience d'Œrsted.

Cependant, en 1820, un physicien suédois, Œrsted, avait placé par hasard le fil d'une pile dans le voisinage d'une boussole. Il s'aperçut que l'aiguille aimantée était fortement déviée toutes les fois que la pile fonctionnait et que le courant électrique traversait le fil. D'ordinaire, la boussole indique le nord mais soumise à l'influence de la pile, l'aiguille tend à se mettre en croix avec cette direction normale et indique la ligne est-ouest.

D'après cette observation, on pouvait déjà imaginer un système de télégraphe. Qu'on établisse une pile à Paris et que le fil conducteur, allant passer à Lyon au-dessus d'une boussole, revienne au point de départ, quand le courant électrique sera de Paris lancé dans le fil, la boussole sera déviée à Lyon, et l'on n'aura plus qu'à convenir des signaux. Cette idée, due à Ampère, contenait en germe toute la télégraphie. Mais ce système, possible théoriquement, présentait dans l'application de très graves difficultés, et l'on ne chercha pas à le rendre pratique[1].

En répétant l'expérience d'Œrsted, en étudiant sous toutes ses formes l'influence de l'électricité sur une aiguille aimantée, on reconnut bientôt que le courant d'une pile avait pour effet d'aimanter fortement un morceau de fer. Ainsi, en entourant ce métal d'un fil qui réunit les pôles d'une pile, aussitôt que le courant passe, le fer est aimanté; aussitôt que le circuit est interrompu, le fer revient à l'état naturel. Il suffit, pour obtenir exactement ces effets, que le métal soumis à l'expérience soit bien pur; la fonte ou l'acier, plus difficiles à aimanter, conservent toujours des traces de magnétisme.

Ce fait, conséquence de l'expérience d'Œrsted, fut immédiatement appliqué à des usages pratiques. On savait dès lors aimanter ou désaimanter un morceau de fer instantanément et à une distance quelconque.

Quand on veut, maintenant encore, avoir un aimant très énergique, on prend un gros morceau de fer re-

[1] M. Wheatstone, en Angleterre, construisit un télégraphe à peu près conforme à ces indications. Les lettres étaient indiquées par le point de rencontre de deux aiguilles aimantées, diversement déviées par les courants. (Exposition rétrospective de 1881.)

courbé en fer à cheval. On l'entoure avec soin d'un fil dont les extrémités touchent aux pôles de la pile. Ce fil s'enroule un très grand nombre de fois autour de chaque branche du fer à cheval ; de cette façon, chaque tour agissant séparément et aimantant un peu le fer, l'action résultante se multiplie et devient très forte. Aussitôt que le courant traverse le fil, le fer à cheval est aimanté ;

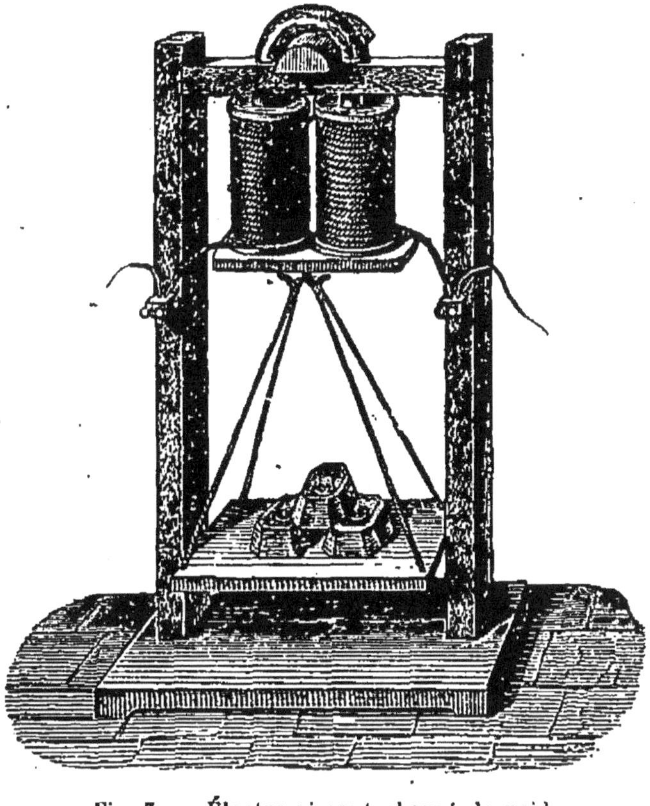

Fig. 3. — Électro-aimant chargé de poids.

on peut s'en servir alors comme d'un aimant naturel, frotter sur les extrémités un morceau quelconque d'acier pour l'aimanter, et lui faire supporter des charges considérables. Dès que l'électricité ne traverse plus le fil, le fer à cheval revient à l'état naturel en perdant tout son magnétisme.

On augmente l'effet, c'est-à-dire on rend l'aimantation

plus intense en enroulant le fil un plus grand nombre de fois. Mais il y a une limite après laquelle le nombre de tours de fil n'influe plus sur l'aimantation, limite qui dépend de la grosseur du fil, de la force du courant électrique et de beaucoup d'autres circonstances qu'il serait trop long d'énumérer ici.

Cette aimantation instantanée du fer à distance est appliquée dans la télégraphie. La pièce importante des appareils récepteurs, lesquels enregistrent les dépêches envoyées de loin, est une pièce analogue à celle que nous venons de décrire et qu'on nomme encore *électro-aimant.*

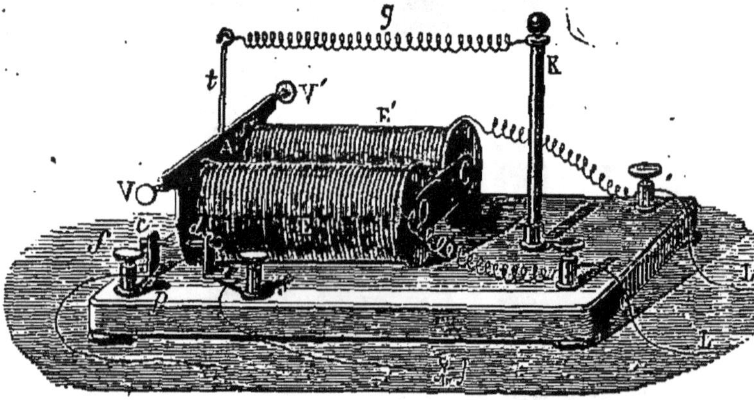

Fig. 4. — Électro-aimant des télégraphes.

C'est encore une sorte de fer à cheval entouré de fils, marqué EE' sur la figure. Devant cette pièce, et à une légère distance, se trouve une petite plaque A de fer bien pur, légère et très mobile autour de l'axe VV'; un ressort antagoniste *g* s'oppose faiblement à son mouvement et tend toujours à la ramener dans sa position normale : cette plaque forme l'armature. Quand le courant passe, venant de la ligne LL', la plaque de fer est attirée et vient se coller sur le fer à cheval ; quand le courant ne passe plus, la tige revient, sous l'action du ressort, à sa première position. On peut ainsi donner à une plaque de fer un mouvement de va-et-vient aussi rapide qu'on le veut. Divers mécanismes transformeront ensuite ce mouvement et agiront sur les pièces à signaux. Ainsi fait le piston d'une machine; poussé en dessous par la vapeur, retombant à sa première position, soit par son poids, soit encore par l'action de la vapeur, il est animé d'un mouvement de va-et-vient qui se transmettra par une série d'articulations et de bielles au volant et à l'arbre de couche.

Ce sont les diverses transformations du mouvement élémentaire de l'armature qui caractérisent les systèmes de télégraphe. Par lui-même, ce changement d'un mouvement en un autre est très simple, et la mécanique donne des règles certaines pour le produire. Mais ici la question était plus ardue, car il fallait conserver aux appareils toute leur mobilité et toute leur délicatesse, en obtenant un mouvement facile à observer; il fallait que les nouveaux organes fussent aussi sensibles que l'électro-aimant, tout en restant aussi solides et aussi sûrs. Ce résultat n'a pas été obtenu du premier coup; il a fallu de nombreuses recherches, et aujourd'hui même, où la télégraphie a atteint une remarquable perfection, il reste pourtant quelques détails qui demandent à être modifiés. Chaque jour l'usage met en évidence quelques nouveaux inconvénients, et chaque jour aussi l'on travaille à les faire disparaître.

De tous les systèmes employés ou proposés, l'appareil de Morse est le plus simple, et en même temps un des meilleurs. Nous avons dit que ce savant Américain ne parvint à faire adopter son télégraphe qu'en 1838. Depuis cette époque, toutes les administrations télégraphiques de l'Europe se sont peu à peu ralliées à son système.

CIRCUIT AÉRIEN

Un télégraphe électrique quel qu'il soit, se compose toujours d'un *fil conducteur* formant le circuit de la pile, puis d'un manipulateur envoyant la dépêche, et enfin d'un *récepteur* qui enregistre celle-ci au lieu même de sa destination.

Le fil formant le circuit est disposé de la même manière dans tous les systèmes. C'est un fil en fer galvanisé suspendu dans l'air, ou bien enfoui dans le sol, ou bien encore plongé dans la mer. Pour ces derniers circuits, il est nécessaire d'observer certaines précautions dont il sera traité plus loin.

Le fil aérien est soutenu par des poteaux en bois ou en fer, placés à une distance de 50 mètres les uns des autres. Il suit généralement les routes les plus fréquentées, ou les chemins de fer, afin que la surveillance en soit continue et facile, et qu'on puisse apercevoir et réparer un accident aussitôt qu'il se produit. Le fil est suspendu à ces poteaux par des crochets implantés dans des cloches en porcelaine.

Fig. 5. — Suspension des fils.

Toutes les fois qu'un objet quelconque touche le fil et le met en communication avec le sol, cet objet donne un passage secondaire à l'électricité : c'est une sorte de canal de dérivation. Il en résulte aussitôt une perte qui affaiblit le courant principal, et qui est d'autant plus grande que le circuit accidentel est plus facilement traversé par l'électricité et qu'il en débite davantage. A chaque poteau, à chaque branche d'arbre qui, balancé par le vent, vient toucher le fil aérien, le courant des fils se divise en deux; l'un continue sa route à travers le circuit et va faire marcher les appareils télégraphiques, l'autre s'écoule et se perd dans le sol. Ces dérivations, se produisant continuellement, affaiblissent le courant principal; il est nécessaire de les détourner ou, tout au moins, de les atténuer; c'est pourquoi l'on a fait choix de la porcelaine pour soutenir le fil et le rattacher au poteau. Cette matière conduit mal l'électricité. De même qu'une couche imperméable d'argile maintient le courant d'eau dans son lit naturel, de même la porcelaine, et les substances qu'on appelle isolantes, ne s'imprègnent pas facilement d'électricité et maintiennent le courant de la pile sur le fil. Toutefois, lorsque les godets sont humides, ils deviennent presque bons conducteurs et se laissent plus facilement traverser par l'électricité. Pour obvier à ce nouvel inconvénient, on renverse les cloches, de sorte qu'il ne pleut jamais à l'intérieur, et que la surface en contact avec le crochet de fer est toujours à peu près sèche.

Pour établir un courant électrique, il faut, on le sait déjà, que le fil, après être allé entourer l'électro-aimant du récepteur, revienne sur lui-même toucher le second pôle de la pile expéditionnaire. Dans ce parcours, le fil peut changer de forme et traverser un appareil quelconque, le courant sera toujours établi pourvu que les pôles soient réunis métalliquement l'un à l'autre. D'après cela, il semble indispensable qu'il y ait deux fils pour chaque ligne. Cependant on a reconnu qu'un seul fil était suffisant. A Paris, par exemple, on met un seul pôle de la pile en communication avec Lyon, et l'autre pôle est réuni à de larges plaques de métal enfouies dans un sol humide. A Lyon, le fil arrivant de Paris traverse le récepteur et se rend encore dans le sol. Dans cette disposition, la terre sert de second fil et ramène l'électricité au deuxième pôle de la pile. Le courant se forme aussi parfait que s'il y avait deux fils; ou plutôt d'après la manière même dont se propage l'électricité dans les fils, la pile envoie sans cesse un flux électrique qui va se perdre dans le sol, sans que les différents points atteignent jamais un état fixe d'équilibre électrique, comme le foyer envoyait dans la barre de fer un flux thermique qui allait se perdre au point refroidi par la glace.

Le sol, qui peut ainsi absorber d'immenses quantités d'électricité, est appelé le *réservoir commun*.

RÉCEPTEUR

Le récepteur est l'appareil qui reçoit et enregistre les dépêches ; il se compose d'un électro-aimant qui imprime à une tige de fer un mouvement de va-et-vient ; ce mouvement se transmet au mécanisme producteur des signaux. Avec l'appareil de Morse, l'armature écrit

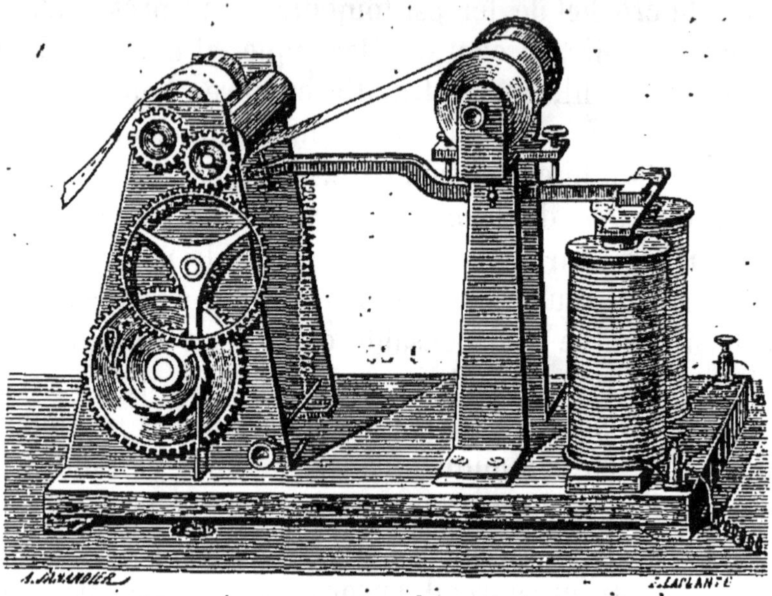

Fig. 6. — Récepteur du télégraphe Morse.

elle-même les signes sur une bande de papier qui se déroule devant elle.

L'électro-aimant est vertical, et la tige horizontale. Celle-ci s'attache à un levier très léger, analogue au fléau d'une balance. L'extrémité opposée de ce levier porte un crayon ou un stylet qui vient marquer des points ou des traits sur la bande de papier.

Lorsque le courant passe, la tige est attirée par l'électro-aimant, elle s'abaisse et vient s'appuyer sur lui. Le levier tout entier s'incline, ainsi que le fait le fléau d'une balance qui a trébuché. Le crayon s'est donc relevé, et, pressant contre le papier, il a marqué un trait continu; tant que le courant passe, l'appareil reste fixe dans cette position; dès que le courant est interrompu, la tige se relève sous l'action du ressort antagoniste, le crayon s'abaisse, et la bande se déroule à vide.

Si l'on fait passer le courant subitement et qu'on l'interrompe, aussitôt le crayon s'élève et s'abaisse instantanément et marque un point. Si, au contraire, on laisse le courant se continuer quelque temps, le crayon marque sa trace pendant toute la durée du passage de l'électricité, et le papier présentera un trait continu. C'est cette succession de points et de traits qui constitue la dépêche.

On a adopté un alphabet conventionnel où chaque lettre est formée par la réunion de traits et de points Il eût été facile de varier la longueur des traits et d'obtenir ainsi un grand nombre de signaux élémentaires. Mais cette disposition pouvait donner lieu à des confusions, et l'on a préféré ne conserver que le point et le trait, quelle que soit d'ailleurs la longueur de celui-ci.

L'alphabet usuel est uniforme pour tous les télégraphes de l'Europe : il n'a absolument rien de secret. Les lettres les plus fréquentes y sont représentées autant que possible par les signaux les plus simples; ainsi : *e* est désigné par un point, *i* par deux points, *t* par un trait, etc.

Un employé quelque peu habitué à son service peut lire la dépêche à mesure qu'elle se déroule, sans avoir besoin de recourir à l'alphabet ni même de rechercher les parties précédentes de la bande. Les lettres sont séparées les unes des autres par un espace vide, et les mots par des intervalles plus grands.

Nous reproduisons ici une bande de papier portant les mots : *Comment recevez-vous?* Cette question fréquemment répétée dans le service télégraphique a pour but de faire connaître l'état de la ligne, afin qu'on sache si les signaux passent bien et si la communication peut s'établir. Si l'on ne reçoit pas de réponse, ou si la réponse est défavorable, on est assuré que le circuit n'est pas en bon état, et l'on veille à rétablir la circulation.

Outre les signes consignés dans l'alphabet usuel, on fait souvent usage de quelques autres qui présentent par eux-mêmes un sens complet. Ainsi on avertit qu'une dépêche va être transmise par une série de traits suivis d'un point; une série de points suivis d'un trait indique aussi la fin de la dépêche; on annonce que l'on n'a pas compris, par une série de points, et ainsi de suite; les signaux les plus ordinaires, et dont l'emploi est fréquent, sont tous indiqués en abrégé.

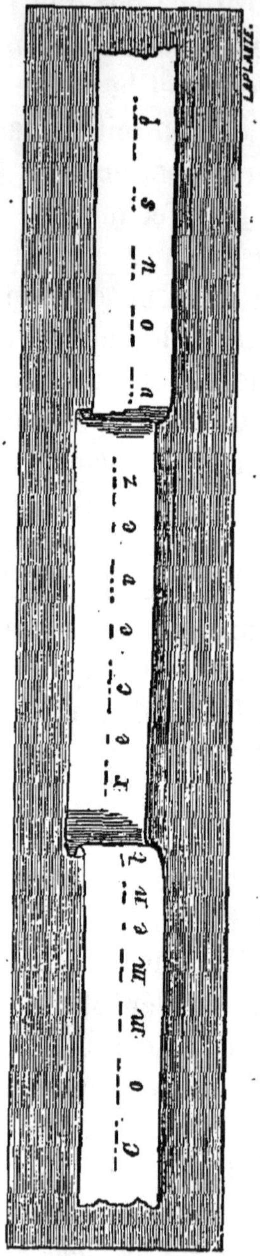
Fig. 7. — Bande de papier. (Télégraphe électrique.)

Les dépêches privées écrites en langage ordinaire et intelligible sont transmise à l'aide de l'alphabet usuel. Quant aux dépêches secrètes de l'État, aux notes des ambassadeurs, on les écrit au moyen de chiffres secrets dont les intéressés ont seuls la clef. Les postes intermédiaires reçoivent et transmettent la dépêche sans la comprendre; l'adresse seule est en langage ordinaire; ces chiffres secrets sont ordinairement formés de groupes qui se composent au moins de quatre chiffres.

Quelle que soit la nature de la dépêche envoyée, les signaux ont été transmis; ils ont été imprimés sur la bande de papier, et, s'il y a erreur de lecture ou de transmission, la bande reste, et l'on peut corriger la première lecture.

Il est nécessaire que la bande de papier se déroule elle-même et d'une façon bien uniforme; sinon le crayon marquerait toujours au même lieu, et l'on n'aurait pas une succession bien régulière des signaux. Un mouvement d'horlogerie fait marcher deux rouleaux, et ceux-ci entraînent par frottement la bande de papier. Un de ces rouleaux sert de point d'appui au crayon, lorsqu'il vient faire sa trace sur le papier; une légère rainure, pratiquée à l'endroit même où il se pose, reçoit l'empreinte du stylet, et les traits sont bien visibles sans qu'il y ait à craindre la moindre déchirure. Le mouvement d'horlogerie est déterminé par un poids ou un ressort que l'on peut remonter et régler comme celui des pendules. Quand l'employé est averti qu'une dépêche va arriver, il dégage le mouvement et le rend libre d'agir. La bande de papier se déroule alors d'une manière uniforme, et la dépêche s'écrit d'elle-même. Dès que la transmission est achevée, on entrave de nouveau le mouvement d'horlogerie, et le papier ne se déroule pas inutilement. Avant de recevoir la trace du stylet, et après l'avoir reçue, la bande de papier est enroulée autour de bobines qui complètent le récepteur.

MANIPULATEUR

Le manipulateur est l'appareil qui expédie la dépêche. Son office est de lancer l'électricité dans le fil, ou d'interrompre le courant à volonté et pour un temps quelconque, c'est-à-dire de réunir ou de séparer les pôles de la pile. Les organes en sont déterminés par les conditions qu'exige le récepteur.

Dans son système, Morse a établi un manipulateur d'une remarquable simplicité. Un des pôles de la pile communique avec le sol, et l'autre avec un bouton en cuivre placé sur le manipulateur; une vis de pression assure le contact et peut rendre le fil de la pile P complètement indépendant; c'est par ce bouton en cuivre que l'électricité entre dans l'appareil; une lame métallique part de ce bouton et vient aboutir à une pointe. Là s'arrête, dans l'état ordinaire, la communication métallique, et l'électricité s'accumule en cet endroit qui devient le pôle de la pile.

Au-dessus de la pointe se trouve placé un levier en cuivre, qui, dans son état normal, ne la touche pas : il est maintenu relevé par un ressort; de plus, il est en communication constante avec la ligne par un fil L, qui

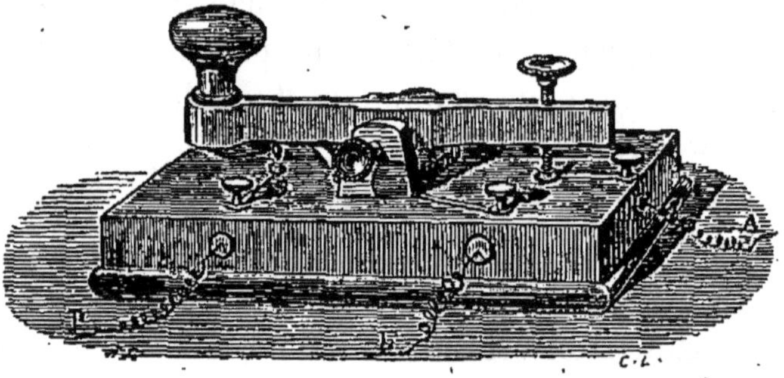

Fig. 8. — Manipulateur du télégraphe Morse.

traverse l'axe autour duquel il tourne. Lorsqu'on appuie sur la poignée qui termine ce levier, on l'abaisse et on lui fait toucher la pointe; aussitôt le courant passe et entre dans la ligne. Dès qu'on abandonne le levier à lui-même, il se relève sous l'action du ressort, et le courant est interrompu. Ce levier, qui est à lui seul tout le manipulateur, s'appelle la *clef*.

Il suffit donc d'agir sur la clef, en l'abaissant ou la relevant, pour que le courant passe ou ne passe pas dans la ligne. Si on l'abaisse pendant un temps plus ou moins long, le courant parcourt la ligne pendant le même temps; on remplit ainsi parfaitement toutes les conditions exigées par le récepteur.

Chaque poste télégraphique possède un récepteur et un manipulateur. Le fil qui porte les dépêches de Paris à Lyon, par exemple, transmet aussi celles de Lyon à Paris. Il a donc fallu ajouter au manipulateur certaines pièces qui permettent d'établir un passage continu entre la ligne et le récepteur. A cette fin, la clef repose, par son extrémité postérieure, sur une seconde pointe qui communique avec l'appareil de réception A.

Tant que le manipulateur est en repos, la ligne communique avec le récepteur, et celui-ci est tout prêt à recevoir les dépêches; si l'on veut parler et se servir du manipulateur, le circuit reste encore établi, et la clef, en s'abaissant, abondonne le bouton du récepteur. Les deux appareils sont complètement indépendants l'un de l'autre, et toujours prêts à fonctionner. Il est inutile d'ajouter qu'un poste ne doit répondre que lorsque son correspondant a fini de parler; sinon les dépêches se croiseraient sur le fil et l'on ne s'entendrait plus.

On ne saurait imaginer toutes les difficultés qu'éprouvent les débutants pour acquérir l'habitude de transmettre convenablement une dépêche. Il faut une très grande régularité de mouvements, afin qu'à l'extrémité de la ligne les signaux soient bien distincts. Les traits doivent être à peu près de la même longueur, et les points bien marqués. Les intervalles vides doivent être bien égaux entre eux, soit entre les lettres, soit entre les mots. Alors seulement la dépêche sera bonne et facile à déchiffer.

Les conseils donnés aux télégraphistes débutants pour arriver à une bonne transmission sont les mêmes que ceux qu'on donne aux musiciens pour bien battre la mesure. On doit conserver le même temps de repos et ne pas presser le mouvement.

On a publié en Suisse une instruction que suivent généralement les personnes qui veulent devenir promptement habiles. Cette méthode, que suivent quelquefois les musiciens, est aussi profitable que simple. Elle consiste à mesurer chaque battement par les syllabes *di* et *do-o* l'une pour les points, l'autre pour les traits. L'instruction contient en outre de longs conseils sur les moyens de prononcer ces syllabes avec régularité. En frappant avec le doigt sur une table de façon que le choc coïncide avec la parole, on peut arriver, dit la notice, « à apprendre à faire le service des télégraphes sans appareils et seulement en s'exerçant à frapper de la manière indiquée. »

Il faut ajouter que la clef fait en réalité un bruit analogue à celui de ces syllabes, ce qui aide beaucoup l'employé dans son travail : de même au récepteur, la tige de l'électro-aimant produit un son analogue à *di* et *do-o*, suivant la durée de l'attraction. Aussi les personnes habiles peuvent, à la simple audition de la machine, lire la dépêche tout entière.

En France, les signaux préliminaires ne s'inscrivent pas sur la bande, et sont compris d'après le son du levier. Mais, en Amérique, pour gagner du temps, on n'inscrit pas même les dépêches, et toutes les communications, dans les grands postes du moins, se font au son. L'appareil Morse est tel que nous l'avons décrit, mais les pièces sont plus massives et, par conséquent, plus sonores : l'appareil prend le nom de *parleur*. Il faut alors des employés bien excercés pour que la transmission au son soit aussi sûre et aussi rapide que la transmisson par bande.

CHAPITRE III

INSTRUMENTS DIVERS EMPLOYÉS EN TÉLÉGRAPHIE

A côté du récepteur et du manipulateur, organes principaux et indispensables, doivent se trouver aussi d'autres appareils non moins importants et sans lesquels les télégraphes ne sauraient fonctionner. Ces divers instruments, accessoires, nécessaires et communs à tous les systèmes, ont été successivement adoptés pour obvier aux inconvénients que l'usage faisait chaque jour reconnaître. C'est ainsi que, par une suite de perfectionnements indépendants les uns des autres, on est arrivé à rendre le service aussi régulier que facile.

RELAIS

Les pertes qu'éprouve un courant électrique dans son parcours sur la ligne sont généralement assez faibles et assez constantes ; mais elles peuvent accidentellement augmenter tout à coup. Il pleut, par exemple, et l'air, très humide, absorbe de grandes quantités d'électricité ; les poteaux qui soutiennent le fil deviennent également plus perméables, et les dérivations résultantes peuvent être considérables. Souvent aussi, les branches d'arbres viennent toucher le fil, et il se produit une saignée imprévue qui affaiblit notablement le courant principal. Il peut donc arriver que l'électricité envoyée par le manipulateur ne parvienne plus en quantité suffisante au point de destination, et n'ait plus assez de force pour accomplir le travail qu'on exige d'elle et faire mouvoir les appareils.

C'est pour parer à cette éventualité possible qu'on a construit les *relais*. Ces nouveaux appareils, suffisamment définis par leur nom, ont pour but de relayer le courant extrême venant de la ligne et de lui substituer un autre

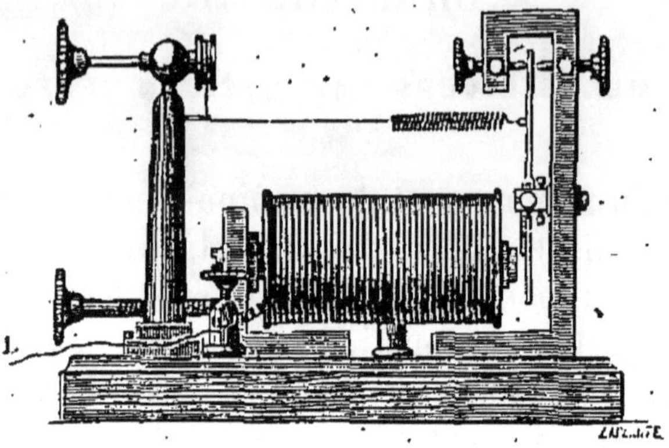

Ligne. Récepteur.

Fig. 9. — Relais de M. Froment.

courant plus fort fourni par une pile locale. Le relais est donc interposé entre la ligne et le récepteur.

Le fil de la ligne communique encore avec un électro-

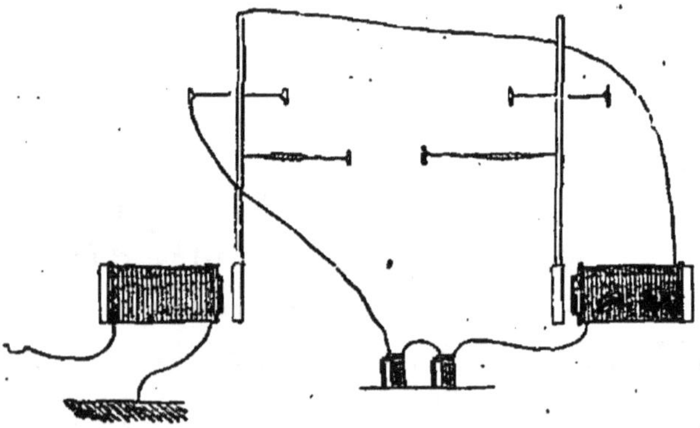

Côté de la ligne. Côté du récepteur.

Fig. 10. — Figure théorique des relais.

aimant, dont l'armature très légère est rendue d'autant plus mobile qu'elle ne fait mouvoir aucun appareil. Cette tige communique constamment avec un des pôle de la pile locale; au repos, quand l'armature n'est pas attirée par l'électro-aimant, le circuit de celle-ci est interrompu ; mais aussitôt que l'électricité de la ligne, si faible qu'elle soit, arrive dans l'électro-aimant, la tige est déplacée et vient toucher une pointe métallique posée devant elle. Cette pointe est reliée au second pôle de la pile locale, que l'armature met ainsi en communication avec le premier. Le circuit est alors formé, et dans ce courant local se trouve le récepteur. Autant de fois l'électricité de la ligne déplacera la tige, autant de fois la pile locale agira sur l'appareil à signaux. On remplace donc un courant dont la puissance est douteuse par un autre aussi fort qu'il est nécessaire, sans que les signaux en soient altérés.

Les relais, qui donnent pour ainsi dire à l'électricité locale l'ordre d'agir, peuvent rendre de très grands services ; ils sont d'un usage d'autant plus commode que la pile locale est nécessaire pour les besoins mêmes du poste. Celle-ci est distincte de la grande pile de la ligne ; le courant qu'elle fournit ne doit circuler que dans l'intérieur du poste ; c'est elle qui fait marcher les relais, qui permet de régler les appareils et de vérifier à chaque instant leur état.

Quand Morse vint en Angleterre, son système fut repoussé à l'unanimité. Les Anglais étaient déjà en possession d'un autre télégraphe inventé par M. Wheatstone, plus compliqué, mais plus parfait que celui de Morse. Ce dernier exigeait une grande force électrique et ne pouvait agir qu'à de très faibles distances. L'appareil américain, si admirablement simple aujourd'hui, allait donc être abandonné, lorsque l'inventeur eut connaissance des relais appliqués dans le système anglais. Morse s'empara aussitôt de cette idée et, complétant son appareil, le rendit capable d'agir à toutes les distances.

Depuis cette époque, les relais ont été beaucoup simplifiés ; celui qui vient d'être décrit a été construit par M. Froment et adopté par l'administration française.

TRANSLATEURS

Souvent le poste doit être traversé par une dépêche sans être destiné à la recevoir. Dans ce cas, on avertit de fermer le poste et d'établir la communication directe entre les postes correspondants. Le relais sert alors de translateur; il lance l'électricité dans la ligne et non plus dans le récepteur; lorsqu'il en est ainsi, le relais ne marche plus par la pile locale, mais par la grande pile de correspondance, et c'est le courant de celle-ci qui est envoyé dans la ligne.

Un relais quelconque, celui de M. Froment comme un autre, peut servir de translateur. Au lieu de faire communiquer l'armature avec le récepteur, on la met en rapport avec la ligne, et le jeu de l'appareil reste le même. Le courant nouveau déterminé par le mouvement du relais n'agit plus sur l'électro-aimant principal du poste, mais il va faire marcher le relais du poste éloigné. Ainsi, une dépêche envoyée directement de Paris à Marseille traversera tous les postes intermédiaires sans y être interceptée; le relais d'un de ces postes fera mouvoir le relais voisin, et ainsi de suite jusqu'au récepteur. A chaque appareil le courant change; il devient celui de la pile du poste traversé sans que les circonstances de la transmission soient altérées.

Comme la dépêche doit pouvoir marcher dans les deux sens, afin que la réponse suive la question sans être arrêtée, il faut que le relais translateur soit double. Dans chaque poste intermédiaire il doit y avoir deux relais, un correspondant à chaque côté de la ligne. L'électricité arrivant de la ligne de droite ira faire marcher le relais placé en tête de la ligne de gauche et inversement. Pour les communications directes, il ne faut naturellement qu'un seul relais, lequel agit sur le récepteur.

Ici encore le rôle du relais translateur est d'assurer

le transport de la dépêche, en renouvelant sans cesse le courant affaibli qui ne pourrait porter aussi loin les dépêches inconnues.

SONNERIE

La personne chargée de recevoir la dépêche ne peut être continuellement devant le récepteur, attendant que le mouvement se produise ; il est nécessaire de l'avertir lorsque la correspondance va commencer. A cet effet, on

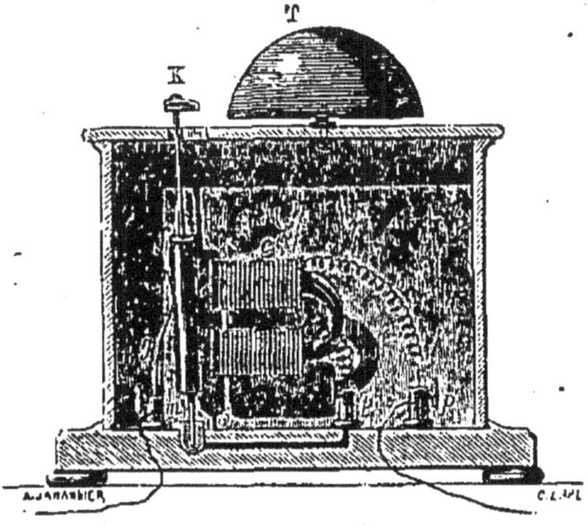

Fig. 11. — Sonnerie.

a employé, dès le principe, une sonnerie d'alarme. Il y avait déjà une sonnerie dans le premier système télégraphique de M. Wheatstone, expérimenté en Angleterre en 1837. Dans ces expériences, le télégraphe marcha parfaitement, au grand saisissement des assistants, mais les sonneries fonctionnaient difficilement ; c'est à cette occasion même que les relais furent inventés.

On compte autant de sonneries différentes que de systèmes de télégraphe ; chacun a voulu faire preuve d'imagination. Mais la sonnerie à trembleur est celle qui est le plus fréquemment usitée, surtout en France. Elle se compose d'un électro-aimant ordinaire, dont l'armature terminée en marteau vient frapper un timbre dans ses oscillations successives. Dès que l'électricité arrive, le marteau, attiré par le fer aimanté, vient frapper sur le timbre; dans ce mouvement, il abandonne la tige, et le courant est interrompu; mais alors le marteau, n'étant plus attiré, retombe et revient à sa position normale. Le courant se rétablit, et ainsi de suite. Il se produit de cette manière une série d'attractions et de chutes très rapides, mouvement qui ressemble assez à un tremblement. Pendant ce temps le timbre est choqué, et la sonnerie appelle jusqu'à ce qu'on vienne enlever le courant et le lancer dans le récepteur.

Toutes les fois que le télégraphiste s'éloigne de son appareil, il met la ligne en communication avec la sonnerie. Grâce à ce soin, dès qu'on fera les signaux préliminaires d'une dépêche, l'employé sera immédiatement averti; il répondra aussitôt qu'il est prêt à recevoir le télégramme, et, enlevant la sonnerie, il mettra la ligne en relation avec le récepteur. Alors il recevra sa dépêche.

PARAFOUDRE

La foudre qui se manifeste à nous par l'éclair et le tonnerre, et dont les effets sont si terribles, n'est autre chose qu'une décharge électrique. Des nuages orageux parcourent l'air, et de leur rencontre jaillit la foudre. Les anciennes machines à plateau de verre, dont on s'amusait avant la découverte de la pile, produisent les mêmes effets que la foudre. L'étincelle qu'elles donnent peut être longue, elle fond et volatilise les fils métalliques, comme la foudre fond les cordons de sonnette, le tain des glaces, les pièces de métal qu'elle rencontre; une charge électrique, quelque forte qu'elle soit, disparaît aussitôt qu'on lui présente un objet pointu, phénomène remarquable utilisé par Franklin pour le paratonnerre. En un mot, on peut dire que les machines et les nuages produisent de l'électricité à fort niveau potentiel.

La pile, au contraire, ne produit que de faibles sommes à la fois, mais elle les produit constamment, sans relâche. Aussi le courant d'une pile est-il impuissant à fondre les pièces métalliques ; à peine échauffe-t-il les fils qu'il traverse, encore faut-il qu'ils soient très fins ; il a besoin d'une communication continue, et ne peut pas s'écouler par les pointes ; mais il est capable de parcourir de longues distances, comme s'il était sans cesse poussé par le nouveau flux d'électricité produit. C'est l'électricité par *quantité*.

Ces deux manières d'être du même agent, occasionnées par la différence des provenances, ont ainsi quelques propriétés différentes.

Quand le temps est à l'orage, l'atmosphère est pour ainsi dire entièrement imbibée d'électricité ; le courant qui parcourt les fils télégraphiques au milieu de l'air se trouve modifié. Il entraîne avec lui une quantité parfois considérable d'électricité atmosphérique ; celle-ci suit le fil conducteur et arrive jusqu'au bout comme elle suit la chaîne d'un paratonnerre.

Arrivée au poste, cette électricité atmosphérique peut occasionner les plus graves désastres. Les fils des électro-aimants sont fondus, les appareils sont saccagés, l'employé peut être foudroyé, et ces accidents sont d'autant plus redoutables que, le plus souvent, l'orage est lointain et que rien ne faisait prévoir un pareil sinistre. Sans cesse les journaux et les bruits publics mentionnent les effets, aussi bizarres que terribles, produits par ces explosions inattendues. Des personnes renversées, des objets déplacés, des salles entières bouleversées, et tant d'autres détails qui seraient plaisants s'ils n'étaient épouvantables : voilà ce que vient faire la foudre dans un poste télégraphique. Il est donc de grande nécessité de préserver ces maisons, au risque même de ne pas recevoir la dépêche. Aussi, lorsqu'un orage un peu violent est signalé sur le trajet d'une ligne, tous les fils venant de cette ligne sont *mis à la terre*, c'est-à-dire que l'électricité, quelle qu'elle soit, apportée par ces fils s'écoule dans le sol sans passer par les appareils. Si pourtant, il est absolument nécessaire de correspondre, il faut alors faire un détour, prendre une ligne qui n'est pas à l'orage et atteindre par elle le poste de destination.

Lorsque l'orage n'est pas très violent, on se contente de mettre un parafoudre dans le circuit. C'est un instrument qui ne laisse passer que l'électricité de la pile, et arrête entièrement l'électricité foudroyante accompagnant la première; au besoin même, il peut interrompre toute communication de la ligne avec les appareils et mettre le fil à la terre.

Les parafoudres employés dans les chemins de fer sont très simplement disposés; ils suffiront pour faire comprendre le principe des appareils plus compliqués.

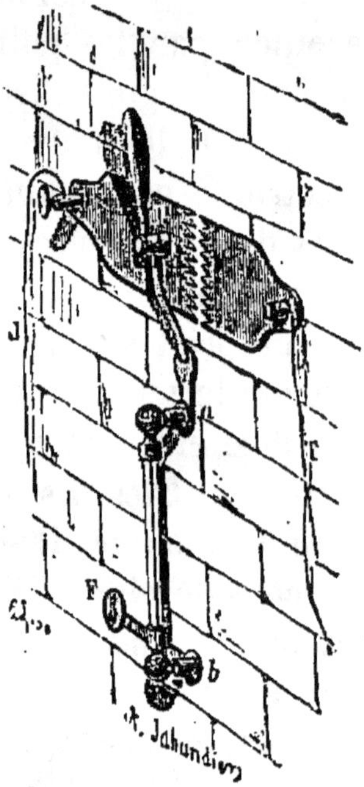

Fig. 12. — Parafoudre.

Le fil, venant de la ligne, communique d'abord avec une plaque de métal garnie de pointes nombreuses, ce qui la fait ressembler à une sorte de peigne; vis-à-vis de cette première plaque, il s'en trouve une autre toute semblable et reliée au sol. La foudre, entraînée par le courant de la pile, arrive sur la première de ces plaques, y rencontre les pointes et s'écoule par elles dans le sol; l'électricité dynamique, sur laquelle les pointes n'ont pas d'influence, continue son chemin;

elle passe dans un fil de cuivre très fin, enfermé dans un tube de verre, et de là elle arrive aux appareils de réception. Si la foudre était en trop grande quantité pour s'écouler entièrement par les pointes, elle serait arrêtée à ce fil très fin qui se fondrait immédiatement : le passage se trouverait alors intercepté, et aucune électricité n'arriverait plus aux appareils.

Dès que l'on voit une transmission irrégulière ou des signaux désordonnés, on présume qu'il y a un orage sur le parcours de la ligne, et l'on s'empresse de mettre le parafoudre dans le circuit. Si cette précaution est suffisante, on peut continuer la correspondance, en agissant toutefois avec la plus grande prudence. Mais si le fil de l'appareil est fondu, il faut immédiatement mettre la ligne à terre et établir cette communication avant même que les fils pénètrent dans le poste. Le parafoudre, en effet, est loin d'être aussi efficace qu'il le paraît au premier abord, et il ne faut avoir en ce préservatif qu'une confiance très limitée ; car on doit songer, avant toutes choses, que la foudre est terrible et que ses effets ne sont soumis à aucune loi connue d'avance.

Grâce à ces précautions minutieuses, quand la foudre tombe sur un poste télégraphique, elle ne produit souvent aucun dégât. Sur la ligne, au contraire, il arrive fréquemment que l'orage éclate entre les fils et les nuages ; plusieurs poteaux sont parfois foudroyés : ils sont traversés, fendus du haut en bas, sans qu'ils cessent, du reste, de continuer leur office.

BOUSSOLES ET GALVANOMÈTRES

L'expérience d'Œrsted, qui a servi de point de départ à l'électro-magnétisme et par suite à la télégraphie, montre l'influence d'un courant sur une aiguille aimantée. Elle permet en même temps de reconnaître si un fil métallique est traversé par un courant. L'ac tion du fil sur une boussole voisine mettra le fait en évidence.

D'après ce principe, on a construit un appareil indispensable dans toutes les recherches sur l'électricité et nommé *galvanomètre*. La sensibilité de cet instrument peut être rendue très grande; il accuse la présence des moindres courants, et cette qualité le rend extrêmement

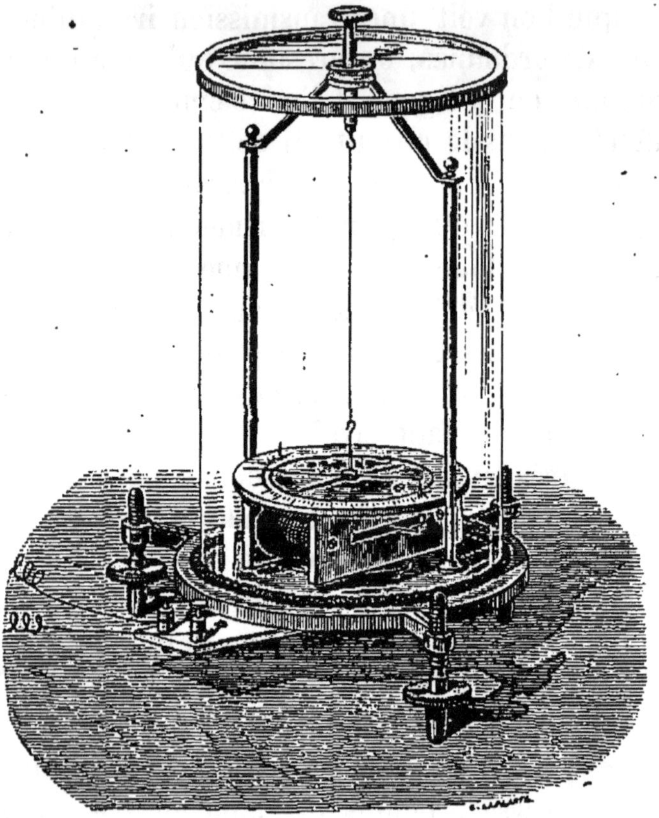

Fig. 13. — Galvanomètre des cabinets de physique.

précieux pour le service télégraphique comme pour les recherches les plus élevées de la science.

Une aiguille aimantée très mobile, suspendue à un fil très léger, est placée sur un cercle horizontal. Afin de rendre la mobilité plus grande encore et d'annuler presque entièrement l'action de la terre, on accouple à cette première une seconde aiguille qui lui est en tout semblable, de même forme et également aimantée. On dispose le système de façon que si l'une veut se diriger vers le nord, l'autre tende à aller au sud. C'est ce qu'on appelle un système astatique. Ces deux aiguilles, solidaires l'une de l'autre, sollicitées en sens inverse, forment un appareil presque complètement soustrait au magnétisme terrestre; il le serait entièrement si les aiguilles avaient exactement la même aimantation, ce qu'on ne peut jamais obtenir.

De ces deux aiguilles l'une est visible sur le cercle et en parcourt les divisions; l'autre, placée au-dessous, est entourée d'un cadre en bois. Autour de ce dernier s'en-

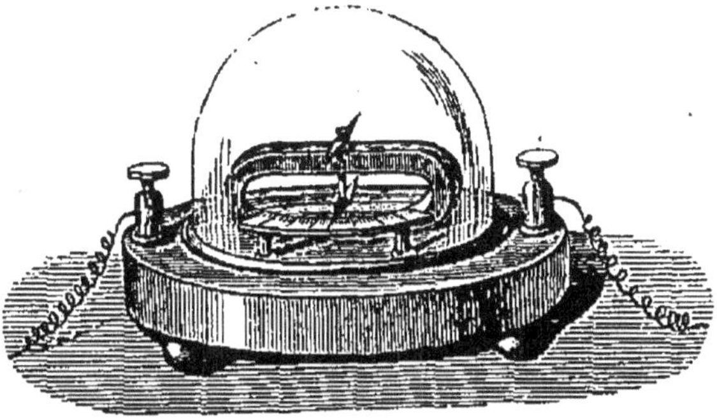

Fig. 14. — Boussole ordinaire.

roule plusieurs fois, comme sur une bobine, un fil de cuivre recouvert de soie, afin que chaque tour soit isolé des tours voisins. C'est dans ce fil qu'il faut reconnaître la présence d'un courant, et pour cela on en réunit chaque extrémité à un bouton auquel s'attache le fil à expérimenter.

Comme dans les électro-aimants, chaque tour agit isolément et déplace l'aiguille. Si faible que soit le courant, son action, multipliée par le nombre de fils, devient perceptible; et comme sur chaque aiguille les actions s'ajoutent, on voit que la sensibilité de l'appareil n'a, pour ainsi dire, pas de limite. Dans les expériences ordinaires, on se contente de vingt-cinq à trente tours du fil autour du cadre; mais pour les observations délicates qui exigent une grande précision, on se sert d'appareils ayant un nombre de tours variables avec les recherches que l'on fait; on construit ainsi des galvanomètres ayant de dix à vingt mille tours.

Plus le courant qui est manifesté par le galvanomètre sera fort, et plus la déviation de l'aiguille sera grande : on conçoit que, par ce déplacement, il soit possible de mesurer la puissance d'un courant. Le cercle sur lequel se meut l'aiguille est divisé, et la graduation indique souvent la force même du courant. Le galvanomètre devient alors une boussole, laquelle, par une seule lecture et quelques faciles manipulations, donne la mesure du courant électrique. Dans les postes télégraphiques, on emploie des boussoles qui diffèrent légèrement par la forme, et non par le principe, des galvanomètres ordinaires.

Tous les postes doivent être munis de boussoles et de galvanomètres. Généralement, un de ces appareils est fixe, encastré dans la table et couvert d'une cloche de verre; on le consulte quand on cherche l'état de la ligne. On sait à peu près d'avance la déviation correspondant à une réception convenable : si la déviation obtenue est trop faible, cela veut dire qu'il se produit des pertes sur la ligne; si la déviation est suffisante, sans que la réception soit bonne, on en conclut qu'il y a un dérangement entre le galvanomètre et l'appareil à signaux.

Outre ce galvanomètre, chaque poste est encore muni d'autres appareils du même genre, mobiles et pouvant servir à des expériences en divers endroits de la pièce. Il est nécessaire d'avoir tous ces instruments en double; car, il faut bien le reconnaître, le principal écueil de la télégraphie provient de la sensibilité parfois extrême des appareils : le moindre accident les dérange et les rend impropres au service. Or il faut toujours avoir des appareils dont on soit sûr, et qui ne refusent pas leur office au moment même où l'on a besoin d'eux.

PILES

L'adoption de la pile est d'une importance capitale en télégraphie. Il faut se rendre exactement compte des conditions que doit remplir une bonne pile et des nombreuses qualités qu'elle doit réunir, afin de pouvoir choisir parmi les modèles proposés et toujours vivement recommandés. La condition principale, et dont il a déjà été parlé, est la constance et en même temps la continuité du débit. Il est de toute nécessité que l'appareil produise constamment la même quantité d'électricité pendant un certain temps, et sans s'épuiser. Il faut ensuite que la pile soit d'une manipulation facile et que les employés inférieurs, même ceux dont la réputation est d'être peu soigneux, puissent aisément la mettre en action, la réparer et la nettoyer. Il y a enfin des conditions de bon marché que l'administration doit naturellement rechercher dans ses appareils. De plus, comme une seule pile ne fournit que des quantités restreintes d'électricité et ne peut être suffisante pour desservir toute une ligne, on est obligé d'accoupler plusieurs piles ensemble pour accroître le débit et le rendre convenable. Mais cet accouplement nécessaire, s'il augmente le débit, rend la manipulation de plus en plus difficile ; et cet inconvénient est bientôt exagéré outre mesure. Il faut donc que la pile produise par elle-même assez d'électricité pour qu'on n'en réunisse qu'un petit nombre.

Chacune de ces piles, fournissant son contingent d'électricité, s'appelle un *élément;* et à l'ensemble de ces éléments qui donne le courant définitif est réservé le nom de *pile*.

A ces premières conditions simples et évidentes, on doit en ajouter quelques autres, reconnues par l'expérience, et dépendant probablement de la nature inconnue de l'électricité. Comme ces dernières sont maintenant encore difficiles à expliquer, elles sont le plus souvent négligées par ceux qui ne se rendent pas un compte exact des phénomènes scientifiques. Aussi lorsque, après des essais consciencieux, on refuse une pile nouvelle, les inventeurs se plaignent, se disent sacrifiés, avec d'autant plus d'apparence de raison qu'on ne peut pas toujours leur dire clairement pourquoi leur pile n'est pas acceptée. Je vais essayer, non pas d'expliquer, mais de faire comprendre ces conditions importantes que l'on réunit sous l'appellation commune de *résistance intérieure*.

Lorsque l'électricité se développe dans un élément de pile, elle naît pour ainsi dire en chaque point; puis ces nombreux atomes de l'électricité cheminent peu à peu dans l'intérieur de l'élément et viennent tous se réunir aux pôles. Il y a deux pôles, car il y a deux sortes d'électricité, ainsi qu'il a été dit dans l'introduction; et chacune se rend à un point particulier. C'est par la réunion des deux pôles et le contact de ces deux électricités accumulées que se forme le courant. Quand on a accouplé plusieurs éléments, on fait en sorte que toutes les électricités partielles élaborées dans chacun d'eux se rendent à deux pôles uniques : et pour cela, il faut que la réunion en soit facile et qu'il ne s'en perde pas de trop grandes quantités en route. On exprime ce fait en disant que la résistance intérieure de la pile doit être très faible.

A cause de ces nombreuses conditions, difficiles à remplir, le nombre des piles employées en télégraphie est très restreint. En Amérique, on se sert encore de la pile de Bunsen, dont il sera plus tard question; mais en France on se sert surtout des piles de Daniell, de M. Marié Davy, et de Leclanché; toutes les autres ont été rejetées.

La pile de Daniell, dont l'emploi est jusqu'à présent le plus universel, se compose d'une série d'éléments disposés chacun de la manière suivante. Un vase en verre plat est rempli d'eau pure. Dans cette eau, on introduit une lame de zinc recourbée. C'est à une action chimique qu'est due la production de grandes quantités d'électricité. Pour éviter une trop rapide corrosion du zinc, et surtout une corrosion inutile quand l'appareil ne marche pas, on a essayé d'amalgamer ce métal, c'est-à-dire qu'on le recouvre d'une couche de mercure. Cette opération très simple doit ralentir l'action

Fig. 15. — Pile de Daniell, décomposée et en action.

destructive de l'acide, sans présenter d'inconvénients sérieux.

La lame de zinc se charge d'électricité et devient un pôle de la pile, qu'on appelle pour cette raison le pôle zinc. Dans l'eau, on place encore un vase très poreux, en terre blanche, plein d'une forte dissolution de couperose bleue ou sulfate de cuivre. Le vase poreux a la propriété de retenir les liquides, de ne leur permettre de se mélanger qu'au bout d'un temps très long, sans pourtant arrêter le gaz ni l'électricité. Enfin dans ce vase, on plonge encore une lame de cuivre, qui forme le second pôle de la pile.

L'électricité, inverse de celle qui est restée sur le zinc, traverse le premier liquide, le vase poreux, puis le second liquide, et vient s'accumuler sur la tige, qui est le pôle cuivre. Le gaz hydrogène, dégagé par la corrosion du zinc, traverse également le gaz poreux et vient se faire absorber par la dissolution de sulfate de cuivre, de sorte que le second pôle ne se couvre pas de la gaine gazeuse qui est si nuisible au débit de la pile, et que cet appareil émet un courant constant.

Telles sont les diverses parties de l'élément de Daniell. La forme et les dimensions de toutes les pièces ont été déterminées peu à peu par l'expérience, et aussi par la théorie mathématique, qui ne doit jamais être négligée, bien que les difficultés qu'elle fait éprouver aux chercheurs ne paraissent pas d'abord en rapport avec les résultats qu'elle peut donner.

Le vase poreux est la partie de l'appareil qui a causé le plus grand embarras; c'est de ce vase que provient la plus grande résistance intérieure. Aussi a-t-il donné lieu à de nombreux perfectionnements. A l'intérieur, tout près de la lame de cuivre, est une grille, invisible dans la figure (page 45), et remplie de cristaux de couperose bleue, qui nourrissent le liquide à mesure qu'il s'épuise.

Cette pile a le grand avantage d'être à la fois constante, forte, très maniable et peu coûteuse. Sa résistance intérieure est à la vérité assez grande, mais ce défaut s'atténue de lui-même, car le vase poreux s'incruste à la longue de cristaux qui facilitent le passage de l'électricité. Un autre inconvénient consiste en ce que les parties métalliques extérieures aux liquides se recouvrent également de cristaux de sulfate de cuivre qui peuvent occasionner des dérivations. Plusieurs moyens ont été proposés pour l'éviter; le plus simple est d'enlever chaque jour les cristaux formés, ce qui a de plus l'avantage de faire visiter régulièrement la pile.

La seconde pile employée par l'administration française est celle de M. Marié Davy. On a longtemps hésité sur la disposition la plus convenable qu'il fallait donner à ce nouveau générateur d'électricité. Le modèle qu'on avait préféré se composait d'un vase en verre ou en faïence, divisé ordinairement en deux compartiments, comme le montre la figure. Au fond de chacun des compartiments était placée une plaque de charbon recouverte d'une pâte de sulfate d'oxydule de mercure délayé dans de l'eau. Une lame de zinc, munie d'une poignée, reposait sur deux appuis métalliques et se trouvait entièrement baignée par de l'eau acidulée. Cette disposition évitait l'emploi du vase poreux.

Les deux compartiments étaient identiques, et chacun

Fig. 16. — Pile de M. Marié Davy.

d'eux formait un élément distinct. Le charbon de l'un était réuni au zinc de l'autre, et l'on avait ainsi une pile complète dont on pouvait se servir isolément, ou qu'on réunissait à d'autres piles pareilles.

Mais on reconnut bientôt que cet arrangement altérait considérablement la régularité du débit, et l'on dut revenir au modèle ordinaire adopté pour toutes les piles, et qu'un long usage a consacré. Comme dans l'appareil de Daniell, un vase en verre renferme une plaque de zinc plongeant dans l'eau acidulée; un vase poreux est plein d'une pâte liquide de sulfate de mercure, et une lame de charbon plonge au centre.

Nous retrouvons ici les mêmes éléments que dans la pile de Daniell; le charbon remplace le cuivre et transmet plus facilement l'électricité, sans se couvrir de ces efflorescences cristallines qui donnent lieu à des pertes importantes. C'est lui qui devient le pôle cuivre ou charbon. Le sulfate de mercure remplace la couperose bleue ; comme il ne se dissout pas dans l'eau, il ne peut pas y avoir mélange de liquides. La lame de zinc plonge de même dans l'eau acidulée, et le mercure réduit par l'action chimique se porte sur le zinc, dont l'amalgamation est sans cesse complétée.

Ici encore le débit est constant, mais il est plus considérable que dans la pile précédente, la résistance en est moindre, le maniement plus facile. Seulement le sulfate de mercure est très vénéneux comme du reste tous les sels de mercure, et l'emploi de cette matière est dangereux. De plus, cette substance est d'un prix très élevé, mais on subit ces inconvénients en comparaison des avantages que présente la pile.

Trente-huit éléments de M. Marié Davy, agissant nuit et jour, desservent une ligne de 500 kilomètres avec une force qui s'est conservée pendant 3 mois et 27 jours ; tandis que la pile de Daniell, appliquée au même travail, exige soixante éléments, et le débit n'en est constant que pendant 2 mois et 25 jours. Ces chiffres suffisent pour faire comprendre pour quelles raisons l'usage de la pile à sulfate de mercure tend à se répandre de plus en plus. Employée d'abord comme pile locale, elle a été utilisée ensuite comme pile de ligne ; et si son usage est encore restreint au bureau de l'administration centrale et à quelques autres postes importants, c'est que l'on craint de mettre entre des mains maladroites et ignorantes un poison aussi violent que le sulfate d'oxydule de mercure.

Cette substance se vend dans le commerce à raison de 7 fr. 50 le kilogramme ; et bien que l'administration se fournisse par adjudication, le prix en est encore fort élevé. Il est juste d'ajouter que chaque élément n'en consomme environ que 20 grammes par mois, que la plaque de zinc dure trois mois, et que la pile ne demande d'autre entretien que l'addition d'un peu d'eau de temps en temps.

Le sulfate d'oxydule de mercure se vend en poudre blanche assez lourde, qu'on délaye dans l'eau. On laisse déposer ce mélange ; il se rassemble au fond du liquide une pâte jaunâtre, que l'on recueille pour l'introduire dans la pile, autour du charbon. L'eau qui a servi à délayer le sulfate, et qui, dans cette opération, s'est légèrement acidulée, est utilisée dans la pile pour baigner la plaque de zinc. Ainsi chargé, l'appareil entre, après quelques jours, en pleine activité.

Enfin, depuis quelques années, on a introduit dans l'usage des télégraphes un nouveau générateur qui paraît avoir des qualités sérieuses : c'est la pile Leclanché. Dans cet appareil le vase poreux renferme, au lieu de liquide, une poudre noire, très chargée d'oxygène, le péroxyde de manganèse, bien connu des chimistes. En dehors, le liquide acidulé est remplacé par une dissolution de sel ammoniac ordinaire, le chlorhydrate d'ammoniaque de Lavoisier, ou quelquefois encore de sel ordinaire. C'est dans cette dissolution que plonge une tige de zinc.

Voici donc ce qui va se passer : le zinc attaqué par le sel sera toujours un des pôles; l'oxygène, nécessaire pour absorber l'hydrogène formé, est fourni en grande abondance par le peroxyde de manganèse, qui constitue l'autre pôle. Cette substance étant assez conductrice de l'électricité, la résistance intérieure de la pile est ainsi considérablement diminuée; et dans le vase poreux plonge encore une lame de charbon, qui recueille l'électricité cheminant à travers l'oxyde de manganèse et formera le pôle charbon ou cuivre.

Dans cette pile à un seul liquide on peut mettre une dissolution très concentrée d'ammoniaque, et même entretenir un excès de cristaux pulvérisés, et par conséquent la production de l'électricité sera régulière et constante pendant longtemps. Dans les essais qui ont été faits, le débit s'est maintenu à peu près constant, pendant près de trois ans, la pile ne travaillant que par intervalles et selon la nécessité. De plus, la dépense est relativement assez faible à cause du peu de valeur des substances employées et de l'utilisation presque complète de toutes les parties, les pertes étant à peu près nulles. Enfin la surveillance en est très facile, et il suffit d'ajouter un peu d'eau de temps en temps, pourvu qu'il reste toujours des cristaux de sel ammoniac. L'inconvénient reconnu de ces piles est que le débit est assez faible, et qu'il faut associer un assez grand nombre de couples pour avoir un courant convenable.

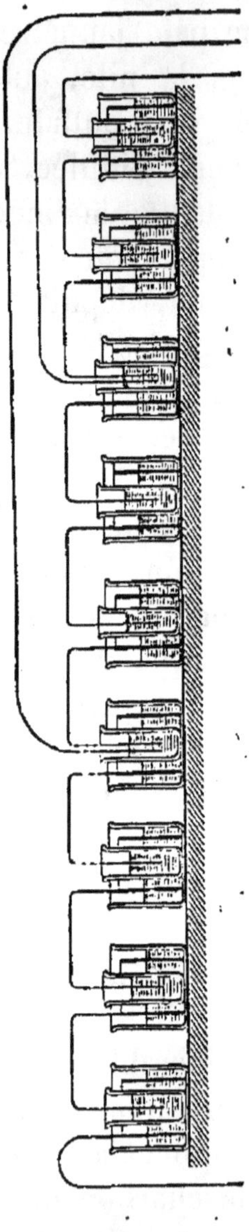

Fig. 17. — Coupe théorique de l'arrangement des piles.

Néanmoins le générateur de M. Leclanché commence à se répandre de plus en plus. En France, l'administration des télégraphes a adopté cet appareil; diverses compagnies de chemins de fer s'en servent, soit dans un certain nombre de postes, comme les compagnie de l'Ouest, du Nord, de Lyon, soit sur tout le réseau, comme les compagnies de l'Est. Dans divers autres pays, en Belgique, par exemple, ces piles fonctionnent régulièrement dans les postes de l'administration.

Quelle que soit la pile employée, on réunit dans une même chambre un assez grand nombre d'éléments. Le pôle zinc du premier est mis à la terre, tandis que le pôle cuivre communique avec le pôle zinc du second. Le pôle cuivre de ce dernier est encore réuni au pôle zinc du troisième, et ainsi de suite jusqu'au dernier élément, dont le pôle cuivre est mis en relation avec le manipulateur et la ligne.

Les éléments sont séparés, ils ne doivent jamais se toucher; ils sont placés sur des grilles en bois, dans un endroit bien sec, bien aéré, et d'une température moyenne. Chaque jour un employé spécial visite la pile, examinant les éléments l'un après l'autre, ajoutant ce qui peut manquer et retranchant ce qui peut être en excès. Ainsi surveillée, la pile dure plusieurs mois. Après ce temps on la refait entièrement; on brosse les métaux, on nettoie les vases, on change le liquide, on amalgame le zinc, opérations qui demandent les plus grands soins.

Dans les conditions normales, et avec les appareils employés en France, on admet qu'une pile de 30 éléments Daniell est nécessaire pour une ligne de 100 kilomètres, une de 50 éléments pour 200 kilomètres et une de 70 pour 400 kilomètres. On évite, autant que possible, de faire parcourir au même courant de plus grandes distances.

Il est utile de pouvoir à volonté séparer de la pile totale un certain nombre d'éléments, afin de n'employer que la force nécessaire à la distance. A cet effet, on attache au pôle cuivre des dixième, vingtième, trentième éléments des fils supplémentaires, indépendants de tous les autres. Ces fils viennent se terminer au manipulateur, et l'employé peut, selon le besoin, se servir de l'un ou de l'autre. Dans la figure théorique ci-contre, on a placé deux fils supplémentaires aboutissant au quatrième et au septième élément; le premier ne dispose que de trois éléments, le second de six et le dernier de la pile tout entière.

C'est ainsi qu'on procède en France : dans les autres pays on suit parfois des règles différentes, et on attache à d'autres conditions une importance plus grande que nous ne le faisons. Mais les principes restent les mêmes, les détails de l'application seuls varient, et l'on peut toujours, avec quelque étude attentive, comprendre les systèmes si divers et si nombreux adoptés par les étrangers.

CHAPITRE IV

TÉLÉGRAPHES DES CHEMINS DE FER

Le télégraphe électrique est un auxiliaire indispensable des chemins de fer. D'une station à une autre, on a besoin à chaque instant de signaler des trains, de communiquer des observations, de réclamer parfois des renforts ou des secours. Toutes ces transmissions doivent être instantanées, sous peine de donner lieu aux plus graves accidents. Sans les télégraphes, les chemins de fer eussent été réduits à une exploitation difficile et peut-être à une existence précaire. C'est en vain qu'on aurait réglé l'heure des trains et prévu jusqu'aux plus petits détails du service, une imprudence involontaire, un retard subit, un embarras imprévu de la voie, un grand nombre de circonstances qu'on ne peut soupçonner à l'avance, auraient continuellement déjoué les combinaisons les plus régulières, et il n'y aurait eu aucun moyen de prévenir de fréquents malheurs. Lorsqu'un accident se produit, on se trouve le plus souvent éloigné de tout secours, en des lieux déserts où la surveillance est imparfaite : le télégraphe peut alors signaler le danger et permettre d'éviter de plus grands désastres.

L'immense extension que les chemins de fer prirent tout à coup en 1838 favorisa beaucoup, non seulement l'adoption, mais l'invention même du télégraphe électrique. On avait fait plusieurs expériences et différentes tentatives pour établir un système de télégraphie à l'usage des chemins de fer, inventé déjà depuis plus de dix ans. De tous les systèmes proprosés aucun n'avait réussi.

Un savant allemand, M. Steinhell, avait établi, en 1837, à Munich, un télégraphe sur une longueur de 5 kilomètres, et son essai, qui n'avait réussi qu'à moitié, avait fort étonné les spectateurs.

En Amérique, M. Morse avait abandonné la peinture, son occupation favorite, pour se livrer à des recherches analogues, et son système avait déjà été montré en public dans plusieurs expositions. Ce n'étaient encore là que des essais informes sur lesquels l'opinion publique ne s'arrêtait pas. Pourtant la multitude des essais indiquait que la question était sérieusement étudiée et allait bientôt être résolue.

Ce fut sur le chemin de fer de Londres à Birmingham qu'en 1838 un ingénieur anglais, M. Wheatstone, établit le premier télégraphe électrique. A la suite de travaux sur l'électricité, aussi nombreux qu'intéressants, M. Wheatstone avait imaginé un télégraphe particulier, qui n'a été que très-peu employé à cause de la complication de son mécanisme. Mais, dans le principe, ce premier système, sans cesse modifié par son inventeur, fonctionna pendant un certain temps. La télégraphie électrique était donc praticable, la question n'était plus que de perfectionner les appareils. Aussitôt l'on se mit à l'œuvre. Tous les savants travaillèrent. L'Angleterre, l'Allemagne, l'Amérique eurent leurs systèmes particuliers, différents les uns des autres. La France, munie de son système de télégraphie aérienne, ne suivit que fort tard l'impulsion des autres nations.

C'est en 1844 que l'on a établi en France la première ligne télégraphique entre Paris et Rouen. L'expérience répondit à tout ce qu'on en avait espéré ; la réussite fut considérée comme complète, et depuis lors on ne construisit plus une voie ferrée sans y adjoindre une ligne télégraphique. Les premiers télégraphes établis à la suite de cet essai furent ceux de Paris à Orléans (1847) et de Paris à Lille (1848). Aujourd'hui on compte de nombreuses lignes télégraphiques, non seulement le long de tous les chemins de fer, mais encore sur un grand nombre de routes ordinaires.

Afin de rapprocher, autant que possible, les télégraphes électriques et aériens, on fit construire par un artiste d'un grand talent, M. Breguet, un télégraphe à signaux, dont les bras noirs étaient mobiles et prenaient différentes positions : l'alphabet fut rendu uniforme pour les deux systèmes, et pendant un certain temps cet appareil fut seul en usage dans les postes télégraphiques français. Depuis lors, on a reconnu la supériorité du système de Morse, et on l'a universellement adopté : il ne reste plus maintenant d'appareils à signaux. Du reste, les compagnies de chemin de fer ont bientôt repoussé tous ces systèmes; elles se servent d'un appareil presque aussi simple que celui de Morse, mais plus facile à manier et à comprendre : c'est le télégraphe à cadran.

La simplicité des appareils, et surtout la facilité de leur usage sont des conditions indispensables pour les télégraphes des chemins de fer. Il faut qu'un employé quelconque, un étranger même, puisse faire jouer le télégraphe lorsqu'il en est besoin. L'employé préposé à ce service peut être absent; un signal pressant se fait entendre, il est utile qu'une personne, quelle qu'elle soit, la plus étrangère au service du télégraphe ou du chemin de fer, puisse recevoir et comprendre la dépêche afin d'aviser à la nécessité. C'est qu'en effet ce ne sont plus ici des missives secrètes et personnelles, mais bien des faits que tout le monde a intérêt à savoir dans le plus bref délai. Cette considération a fait adopter le télégraphe à cadran.

RÉCEPTEUR DU TÉLÉGRAPHE A CADRAN

Le récepteur, dans ce système, se compose d'un cadran portant vingt-six divisions, qui sont les lettres de l'alphabet et un signal final. Une aiguille se déplace devant ces divisions et s'arrête aux lettres convenables, le travail de l'employé consiste à noter successivement chaque lettre, pour en former les mots, puis les phrases dont se compose la dépêche : la fin des mots est marquée par le signe final. Une pareille réception ne présente donc aucune difficulté, et toute personne peut suivre les mouvements de l'aiguille sans s'inquiéter de quelle manière ils se produisent.

Fig. 18. — Détail de l'ancre d'échappement.

C'est encore l'électro-aimant qui règle les déplacements de l'aiguille. Dans la figure de la page suivante, qui représente l'intérieur du récepteur, on a enlevé cet électro-aimant qui aurait caché diverses pièces de l'appareil L'armature est formée par une plaque double, sur laquelle on a mis la lettre A dans la figure : elles est animée d'un mouvement de va-et-vient par les actions successives de l'électro-aimant et du ressort antagoniste. Par l'intermédiaire d'une tige *l* et d'un levier coudé *c*, ce mouvement alternatif est transmis à une tige *i*, pièce importante de l'appareil et représentée ici à part. Cette tige se meut devant une roue dentée, et remplit le même office que l'ancre d'échappement des pendules ordinaires. La roue dentée est sollicitée par un mouvement d'horlogerie renfermé entre deux plaques; elle tournerait d'un mouvement continu si la tige *i* ne l'arrêtait en heurtant les dents. Avec cet arrêt, elle ne peut se mouvoir que si la tige se déplace sous l'action de l'électro-aimant.

La roue dentée est double; elle est formée de deux roues accouplées égales, solidaires, et placées de telle sorte que les dents de l'une correspondent aux vides de l'autre. Quand la tige *i* se déplace, elle dégage une dent de la première roue; et le couple se met à tourner : mais la seconde roue vient aussitôt rencontrer la tige *i*,

Fig. 19. — Récepteur du télégraphe à cadran.

et le mouvement s'arrête. A un nouveau déplacement ed la tige, le couple des roues marchera de la moitié d'une dent et ainsi de suite. L'aiguille du cadran est portée par ces deux roues et se déplace avec elles; elle parcourt une lettre quand la tige se déplace une seule fois.

Chaque roue dentée est formée de 13 dents, ce qui exige pour un tour complet 26 déplacements de la tige.

D'après la disposition de l'appareil, on peut donc

amener l'aiguille à une lettre quelconque et l'y arrêter tout le temps qu'on juge convenable.

Ce récepteur est une véritable pendule, dans laquelle l'ancre, au lieu d'être animée par un balancier d'un mouvement régulier, est sollicitée par l'électro-aimant, suivant la volonté de l'expéditeur éloigné. Aussi doit-on entourer cet appareil des mêmes précautions que l'on prend pour les pendules sensibles et d'une grande précision. Pour éviter que des employés, curieux d'exami-

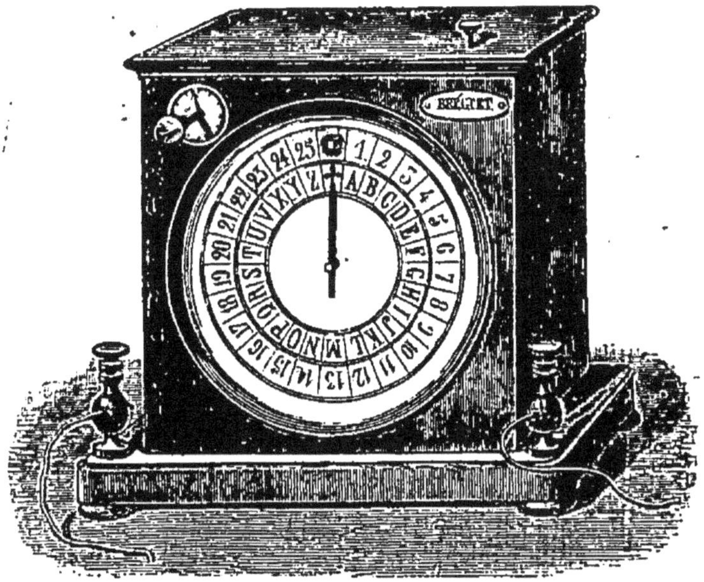

Fig. 20. — Récepteur du télégraphe à cadran.

ner le mécanisme, ne manient brutalement ces organes délicats, on enferme tout l'appareil dans une boîte, et le cadre seul est visible.

Il est possible de régler de l'extérieur même le récepteur ; au moyen d'un bouton qui surmonte la boîte, on agit sur l'armature et on lui imprime les mouvements convenables pour amener l'aiguille à telle lettre qui est nécessaire, sans le secours de l'électricité. On a recours à ce moyen lorsqu'on s'aperçoit que, pour une cause ou pour une autre, l'aiguille du récepteur n'est pas d'accord avec celle du manipulateur et donne par conséquent de fausses indications. Du reste, à la fin de la dépêche, l'aiguille doit être arrêtée sur le signe final. On peut encore régler les différentes pièces de l'appareil, tension du ressort antagoniste, distance des palettes, course de la tige, au moyen de clefs particulières. La tension du ressort se règle avec un petit cadran vu de l'extérieur. Mais ce travail ne doit être fait que par des personnes compétentes, et seulement lorsque ces modifications sont devenues absolument nécessaires; il est bon même que la plupart des employés ignorent qu'elles sont possibles.

MANIPULATEUR DU TÉLÉGRAPHE A CADRAN

Il est aussi facile de faire fonctionner le manipulateur qu'il est aisé de comprendre les indications du récepteur.

Au centre d'un cadran portant encore 26 divisions, s'articule une manivelle à poignée, qui vient se poser successivement sur chaque lettre. Ainsi, après avoir légèrement soulevé la manivelle, on la tourne toujours dans le même sens et on ne la pose que sur les lettres que l'on veut désigner. Le cadran est percé de 26 échancrures; une pointe, que porte la poignée, s'engage dans une d'elles, lorsqu'on s'arrête sur une lettre et l'on est ainsi sur le point exact correspondant à cette lettre. En tournant, la manivelle entraîne une roue à gorge sinueuse; ces sinuosités sont égales entre elles, il y a donc 13 saillies et 13 creux régulièrement distribués sur le contour. La tête d'un levier T, s'engageant dans la gorge, en suit les ondulations, de telle sorte que ce levier, mobile autour de son milieu *a*, oscille d'un mouvement régulier de va-et-vient. L'extrémité opposée *l* de cette tige vient toucher alternativement deux pointes, dont l'une P est le pôle de la pile et l'autre Q communique avec le récepteur R. Le levier est lui-même en communication continuelle avec la ligne par l'intermédiaire de la roue à gorge.

Voici ce qui se produit dans le jeu du manipulateur. Au signe final, le levier ne touchant pas le pôle, le courant ne passe pas dans la ligne; si on tourne la manivelle pour la placer sur la lettre A, le levier monte sur la première saillie de la roue à gorge, il vient toucher

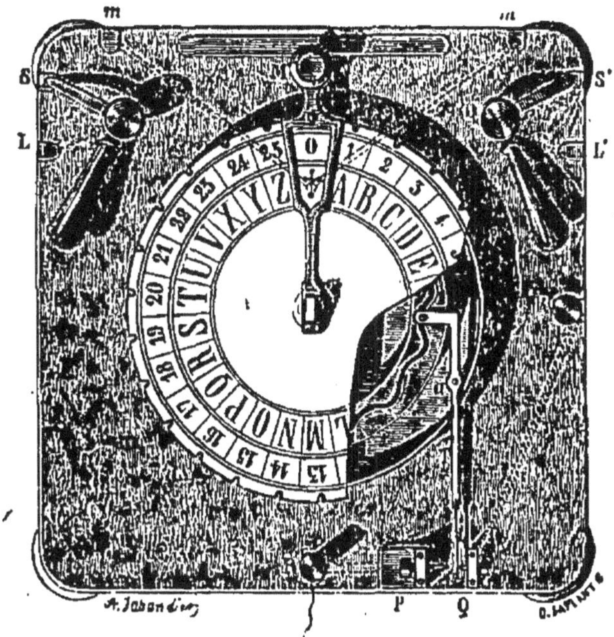

Fig. 21. — Manipulation du télégraphe à cadran.

le pôle P. et le courant entre dans la ligne. A la lettre B, le levier, descendu dans le creux, ne touchera plus le pôle, le courant sera interrompu, et ainsi de suite, à toutes les lettres de rang pair, le courant sera interrompu pour être rétabli aux lettres de rang impair. Chaque fois que la manivelle du manipulateur passera d'une lettre à une autre, le courant sera alternativement interrompu ou rétabli, ce qui est la condition exigée par le récepteur. Si donc les deux appareils sont bien réglés et parfaite concordance, la transmission est simple et régulière.

La complication du manipulateur provient de ce que chaque poste doit avoir, à la fois, un appareil de réception et un appareil de manipulation, et que la même ligne doit servir aux deux appareils. Un poste télégraphique est toujours en état de correspondre avec les deux postes voisins. Le récepteur et le manipulateur servent pour les deux lignes, mais les sonneries sont différentes, afin qu'on puisse savoir à quel côté de la ligne on a affaire.

Au repos, la ligne L′ est, par l'intermédiaire de la manette O, sur la sonnerie S′. Une dépêche est annoncée, l'employé arrête la sonnerie en plaçant la manette O sur le bouton *m*; le courant de la ligne passe alors de *m* sur la roue à gorge, le levier T, le bouton Q et enfin sur le récepteur R. L'employé annonce sa présence par les signes convenus, et reçoit la dépêche.

Si l'on veut répondre, on laisse la manette sur le même bouton *m*, et on fait tourner la manivelle. A ce bouton vient aboutir le courant de la pile P qui a traversé le levier T, et qui peut ainsi passer dans la ligne. Quand la réponse est achevée, on amène la manivelle sur le signal final et la manette sur la sonnerie.

Ces diverses pièces se reproduisent identiquement de chaque côté. Si l'on veut que le poste soit traversé par une dépêche secrète, on met les deux manettes en communication entre elles par l'intermédiaire d'une lame métallique servant à la communication directe entre les postes voisins. Les lames métalliques, conduisant le courant d'une pièce à une autre, sont cachées dans la plaque même du manipulateur et sont indiquées en pointillé sur la figure.

INSTALLATION[1]

Dans les administrations des chemins de fer, la télégraphie ne constitue pas un service spécial. Ce sont les chefs de gare, les inspecteurs qui sont chargés de la correspondance ; or, dans les stations isolées et perdues, les employés ne sont pas toujours suffisamment initiés à la science télégraphique ; on en rencontre même qui sont complétement illettrés ou qui savent à peine lire et écrire. Lorsque ces employés inexpérimentés sont chargés d'envoyer les dépêches, ils le font avec toutes les fantaisies de leur orthographe, en sorte que la transmission est parfois complétement incompréhensible.

Pour obvier à cet inconvénient, on a admis certains signes conventionnels, que l'on emploie dans les dépêches ordinaires. Un tableau en a été dressé, et il est placé près des appareils. Ces signaux ont été assez multipliés, et le plus souvent on correspond par abréviation. De plus, on exige que le poste destinataire accuse réception de la dépêche et annonce qu'il a compris. Alors seulement on considère la transmission comme achevée.

Une ligne télégraphique à l'usage des chemins de fer se compose généralement de deux fils : l'un *omnibus*, s'arrêtant à toutes les stations, l'autre *direct*, desservant uniquement les gares principales.

Les stations les moins importantes, celles avec lesquelles les correspondances sont relativement rares, possèdent toujours un poste complet ; à l'état ordinaire, ce poste est fermé, et la communication directe est établie dans la ligne ; une boussole seule indique le passage du courant. A certaines heures, déterminées par le

[1] Voir les *Chemins de fer*, par M. Guillemin dans la collection de la *Bibliothèque des Merveilles*.

règlement, le chef de gare vérifie l'état de la ligne; il envoie certains signaux indiquant que tout va bien, et en ayant soin de nommer sa station; après cela il remet la communication directe.

Aux stations principales, tous les fils s'arrêtent, de quelque côté qu'ils viennent, et sur chacun d'eux est une sonnerie spéciale. Mais un manipulateur complet ne peut servir qu'à deux directions, c'est-à-dire à un fil et à son prolongement.

Un chemin de fer, lorsqu'il est achevé, se compose de deux voies, et les trains dirigés dans le même sens suivent la même voie. Aux gares importantes, seulement, l'on peut changer de côté, au moyen d'aiguilles gouvernées par des appareils spéciaux. La marche des trains est toujours calculée avec une certaine latitude, pour qu'il n'y ait aucune rencontre possible, même avec des retards ordinaires. Cependant, par suite de fausses manœuvres, par un accident imprévu, il peut se faire qu'un train demeure sur la voie, et que la ligne soit embarrassée; une rencontre peut alors devenir imminente. Dans ce cas, il y a de nombreux signaux de détresse, étrangers à l'électricité, destinés à prévenir les trains arrivants de ce fait anormal et à éviter tout désastre. Il n'y aurait jamais de choc possible si tous ces avertissements étaient faits comme il est prescrit; malheureusement les employés négligent souvent certains de ces signaux, les trouvant superflus.

On a longtemps cherché à faire communiquer un train en marche soit avec une des stations, soit avec un autre train en marche sur la même voie. Le problème est encore à l'étude, et aucune solution satisfaisante n'a été donnée; on a cependant essayé l'emploi des télégraphes portatifs. Le conducteur du train est muni d'un système de télégraphie mobile, véritable poste ambulante, tout organisé, et enfermé dans une boîte. Lorsqu'il est nécessaire de signaler un fait impérieux, comme un arrêt forcé du train sur la voie, on ouvre la boite; au moyen d'une canne à rallonges on attache un des fils du poste mobile au fil de la ligne, et l'autre est relié aux rails, représentant la terre. Puis les préparatifs terminés, on envoie un signal. Le courant électrique, arrivant sur la ligne, se bifurque et suit à la fois les deux directions, se rendant aux postes voisins. — On fait d'abord un grand nombre de signaux, ou de tours de roue, pour avertir qu'il y a urgence; puis on attend la réponse; lorsque l'un des deux correspondants est prêt, il le signale, et la correspondance peut s'établir aussitôt.

Ces appareils mobiles, inventés par M. Bréguet, sont maintenant rarement mis en usage. On craint avec quelque raison que leur emploi ne soit dangereux. Ils apportent dans le service des pertubations considérables qui peuvent donner lieu à des méprises; les postes, pris à l'improviste, sont rarement en mesure de communiquer; et la dépêche, étant anormale, peut se trouver retardée ou perdue malgré l'urgence de la transmission. De plus ces appareils mobiles servant rarement, il pourrait arriver qu'ils fussent désorganisés, ou du moins que leur allure fût irrégulière au moment du besoin. Ces diverses considérations ont fait abandonner le système des télégraphes mobiles pour les chemins de fer.

Lorsque la ligne ne se compose que d'une seule voie, il est de la plus impérieuse nécessité d'avoir recours au télégraphe. Avant de laisser partir un train, le chef de gare doit toujours demander à la station prochaine si la voie est praticable et attendre la réponse. Généralement on n'attend pas la réponse; mais, dès qu'il se produit le moindre retard, on doit le faire connaitre immédiatement.

Il existe sur les lignes ferrées des stations de dépôt, où sont tenues en réserve des locomotives prêtes à fonctionner, ainsi que des wagons disponibles et tout ce qui peut être de quelque utilité. Quant un convoi est en retard, si l'on reste plus de dix minutes sans en avoir de nouvelles, il est recommandé à la station de dépôt prochaine d'envoyer une locomotive à la recherche et sur la voie opposée. Sans l'invention des télégraphes, on enverrait constamment des machines de secours; aujourd'hui les signaux électriques permettent de réduire ces envois à un nombre de plus en plus restreint et d'économiser ainsi un matériel fort coûteux à entretenir.

On voit combien les télégraphes électriques ont rendu aux chemins de fer d'inappréciables services. Ils contribuent à rendre les accidents plus rares; le service est devenu plus régulier, plus certain; les dépenses ont été réduites, soit par des économies de matériel, soit par des suppressions de nombreuses stations de dépôt; l'administration est plus libre et plus hardie, elle peut multiplier les trains à volonté, et utiliser les moindres circonstances, telles que les retours à vide. Les chemins de fer et les télégraphes électriques sont ainsi tellement solidaires l'un de l'autre, ils se prêtent mutuellement un si grand appui, qu'on ne saurait imaginer ce que serait aujourd'hui l'une de ces magnifiques applications de la science, si l'autre n'avait pas été trouvée.

APPAREILS D'INDICATION

Lorsqu'un train est en marche, il est utile de pouvoir retrouver sa position, ou du moins de savoir entre quelles stations il se trouve. Si le chef de gare a besoin de savoir où est un convoi, il suppose, d'après l'heure du passage en chaque lieu, une station particulière, et c'est là même qu'il télégraphie pour être renseigné. Mais, outre ce moyen, qui découle naturellement de l'existence du télégraphe, on trouve dans chaque gare un appareil indiquant l'arrivée prochaine d'un train.

Cet appareil est une sonnerie placée sur un poteau, à l'endroit le plus fréquenté, et sur le quai d'arrivée. Un fil est destiné au service de cette sonnerie appelée *indicateur des trains*. Dès qu'un convoi quitte une station, le chef de gare fait passer le courant dans le fil, et la sonnerie se met en branle, jusqu'à ce que le train soit arrivé. Alors le courant est intercepté et l'on annonce par là que le trajet est parcouru, puis l'électricité est retirée du fil. Le nouveau chef de gare met en branle l'indicateur de la station suivante.

D'autres fois, c'est le train lui-même, en passant sur un certain rail, qui établit la communication et lance l'électricité dans le fil desservant les indicateurs. Cette dernière disposition, maintenant la plus fréquente, est employée surtout lorsque la station se trouve dans une courbe dont les coudes dérobent la vue de la voie.

Fig. 25. — Indicateur des trains.

Les indicateurs servent souvent encore à couvrir les trains. Lorsqu'un convoi est sur le point d'entrer en gare, il est nécessaire de prévenir tout autre convoi, marchant dans la même direction, que la voie n'est pas libre. A cet effet, un long fil part de la gare et commande un *disque-signals*, placé environ à un kilomètre et demi de la station. Lorsque le disque est dans le sens de la voie, celle-ci est libre; lorsqu'il est en travers, elle est embarrassée. Mais, le plus souvent, les courbures de la voie dérobent le disque à la vue de l'employé, qui n'est plus sûr de la position du signal : aussi une pile, placée à la gare, communique d'un côté avec le sol, de l'autre avec un fil isolé qui s'avance jusqu'au poteau. Lorsque le disque est perpendiculaire à la voie, le fil est réuni au sol; le courant passe, et un indicateur sonne dans la gare; à ce bruit, on reconnaît que la voie est fermée. Lorsque le train quitte la gare, il rompt lui-même, en passant sur un rail particulier, la communication de la pile avec le sol, la sonnerie s'arrête et le disque est ramené à sa position ordinaire, dans le sens de la voie.

On a adopté, depuis quelque temps, le même système pour annoncer qu'un train entre dans un tunnel, puis qu'il en sort. La sonnerie fonctionne, tant que le convoi est dans le souterrain.

Une pile spéciale est affectée au service de ces appareils, dont les signaux ont le grand avantage d'être bruyants et, comme tels, de ne pouvoir être négligés.

On a voulu encore mettre les voyageurs en communication directe avec les agents conducteurs du train. On se proposait ainsi d'éviter les crimes qui se commettent parfois dans les compartiments isolés, ou les accidents qui peuvent atteindre les voyageurs privés de secours. Plusieurs systèmes ont été proposés. La Compagnie du Nord a enfin adopté l'appareil suivant qui fonctionne actuellement sur cette ligne. Un fil court au-dessus des wagons et réunit les deux fourgons qui encadrent le train; une pile et une sonnerie sont dans chacun de ces fourgons. Le fil passant dans les sonneries réunit les pôles semblables des piles, tandis que les autres sont à la terre. Dans cette position, chaque générateur envoie dans le fil un courant égal et ces deux courants marchant à l'encontre l'un de l'autre se détruisent. Un bouton se trouve dans chaque compartiment : la personne qui réclame du secours tire le bouton; et par ce fait, le fil est mis en relation avec la terre. Alors, les deux courants ne se détruisant plus, les sonneries se mettent en branle; et deux ailettes blanches, flottant au-dessus du compartiment, indiquent aux employés le point où le secours est nécessaire. Le fil passe d'une voiture à l'autre par une pièce métallique particulière, telle que, s'il y a rupture du train, la communication avec le sol est immédiatemment établie.

Mais à part ce système ou d'autres analogues, appliqués maintenant sur les grandes lignes, on a repoussé les appareils qui tendent à prévenir les dangers. On a préféré donner moins de confiance aux employés des chemins de fer. Un grand nombre d'autres appareils du même genre ont été proposés, et tous très préconisés; l'opinion publique les accepte tous d'avance; mais, en réalité, la plupart ne peuvent être adoptés. Ces systèmes exigent, en effet, de la part des employés, une grande attention, une délicatesse de maniement souvent difficile à rencontrer, et les appareils doivent toujours être en bon état. Or il vaut mieux, et personne ne le conteste, que l'attention soit portée sur les dangers réels et les moyens véritablement infaillibles de les prévenir; car, il faut qu'on le sache bien, en agissant avec prudence, en ne négligeant aucune des sages précautions ordonnées par les règlements, les rencontres entre convois peuvent toujours être évitées. Que l'on cherche la cause des catastrophes dont s'est émue l'opinion publique, et l'on trouvera presque toujours soit une imprudence, soit un oubli, et aucun appareil, quelque parfait qu'on le suppose, ne peut suppléer à ce défaut.

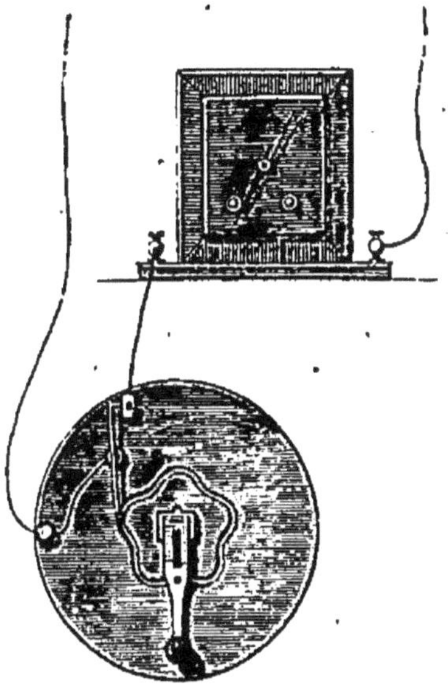

Fig. 24. — Avertisseur des trains.

A la suite de ces accidents, de tous côtés, on demande

à la science le moyen de prévenir de pareils désastres. Hélas! les moyens les plus certains sont la prudence et l'accomplissement rigoureux des devoirs. En vain l'électricité se plie à toutes les exigences; en vain des télégraphes spéciaux sont inventés; en vain des mécanismes ingénieux et puissants agiront instantanément pour ralentir la marche des convois et l'électricité donnera à ce mécanisme le signal d'agir; en vain le courant électrique aimanterait les roues et occasionnerait un frottement énorme, le succès de tous ces expédients, excellents en théorie, dépendra toujours du bon état d'un appareil; et il est à craindre qu'on n'adopte, en introduisant ces systèmes, une nouvelle occasion de négligence.

Heureusement, hâtons-nous de le dire, les accidents sont relativement rares, et il faut espérer qu'ils deviendront encore de moins en moins fréquents, lorsque chacun aura compris la part de responsabilité qui lui revient dans ces horribles désastres.

LE BLOCK-SYSTÈME

Depuis quelque temps, on a introduit dans l'exploitation des chemins de fer tout un ensemble de signaux, adopté d'abord par les compagnies anglaises et qu'on appelle le *block-système*.

Jusqu'à présent, les règlements ordonnaient de laisser écouler un intervalle de dix minutes entre deux trains voyageant sur la même voie. Or, comme l'expérience l'a démontré bien des fois, cette précaution est souvent illusoire, car elle ne tient aucun compte des accidents qui peuvent avoir arrêté le premier train entre deux stations. Un train peut rester en détresse sur la voie et l'obstruer ainsi plus de dix minutes, sans qu'il ait pu signaler sa présence dans un endroit insolite.

Avec le *block-systèmes*, la séparation des trains est obtenue par un principe tout différent; et entre les trains voyageant dans la même direction, on établit non plus un intervalle de temps, mais un espace déterminé. La voie est divisée en sections de longueur variant de deux à quatre kilomètres, à la tête de chaque section se trouve un poste avec un agent et des appareils appropriés au service qu'on en attend.

L'organisation du block-système est telle que, aussitôt qu'un train s'engage dans une section, cette section est par cela même bloquée. Des signaux sont faits et des sémaphores très visibles indiquent à tous que la voie est obstruée et qu'aucun train ne peut s'engager dans la même section. Aussitôt que le train passera devant le poste qui termine la section, les signaux d'arrêt seront effacés dans la section dont il vient de sortir, et seront faits aussitôt dans la section dans laquelle il s'engage.

Tel est le but du block-système qui exige un outillage et surtout un personnel assez considérable. Il a été adopté par plusieurs grandes compagnies étrangères, et en France, par les chemins de fer d'Orléans, et surtout du Nord. Sur ce dernier réseau, l'installation avait été faite par M. Lartigue, un ingénieur distingué, qui avait combiné les appareils pour rendre les signaux à la fois sûrs et automatiques.

Les premières applications du block-système étaient en effet gênantes, car elles exigeaient la présence permanente des agents qui doivent répondre aux signaux, et les transmettre sur la voie aux disques et aux sémaphores. Dans les appareils automatiques, au contraire, les signaux sont faits par le courant électrique lui-même. Là, comme dans les autres systèmes télégraphiques, l'électricité donne aux mécanismes le signal d'agir, opère les déclanchements convenables et les bras du sémaphore s'abaissent ou se relèvent suivant les cas. Le rôle des agents se borne à surveiller les appareils et à les tenir toujours en état. Un agent n'a plus même la possibilité de faire ou d'effacer le signal du block. C'est le train lui-même qui, en passant sur un rail déterminé, lance le courant ou l'enlève de la ligne qui réunit les postes encadrant les sections.

CHAPITRE V

CONSTRUCTION DES LIGNES

LIGNES AÉRIENNES

Ce n'est pas une œuvre de médiocre difficulté que la construction d'une ligne télégraphique; et l'ingénieur chargé de ce soin doit y dépenser plus de zèle et de science qu'il ne paraît au premier abord. Il se trouve en rapport avec une foule de gens de tous métiers, et indépendants de l'administration; et le service de la télégraphie exigeant des travaux tout particuliers, il a souvent beaucoup de peine à faire exécuter des détails dont l'utilité n'est pas bien comprise par l'ouvrier.

Le premier soin de l'ingénieur est d'explorer en détail le pays où il doit établir une ligne, de le parcourir plusieurs fois, d'en bien étudier le régime des eaux et des vents. Il doit connaître les vallées, les montagnes, les forêts, les routes principales et les chemins de traverse, toutes les circonstances enfin qui, de près ou de loin, peuvent influer sur les conditions normales d'une ligne établie ou en faciliter la construction.

A l'aide de ces documents, il fait le tracé de la ligne, il détermine les points principaux où elle passera, les villages qu'elle devra traverser, les routes qu'elle devra suivre. On marque ensuite les points forcés que la nature des lieux indique pour le placement naturel de quelques poteaux; et, entre ces points, on dispose convenablement les autres supports. Généralement, pour rendre la surveillance plus facile, la ligne télégraphique côtoie la route principale; mais, dans les pays montagneux, on évite les sinuosités du chemin, et on s'efforce d'aller en droite ligne, en prenant bien soin toutefois de placer les supports à des endroits d'accès facile. Il faut faire en sorte que la ligne ne présente pas de coudes brusques. Les courbures doivent se produire de loin, sur une grande longueur, afin de ne pas compromettre la solidité des supports. Au croisement des routes, il est nécessaire de placer un poteau élevé afin de relever le fil à l'abri de l'atteinte des voitures.

Dès que le tracé est achevé, on fait le piquetage des supports successifs de la ligne. Les poteaux doivent être placés à une distance de 50 à 70 mètres les uns des autres, selon le nombre de fils; pourtant on peut les espacer davantage quand d'impérieuses nécessités l'exigent; aussi, pour traverser un vallon très étroit, ou un cours d'eau de faible largeur, on place aux points saillants deux poteaux très solides, et le fil peut traverser plusieurs centaines de mètres.

Les supports télégraphiques doivent résister à toutes les intempéries de l'air; à cet effet, on les injecte d'un liquide ayant la propriété d'empêcher la putréfaction, ainsi qu'on le fait pour tous les bois qui doivent être conservés longtemps; on leur donne ensuite deux couches de peinture; et, quelquefois même, on couvre leur pointe supérieure avec un isolateur spécial. Puis ils sont implantés solidement dans le sol, dans un trou profond et peu large, autour duquel la terre sera fortement tassée. Le prix de revient d'un poteau ainsi installé est de 3 francs pour un support de 6 mètres, et de 10 francs pour un support de 10 mètres.

On emploie en France trois longueurs de poteaux : ils sont de 6 mètres, de $7^{m},50$ et de 10 mètres; leur grosseur dépend nécessairement de la hauteur. Lorsque les supports sont établis dans de bonnes conditions, ils durent fort longtemps. Ceux qui furent installés sur la ligne du Nord, en 1848, servent encore en très grande partie, bien que cette première pose ait été nécessairement très imparfaite.

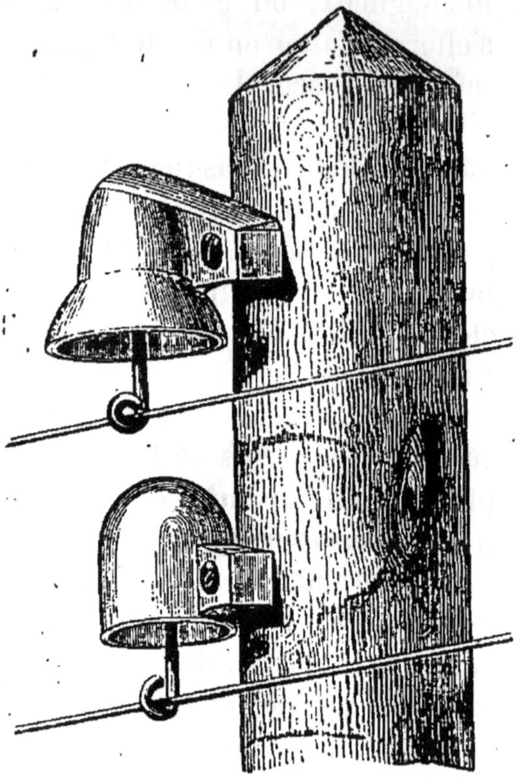

Fig. 25. — Cloches ordinaires.

Sur les poteaux on fixe par des vis les cloches de porcelaine qui soutiennent le fil et l'isolent du sol. Suivant leur destination, ces cloches sont différentes. Outre les cloches ordinaires, on emploie encore des supports en forme de champignon quand il faut arrêter le fil, en forme d'anneau lorsque le fil tirant un support risquerait de briser le crochet.

Le fil qui sert de route à l'électricité est en fer galvanisé, dont la grosseur varie entre 3 et 5 millimètres ; 1 kilomètre de ce fil pèse environ 100 kilogrammes. Dans les courbes où les points d'appui doivent être aussi peu chargés que possible, on emploie le fil de 5^{mm} qui ne pèse pas plus de 60 kilogrammes pour une longueur de 1 kilomètre.

Le fil est d'abord enroulé en couronnes de 200 mètres chacune; on le déroule pour le placer sur les poteaux. Pour réunir les bouts de fil les uns avec les autres, on forme, au moyen de deux étaux, une torsade très résistante qu'on soude à l'étain.

Lorsque la ligne doit traverser une ville ou un village, le fil est soutenu par un potelet garni de cloches

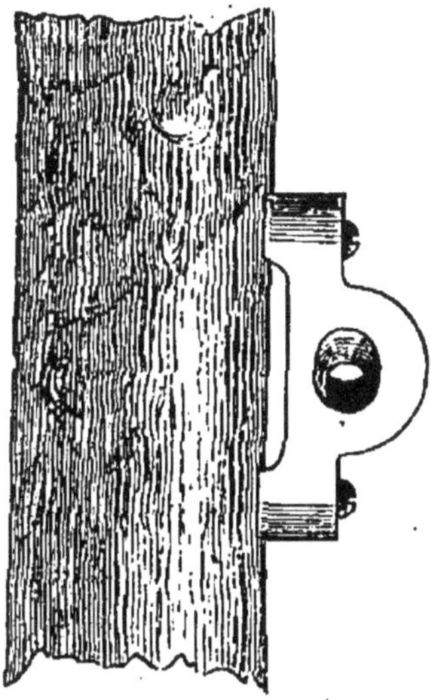

Fig. 26. — Cloche en anneau.

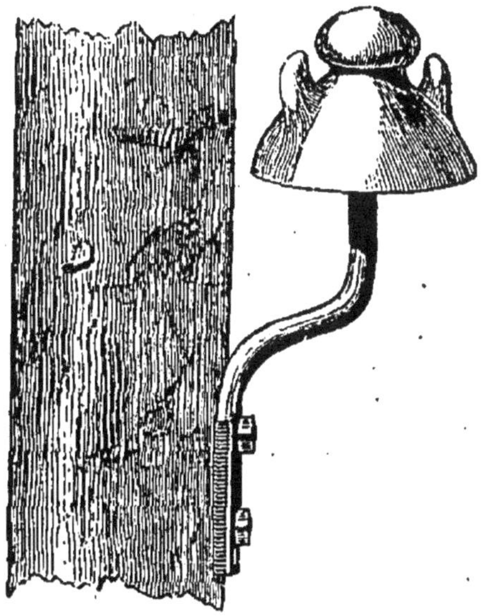

Fig. 27. — Cloche en champignon

en porcelaine et fixé lui-même dans la muraille des maisons.

Lorsque ces préparatifs sont achevés et contrôlés, on forme des ateliers de pose composés de cinq hommes et d'un chef d'atelier. Un ouvrier marche le premier, déroulant le fil et formant les torsades; deux autres posent ensuite les cloches et y accrochent le fil; un quatrième ouvrier est spécialement chargé de tendre le fil au moyen de crics tenseurs. Ces appareils, placés à la distance de 500 mètres les uns des autres, sont formés de deux treuils métalliques : le fil s'engage dans un trou percé dans le cylindre. On le tire fortement, d'abord à la main, puis à l'aide d'une moufle et d'un étau; enfin

Fig. 28. — Torsade de fils.

on coupe le fil et on tourne le treuil pour régulariser la tension. Il faut avoir pour ce travail une certaine habi-

Fig. 29. — Crics tenseurs.

tude; aussi le chef d'atelier accompagne le plus souvent cet ouvrier, le dirige et lui vient en aide. Si la tension était trop faible, le fil flotterait, heurterait sous l'action du vent les fils voisins et les obstacles de toute sorte. Si la tension était trop grande, le fil se romprait bientôt, ou s'aminciraít et deviendrait moins résistant; il pèserait avec force sur les poteaux et en compromettrait gravement la solidité. De longs essais, de consciencieuses études ont eu pour objet de trouver la meilleure tension qu'il faut donner au fil dans des conditions bien déterminées. On a remarqué que sous l'action simultanée de ensions extrêmes et de la pesanteur, le fil prenait une courbure plus ou moins prononcée, la forme du fil est bien connue et la flèche est facile à mesurer. On a constaté que pour un fil de 4^{mm} de diamètre, la tension la

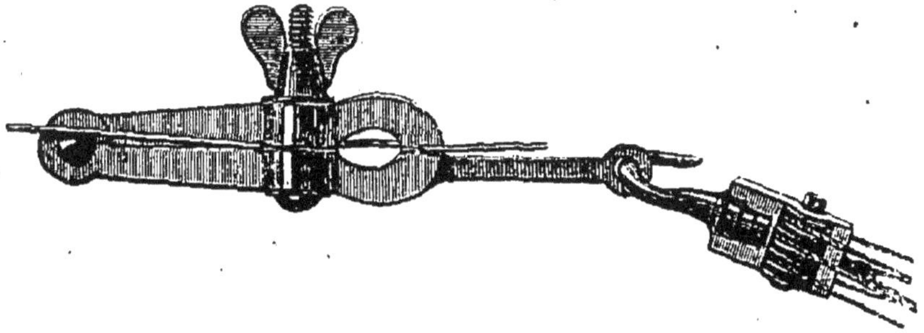

Fig. 30 .— Tension des fils.

plus convenable était ordinairement de 70 kilogrammes: ce qui produit, lorsque les poteaux sont espacés de 73 mètres, une flèche de 1 mètre au maximum.

Derrière les premiers ouvriers, à plusieurs kilomètres de distance, s'avance lentement le cinquième travailleur, dont la mission est de vérifier la pose et de régler la tension du fil en tournant le treuil avec une clef.

Un atelier de cinq hommes ainsi occupés pose 6 à 7 kilomètres de fil par jour. Quand la ligne est formée de plusieurs fils, on les pose en même temps, et on emploie un plus grand nombre d'ouvriers.

Généralement les cloches sont placées alternativement devant et derrière le poteau, afin d'écarter les fils le plus possible; mais, dans les angles, elles sont placées d'un même côté. Ici tous les fils exercent une traction violente et tendent à renverser le support. On est alors obligé de consolider celui-ci par des poteaux de soutènement, ou par des haubans, c'est-à-dire des chaînes de fer tordu, qui s'attachent à un point d'appui bien solide et retiennent le poteau du côté opposé à celui où il risque de tomber.

Qui n'a entendu le bruit que fait une ligne télégraphique? Ce ronflement grave, monotone, parfois très sonore, est dû au vent qui fait vibrer les fils. Les vibrations sont quelquefois puissantes au point de se transmettre au sol et même aux édifices qui portent les potelets. Sur les routes ordinaires, ce n'est pas un grand inconvénient; mais il peut en être autrement dans les villes. C'est pourquoi on interpose, entre le fil et l'isolateur, d'épaisses plaques de caoutchouc, et cette précaution suffit pour arrêter en partie les vibrations.

On évite, autant qu'il est possible, de conduire une ligne dans un souterrain; l'humidité permanente est très défavorable à la transmission électrique. On est cependant obligé quelquefois de traverser des tunnels d'une longueur considérable; on couvre alors chaque fil d'une couche épaisse de gutta-percha, résine malléable analogue au caoutchouc; on maintient les fils éloignés des murailles, ou bien on les enferme dans une rigole placée sur le côté de la voûte. De même, quand il faut traverser de larges cours d'eau, on réunit ensemble les fils enduits de gutta-percha, et on dépose le câble au fond de l'eau.

On admet généralement, en France, que le prix de revient d'une ligne à deux fils est de 500 francs par kilomètre, en comprenant d'ailleurs, dans ce prix moyen, l'installation des bureaux et l'achat des appareils.

Dès que la ligne fonctionne, elle est soumise à une inspection journalière. Des surveillants, résidant dans les localités traversées, doivent la visiter tous les jours, la tenir en bon état, et, au besoin, faire les premières réparations. Ils se rendent en outre, selon les ordres qui leur sont transmis, sur les divers points de la section, pour préparer ou faire eux-mêmes les expériences nécessaires. Quand la ligne est établie le long des voies ferrées, le surveillant monte dans un wagon et de là suit attentivement le fil des yeux. A cause de la facilité de transport, chaque agent doit surveiller une longueur de 60 kilomètres environ. S'il aperçoit quelque irrégularité, il descend à la prochaine station, et se rend à pied au lieu où ses soins sont nécessaires.

Telle est, en France, l'installation des lignes aériennes. Aujourd'hui, dans notre seul pays, on compte plus de 200 000 kilomètres de fils télégraphiques ainsi disposés et en pleine activité.

Si le télégraphe électrique fut inventé en Angleterre et en Amérique, c'est en Russie que le furent les lignes aériennes. Et cette idée nouvelle y fut d'abord accueillie, d'après M. Jacoby, par des risées décourageantes. L'empereur Nicolas, ayant vu un télégraphe électrique établi, en 1834, par M. Schilling, à l'amirauté, exprima le désir qu'une pareille communication réunît Saint-Pétersbourg et Peterhoff, sa résidence ordinaire. Une commission fut nommée à cet effet, mais l'installation souleva des difficultés. On songea à un câble qu'on eût déposé au fond du golfe : la science n'était pas assez avancée pour que ce moyen fût praticable. M. Schilling proposa de placer le conducteur sur des perches plantées le long des chemins de Peterhoff. Ce ne fut alors que des huées et des sarcasmes à l'adresse de cette nouvelle invention. Un des membres de la commission, dans un accès de dédaigneuse indignation, s'écria : *Eh! monsieur, vos fils en l'air sont vraiment ridicules*. Aujourd'hui cette idée ridicule est devenue une réalité gigantesque, et le réseau de ces fils en l'air couvre déjà presque tout le globe.

Fig. 31. — Poste de télégraphe Morse.

POSTES

Les fils de la ligne sont arrêtés à l'entrée des postes par des anneaux supports; ils pénètrent à l'intérieur sans toucher les murs voisins par des ouvertures pratiquées à cet effet. A leur arrivée dans le poste, ils sont classés et étiquetés, et chacun d'eux se rend à une table de manipulation. Ils traversent d'abord un parafoudre, puis un galvanomètre fixe, et arrivent enfin à une pièce particulière, nommée *commutateur*. La figure ci-jointe ne permet pas de voir cet appareil; mais il est facile d'en comprendre la disposition qu'on a déjà utilisée dans le manipulateur du télégraphe à cadran. C'est une manette dont le centre communique constamment avec le fil de ligne, et que l'on place à volonté sur un bouton ou sur un autre. On peut alors lancer le courant, soit dans la sonnerie, soit dans le récepteur, soit dans la communication directe. Avant d'entrer dans le récepteur, le fil, nous le savons déjà, traverse le manipulateur.

La figure représente la table de manipulation d'un poste tête de ligne et à télégraphe Morse. Le fil de la ligne est en L, il traverse les divers appareils, puis il s'attache à un gros fil T, qui longe la table et communique avec le sol : c'est le fil de terre. Le fil de la pile est en P, détaché exceptionnellement de la clef.

Dans les postes intermédiaires, la disposition est en apparence plus complète qu'aux têtes de ligne. Mais les principes sont les mêmes, et il est toujours facile de comprendre la marche des fils. On doit communiquer alternativement avec l'un ou l'autre côté de la ligne ; aussi les appareils sont en double. Il faut n'établir la communication que du côté où l'on attaque et mettre l'autre côté à la sonnerie. De plus, on doit disposer les postes en translation, en établissant une communication directe entre les commutateurs.

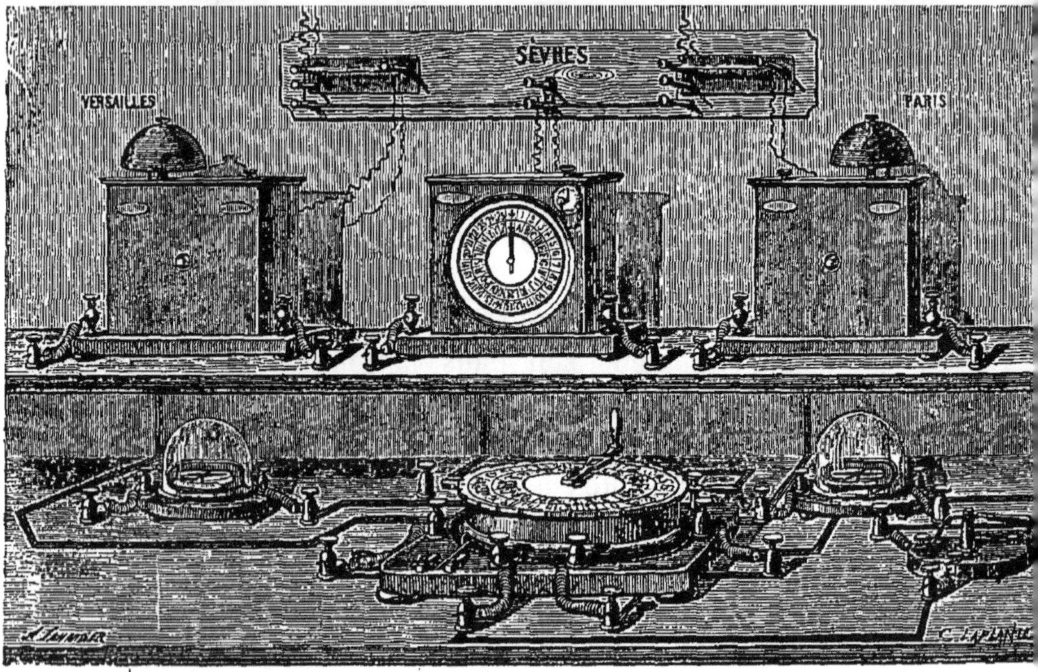

Fig. 32. — Poste de chemin de fer.

Pour les télégraphes à cadran, l'arrangement est légèrement changé. Dans les postes intermédiaires, le manipulateur sert à l'une et à l'autre direction. La table de manipulation est surmontée d'une étagère sur laquelle sont disposés les appareils; le manipulateur seul est à la portée de la main; la pile est placée sous la table; les diverses communications entre les appareils sont formées par des lames encastrées dans la table, et ne peuvent pas être dérangées par l'opérateur.

Les postes ordinaires possèdent, outre les appareils de Morse, un système complet à cadran, correspondant avec la gare du chemin de fer; car il arrive parfois que ces lignes transmettent des dépêches privées.

Il est nécessaire d'assurer avec le plus grand soin la communication de la pile avec le sol : un gros fil métallique, ou un câble, formé de fils tordus ensemble, relie le fil de terre avec de larges plaques de zinc, assez profondément plongées dans un sol humide, ou entourées d'une masse de braise de boulanger, comme on le fait pour les paratonnerres. Souvent même, lorsque les circonstances le permettent, on relie le câble aux tuyaux métalliques qui distribuent l'eau.

LIGNES SOUTERRAINES

Le long des routes, à travers les campagnes, dans les bourgs ou les villages, les lignes aériennes sont faciles à surveiller, peu coûteuses à établir, et ne perdent ordinairement que très peu d'électricité en traversant l'atmosphère : de plus, elles peuvent même, ajoute-t-on, donner aux passants la curiosité de la science. Il n'en est pas de même dans les grandes villes. D'abord ces fils, grêles et nombreux, déparent les plus beaux quartiers et nuisent à la perspective des édifices et des avenues. En outre, le vent fait vibrer les fils, et ce bruit ne peut jamais être complètement évité. Si les fils ou les poteaux se rompent, des personnes courent risque d'être écrasées ou foudroyées. Ajoutons que les lignes aériennes sont exposées à être tout à coup brisées en certains jours tumultueux. Pour toutes ces raisons, en 1854, l'administration a jugé utile de cacher les nombreux fils télégraphiques qui sillonnaient Paris.

Au début de la télégraphie, alors que les lignes aériennes paraissaient impossibles, on installait partout des réseaux souterrains. La Prusse et la Russie avaient organisé ainsi tout leur système télégraphique. Mais on s'aperçut bientôt que, dans le sol, les fils se rouillaient, les enveloppes protectrices se détruisaient rapidement, et l'on renonça aux câbles souterrains partout où leur emploi n'était pas nécessaire.

Pour protéger le conducteur électrique de l'action destructive du sol, mille moyens on été proposés; mais jusqu'à ce jour, aucun n'a eu un succès bien constaté. On a recouvert les fils de gutta-percha, puis de bitume : la gutta-percha s'écaillait et tombait en poudre. Le bitume se fendait ou était attaqué par les fuites du gaz. L'emploi du bitume a été accueilli pendant quelque temps avec une certaine faveur; des essais avaient parfaitement réussi sur le chemin de fer de Rouen; cependant on dut l'abandonner; de même, à Paris, les câbles ne purent rester à côté des tuyaux de conduite du gaz.

On s'est enfin arrêté à un procédé qui paraît offrir de sérieuses garanties de solidité, et qui est dû à M. Baron. Sept fils de cuivre assez fins sont tressés ensemble et recouverts de deux couches de gutta-percha pure. A l'extérieur, une épaisse couche de filons, goudronnée et très serrée, recouvre toutes les couches successives. Ce câble souterrain est à peu près identique aux câbles que l'on dépose au fond de la mer. Treize de ces câbles, indépendants les uns des autres, et isolés par ces diverses enveloppes protectrices, sont introduits dans une large conduite de fonte dont les joints sont fermés au plomb. Les câbles se trouvent ainsi préservés du contact destructeur des terres avoisinantes. Pour vérifier l'état de ces diverses lignes et les réparer au besoin, on a ménagé des regards dans le tuyau de conduite, à cinquante mètres de distance les uns des autres; à tous les cinquante pas, le tuyau est donc coupé et présente une fenêtre d'un demi-mètre. Un manchon long de 1 mètre glisse sur l'ouverture, et permet à volonté de couvrir ou découvrir l'orifice. On essaye de loin le câble qui doit être réparé, et lorsqu'on l'a trouvé, en le tirant hors des tuyaux, on peut exécuter les travaux nécessaires.

Le bureau central de l'administration télégraphique en France est situé à Paris, dans la rue de Grenelle-Saint-Germain. La ligne partant de ce point est complètement souterraine jusqu'à la place Royale. Là elle descend dans le grand égout collecteur, et se ramifie dans les divers quartiers de la ville. La ligne principale, suspendue à la voûte, continue à suivre le grand égout, et vient sortir du sol à Asnières; elle y rejoint la ligne aérienne aux fortifications et distribue la communication aux différentes gares. En 1864, un second système, en tout pareil à ce premier, fut établi sur la rive gauche de la Seine. Les fils, au nombre de 70, se dirigent, enfouis dans le sol, de la rue de Grenelle à la barrière du Maine; en cet endroit ils quittent leur enveloppe de fonte et descendent dans les catacombes. Là, suspendus aux voûtes, ils se ramifient dans les divers bureaux de la rive gauche, ou viennent sortir à Montrouge pour rejoindre la ligne aérienne.

Les fils servant aux communications téléphoniques, qui commencent à être si nombreux à Paris, suivent le même chemin.

LIGNES SOUS-MARINES

C'est encore à M. Wheatstone que l'on doit l'idée des lignes sous-marines. Dès 1840, il présentait à la Chambre des communes un projet de télégraphe entre Douvres et Calais, et il en indiquait les moyens pratiques d'exécution et de construction. Mais cette conception était encore prématurée, les lignes aériennes commençaient à peine à être adoptées, et le projet de traverser la mer fut regardé comme une utopie téméraire. Plusieurs années après cependant, lorsqu'on se fut accoutumé aux usages journaliers du télégraphe, on s'étonna moins de l'idée du savant ingénieur anglais, et on osa chercher à la réaliser.

Un Français, M. Brett, exécuta, en 1849, le projet de M. Wheatstone. Le câble, construit en Angleterre, fut plongé dans la mer jusqu'à Calais, et on put échanger quelques signaux. Mais bientôt le câble se rompit, et il fallut recommencer la tentative. On fit une étude des causes de la rupture, et on procéda avec plus de prudence à cette nouvelle installation : le succès fut complet. Le câble de Douvres à Calais, posé en 1851, a fonctionné jusqu'en 1866, où il a été brisé à la suite d'une violente tempête. Il mesurait une longueur de 40 kilomètres, et bien que, pendant ces quinze années il eût été plusieurs fois atteint par des ancres de navires, il n'avait jamais eu besoin de sérieuses réparations.

Aussitôt que cette entreprise, considérée alors comme gigantesque, eut été menée à bonne fin, on pensa à établir de nouvelles lignes sous-marines, plus longues que la première. On relia Douvres à Ostende, puis chaque pays, avec les pays voisins, et bientôt chaque mer fut traversée par un câble télégraphique. On était de plus en plus familiarisé avec l'idée des lignes marines, et l'on ne s'arrêtait plus. On osa même tenter, en 1859, de rattacher l'Égypte avec les Indes, en traversant la mer Rouge et les mers des Indes. Il fallut immerger un câble dont la longueur était de plus de 5000 kilomètres. Un moment, ce dessein, le plus gigantesque qui ait encore été conçu, sembla couronné d'un plein succès. Mais la réussite ne fût pas de longue durée, et en moins d'un an les diverses parties du câble indien furent mises hors de service.

A la même époque, en 1858, on posa le premier câble transatlantique, destiné à relier le vieux continent avec le nouveau. Le conducteur électrique avait une longueur continue de 3000 kilomètres. Le projet réussit d'abord parfaitement. Plusieurs signaux furent échangés entre Valentia et Terre-Neuve : *Gloire à Dieu dans le ciel, et paix sur la terre aux hommes de bonne volonté!* disait la première dépêche : ainsi s'inaugurait, grave et solennelle, la correspondance entre les deux mondes. Des félicitations nombreuses furent échangées entre l'Angleterre et les États-Unis; des meetings enthousiastes furent tenus à Londres et à New-York; la joie était universelle, lorsque, hélas! le câble se brisa au bout de quelques jours. Ce fut un épouvantable désastre; aux réjouissances succéda une morne désillusion; les capitaux se retirèrent, et les Compagnies s'éloignèrent désenchantées.

Cependant cette hardie conception ne fut point abandonnée de tous, et, à la suite d'études dont je parlerai plus tard, on reprit le projet. Au mois de juillet, en 1865, on entreprit de poser un nouveau câble transatlantique, sans plus de succès qu'auparavant. Le *Great Eastern*, qui portait la masse, fut obligé de s'arrêter deux fois pour relever le câble dans lequel une perte s'était déclarée, par suite des déchirements de l'enveloppe isolante. Une troisième fois on voulut réparer un nouveau dérangement, et pendant qu'on le relevait, le câble se rompit et tomba à la mer.

Enfin, en juillet 1866, la tentative fut plus heureuse. Le *Great Eastern*, favorisé par le beau temps, déposa paisiblement le nouveau câble au fond de l'Océan : le succès fut complet, et depuis cette époque le câble fonctionne régulièrement; les quelques avaries qu'il a subies depuis ont été aisément réparées.

A son retour, le *Great Eastern* s'occupa de retirer de la mer les débris du câble de 1865. On put même utiliser ces fragments pour en former un câble complet, et aujourd'hui deux lignes télégraphiques réunissent l'Angleterre et l'Amérique. Chacune de ces lignes fonctionne parfaitement et rien ne fait craindre une catastrophe. On a même établi de nouveaux câbles par des routes différentes; c'est ainsi qu'une Compagnie française, dirigée par des ingénieurs anglais, s'est organisée pour faire attérir un câble transatlantique à Brest, et transmettre ensuite les dépêches à des prix beaucoup inférieurs à ceux imposés par la Compagnie.

Cette entreprise, confiée encore à l'équipage du *Great Eastern*, a parfaitement réussi (juillet 1869). On a craint un instant pour le succès; vers le milieu du trajet, le vaisseau, assailli par une tempête, fut obligé, pour ne pas couler, de briser le câble. Mais les ingénieurs eurent l'heureuse idée d'en attacher l'extrémité à une bouée flottante, et, après la tempête, ils purent souder les deux bouts et continuer la pose comme si rien ne s'était passé.

Quand, après les heureux voyages de 1866, le *Great Eastern* revint en Angleterre, ce furent des joies et des fêtes bien légitimes. L'importance de la victoire que la science et le travail venaient de remporter n'échappait à personne; les officiers et les matelots qui avaient pris part à l'expédition furent chaleureusement accueillis par le peuple anglais; enfin, à l'Exposition universelle de 1867, la Compagnie anglaise s'est vu décerner une grande médaille d'honneur, distinction qui couronnait et consacrait ses succès.

A la suite du désastre de 1858, le conseil privé du commerce anglais et la compagnie du télégraphe transatlantique nommèrent une commission, composée de ce que l'Angleterre possédait de plus illustre dans la science, pour étudier les conditions de la pose des câbles sous-marins. Pendant dix-huit mois, cette commission s'est livrée à une série d'études et d'enquêtes, et elle a publié, en 1863, un volumineux rapport, rempli de faits et de hautes considérations théoriques ou pratiques. Ce rapport, fort peu connu en France dans tous ses détails, est, jusqu'à présent, le résumé le plus complet des connaissances actuelles sur la télégraphie : aussi a-t-il été nommé la *Bible des télégraphistes*, ou encore le *Livre bleu*, à cause de la couleur de sa couverture. Une foule de questions secondaires, de phénomènes d'abord négligés, venaient se rattacher au phénomène principal et le compliquer étrangement. Toutes ces questions sont étudiées avec soin, tous les phénomènes sont signalés et rapprochés d'autres phénomènes déjà connus : et si le *Livre bleu* n'indique pas encore de solutions complètes, s'il ne donne pas de remèdes toujours efficaces, il présente au moins l'immense avantage de faire connaître le danger et d'étudier les caractères de ces nombreux faits secondaires dont on ne doit jamais négliger l'importance.

Un câble sous-marin se compose d'abord d'un conducteur de l'électricité, formant en quelque sorte l'âme du câble : ce sont des fils de cuivre tressés ensemble, de manière à ne former qu'un seul fil. Au début de ces entreprises, un seul câble renfermait plusieurs conducteurs, dont chacun avait une destination particulière. Chacun de ces conducteurs était entouré d'une substance isolante, c'est-à-dire d'un corps qui maintient, autant que possible, l'électricité dans le canal et l'empêche de se perdre à droite ou à gauche. Cette substance isolante varie avec le câble : ordinairement on se sert de la *Chatterton's composition*, que nous avons déjà indiquée, mélange de gutta-percha, de goudron, de bois et de résine, qui a la propriété d'adhérer au fil de cuivre, ce qui n'a pas lieu avec les autres parties isolantes. On applique sur le fil plusieurs couches de cette matière; puis au-dessus on met encore une série de couches isolantes, soit seulement de caoutchouc durci, soit de caoutchouc alternant avec le composé de Chatterton. Enfin pour protéger le câble et le préserver des chocs et des accidents, on enveloppe le tout de chanvre goudronné fortement tassé, et ensuite d'une série de gros fils d'acier formant armature extérieure.

Pendant quelque temps, à la suite des études de la commission anglaise, on préférait ne placer qu'un seul conducteur dans chaque câble. Ce fil de cuivre est composé ordinairement de cinq petits fils tressés ensemble, de sorte que si l'un d'eux vient à être brisé, la communi-

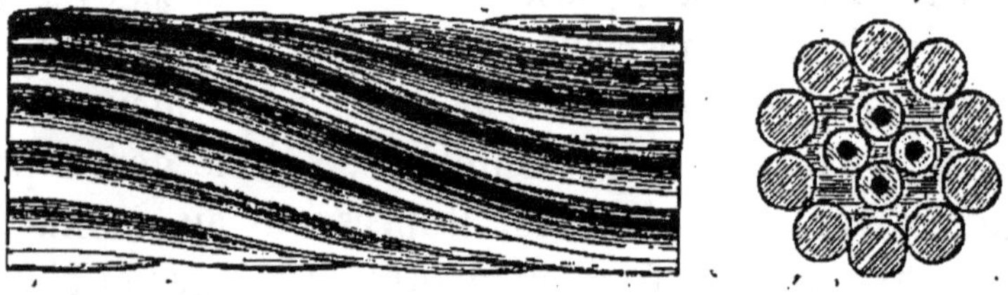

Fig. 33. — Modèle de câbles à quatre conducteurs.

cation télégraphique n'en soit pas interrompue. Puis l'âme du câble est entourée de matières isolantes, comme il vient d'être dit.

Ce modèle, employé, sauf de légères modifications, dans la plupart des essais tentés jusqu'à ce jour, est très lourd. Le premier câble transatlantique de 1858 avait un diamètre total de $0^{m},016$ et pesait environ 620 kilogrammes par kilomètre. Plusieurs personnes compétentes pensent que les câbles sous-marins doivent être à la fois très résistants et très légers. De nouveaux modèles ont été construits, plus maniables, plus faciles à poser, mais aussi plus rapidement détruits par l'action corrosive de l'eau de mer. L'expérience devra faire connaître lequel est le meilleur des deux modèles. Le câble transatlantique posé en 1865 et rétabli en 1866 est plus lourd encore (982 kilog. par kilomètre); celui qui fut posé en 1866 est beaucoup plus léger. La diminution du poids provient en grande partie de la grosseur du fil formant l'enveloppe externe; mais cette différence ne constitue pas, comme on l'a dit souvent, deux catégories bien distinctes de câble.

L'Anglèterre a eu jusqu'en ces derniers temps le monopole de la construction des câbles sous-marins. Une usine s'est établie, il y a quelques années, à Bezons, près de Paris; depuis sa création, elle construit des câbles que quelques personnes trouvent aussi parfaits que ceux qui viennent d'Angleterre: aussi a-t-elle obtenu une récompense à l'Exposition universelle de 1867, à l'exclusion de la fabrique anglaise, qui a produit cependant la presque totalité des câbles marins fonctionnant actuellement sur le globe. C'est de l'usine de Bezons que sont sortis les câbles souterrains établis à Paris. Une autre fabrique de câbles s'est encore établie, depuis quelques années, à Grenelle, dans Paris même.

En sortant de l'usine de fabrication, le câble est à peine formé de l'âme conductrice recouverte des couches isolantes. C'est dans le port même où doit se faire l'embarquement, et seulement quelque temps auparavant, qu'on le munit des enveloppes externes de chanvre et de fer. On se sert pour cela de machines très ingénieuses, mais qui sont différentes suivant l'ingénieur chargé du travail. A mesure que l'on achève le câble, il est nécessaire de mesurer continuellement la résistance qu'il oppose au passage du courant. Si le recouvrement n'altère pas cette résistance, l'opération est bonne; mais si, à un certain moment, la résistance devient trop grande, on doit immédiatement arrêter le travail, car la couche isolante a été fendue, et l'électricité s'écoule par la fente de l'armature externe. On doit alors couper le conducteur et le souder à un câble convenable.

Lorsque le câble est construit, on l'essaye, opération

toujours très délicate; puis on procède à l'embarquement et à la pose. On a antérieurement étudié avec le plus grand soin la route que doit suivre le vaisseau et, autant que possible, la disposition du fond de la mer sur tout le parcours du câble. On attribue en grande partie le succès de la pose du câble transatlantique à cette étude du fond de l'Océan. On a trouvé, entre Terre-Neuve et l'Irlande, un lit presque horizontal. Le sol avait été pour ainsi dire autrefois raboté par les courants inférieurs, et il forme, aujourd'hui, entre deux vallées plus profondes, une sorte de plateau régulier, où règne un calme permanent, comme l'attestent le sable fin et les débris de coquilles qui le recouvrent. On n'a eu qu'à déposer le câble sur ce lit, qu'on a appelé *plateau télégraphique.*

Le câble est chargé à fond de cale sur un navire à vapeur ordinaire; il est enroulé sur un ou plusieurs cylindres, dont chacun est placé dans un compartiment spécial. Comme le câble constitue la plus grande partie du lest du vaisseau, on remplace par de l'eau le poids enlevé à mesure qu'il se déroule, et le navire est toujours lesté. Au sortir de la cale, le câble est reçu sur deux fortes roues en fonte, dont il fait trois fois le tour; ces dernières sont munies de freins puissants destinés à en modérer le mouvement. Afin que le câble ne s'échauffe pas trop par le frottement, des ouvriers, au nombre de vingt environ, versent continuellement de l'eau sur les roues et les freins. Puis le câble vient se placer sur un long rouleau de fonte placé à l'arrière. Il peut glisser à droite ou à gauche, suivant le mouvement du navire, et de là il descend à la mer. Des compteurs placés sur les roues indiquent à chaque instant les longueurs immergées.

A bord du vaisseau sont placés des appareils télégraphiques qui communiquent avec le port de terre, et par lesquels on vérifie à chaque instant l'état du câble. Une surveillance de tous les instants est nécessaire pour mener à bonne fin cette opération. Quand on songe à toutes les difficultés imprévues qui se présentent sans cesse et contrarient l'exécution, on ne peut qu'admirer sans réserve les résultats obtenus. Si le câble se déroule trop vite, il peut se nouer dans les mers profondes, et bientôt il sera coupé; s'il se déroule trop lentement, la partie immergée exerce une traction énorme sur le câble et finit par le rompre. Les vents, les flots, le ballottement du navire, sont autant de causes qui tendent à briser les câbles, ou tout au moins à rendre le déroulement irrégulier. Puis, au fond de la mer, c'est l'inconnu qui attend le câble. Malgré toutes ces difficultés réelles et sérieuses, on a réussi, et le but cherché a été atteint après mille tentatives. Ici, comme en toute chose, une persévérance tenace a été la première condition du succès.

Quand un câble a été brisé, on doit chercher à en retirer de la mer la plus grande partie possible, d'abord par raison d'économie : car on peut utiliser les débris pour les raccorder, et les faire entrer dans de nouveaux câbles. Cette opération est, en outre, d'un grand intérêt scientifique : on se rend mieux compte des causes de rupture, de la raison de l'insuccès, quand on a en main ces éléments, et aucune étude ne doit être négligée. La recherche d'un câble au fond de la mer est toujours longue et pénible. Un vaisseau promène un grappin au fond jusqu'à ce que cet engin soit arrêté et fixé. Si l'ancre ne peut se mouvoir dans aucun sens, elle est attachée à une pierre; si elle n'est arrêtée que dans le sens de la longueur du câble, on la retire et on a trouvé ce que l'on cherchait.

Soit que le câble ait été brisé, soit que deux vaisseaux marchant à la rencontre l'un de l'autre posent chacun la moitié de la ligne, ainsi que le projet en avait été conçu pour le câble transatlantique, il est nécessaire de raccorder les deux extrémités. A cet effet, on fait entrer celles-ci dans une boite de fer, on recourbe les fils d'acier de l'armature extérieure, de manière à former de chaque côté un tampon qui pressera le câble contre l'ouverture de la boite et l'empêchera de s'échapper. Les fils de cuivre intérieurs sont mis à nu et tordus ensemble : puis on coule à l'intérieur de la boîte une masse de gutta-percha, la matière la plus isolante qui soit connue. Enfin on ferme hermétiquement la boite, en soudant ou en vissant le couvercle, et on a ainsi obtenu un raccordement parfait. Ce procédé, dû à M. Lair, a exigé vingt-cinq minutes de travail, lorsqu'il a été essayé dans les meilleures conditions possibles. Néanmoins, il n'est pas adopté en France, où on le trouve à la fois long et incertain; on préfère employer le raccordement direct. On met à nu les deux bouts du conduc-

Fig. 54. — Raccordement de M. Lair.

teur inférieur que l'on veut réunir; on les attache par des torsades ordinaires; puis on recouvre l'âme du câble de couches isolantes, de chanvre goudronné, et enfin de fils de fer qu'on a soudés directement aux fils de chaque extrémité.

En France, l'administration des télégraphes a créé un service spécial particulièrement affecté à l'étude des câbles sous-marins. Cette division est formée d'hommes très remarquables et très compétents. Son siège principal était à Toulon, où il avait été primitivement installé pour la pose des télégraphes de Toulon à la Corse, à la Sicile et à l'Algérie. Depuis lors, le service sémaphorique a établi des lignes télégraphiques entre Marsala, en Sicile, et Tunis, puis entre le Maroc, les îles Majorque et l'Espagne, etc. Ces opérations n'ont réussi qu'à moitié pour des causes très diverses. Un vaisseau, le *Dix-Décembre* d'abord, devenu l'*Ampère* depuis 1871, est à la disposition exclusive de ce service.

D'après le rapport de la commission anglaise, les accidents survenus pendant l'immersion doivent en grande partie être attribués à ce que les navires n'ont pas été construits pour la destination qu'on leur donne. En Angleterre, le *Great Eastern* a été pourvu d'un aménagement particulier pour déposer le câble transatlantique, ce qui n'empêche en rien ce navire d'être employé à d'autres usages. Nous avons été longtemps moins heureux en France : le *Dix-Décembre* était un ancien transport de charbon de la Tamise, construit en Angleterre. Il avait été parfaitement approprié à son nouvel usage ; mais on n'avait pas pu en changer la carène aplatie et la forme difficile à équilibrer, ce qui en fait un vaisseau assez dangereux par les gros temps.

Les vaisseaux portant les câbles sont éclairés dans leur marche par d'autres navires vides ayant toute leur liberté de manœuvre et destinés à les diriger et à les secourir au besoin. Comme le câble est revêtu d'une armature en fer, cette grande masse métallique agit sur la boussole et en trouble les indications. Aussi on ne se fie point au compas du navire qui porte le câble : on ne consulte qu'une boussole soustraite à l'action perturbatrice et placée sur un autre vaisseau. Toutefois les navires éclaireurs doivent éviter de se mettre à la traverse de celui qu'ils accompagnent, et de contrarier les opérations en heurtant le câble déjà immergé[1].

[1] Voir, pour tout ce qui a rapport à la télégraphie, le traité de M. Blavier, inspecteur des lignes télégraphiques.

CHAPITRE VI

AUTRES SYSTÈMES DE TÉLÉGRAPHES

Le télégraphe de Morse, adopté par la conférence internationale, est actuellement en usage dans presque tous les pays. En France, ce système est généralement adopté, si ce n'est pour les chemins de fer, où l'on emploie exclusivement le télégraphe à cadran ; et même on prévoit, dans un avenir prochain, la possibilité de se servir, dans ce dernier cas, de l'appareil Morse.

Cependant le véritable inventeur de la télégraphie électrique, celui qui en a résolu les plus importants problèmes, ce n'est ni Morse, ni M. Bréguet, mais bien M. Wheatstone. C'est lui qui a installé les premiers télégraphes, en Angleterre d'abord, puis en France, en 1844, où il fut appelé pour faire les essais ; c'est lui qui avait inventé le premier appareil rendu à la fois public et pratique. Il a pris enfin la plus grande part à la rédaction du Livre bleu, la *Bible des télégraphistes*[1].

L'appareil de Morse a été perfectionné à ce point qu'on ne lui a laissé pour ainsi dire de ce qu'il était d'abord que son nom. Chacun a apporté sa modification plus ou moins importante. Aussi le nombre des inventeurs en télégraphie est-il incalculable : chaque jour il s'accroît encore. Il y a déjà plus de cinquante systèmes proposés, et il ne faut pas comprendre dans ce nombre les perfectionnements de ces systèmes. On ne décrira ici que les principaux.

[1] M. Wheatstone est mort à Paris en 1876.

TÉLÉGRAPHE MORSE PERFECTIONNÉ

Le système de Morse a été surtout perfectionné par d'habiles constructeurs français, MM. Digney. Les dispositions nouvelles sont à la fois simples, pratiques et utiles.

L'impression de la dépêche au récepteur est faite à l'encre au lieu de l'être par le gaufrage. Pour cela, le levier mû par l'électro-aimant porte la bande de papier et la soulève plus ou moins longtemps : la force qui fait mouvoir le levier peut être à peine appréciable, le poids du papier étant sans importance. Lorsque la bande est soulevée, elle vient frotter contre une roue qui tourne continuellement. Cette roue, légèrement imprégnée d'encre grasse, laisse sur le papier une trace plus ou moins longue, selon la durée de l'attraction magnétique, mais toujours très nette et très visible. On obtient ainsi sur le papier une série de points et de traits qui constituent les signaux de l'alphabet Morse.

Une difficulté consistait à faire en sorte que la trace fût nette et que l'encre ne coulât pas de la roue sur le papier. Le disque traceur est mû par un mouvement d'horlogerie, en sens inverse de celui du papier qui se déroule. Dans sa rotation, il rencontre un rouleau de drap, imbibé d'encre grasse très fluide ; ce rouleau tourne sur lui-même sous un léger frottement de la roue, de sorte que celle-ci prend constamment une faible quantité d'encre, juste assez pour imprimer sa trace sur le papier. D'ailleurs, l'encre grasse employée conserve longtemps sa fluidité, et il est à peine nécessaire d'en verser quelques gouttes sur le rouleau tous les quatre ou cinq jours. Le reste du récepteur n'est pas changé. C'est l'appareil même de Morse, avec cet avantage que la dépêche s'y déroule imprimée et facile à lire, et que les relais peuvent toujours être supprimés.

Le manipulateur a également été modifié, et MM. Digney l'ont rendu automatique. C'est là un important problème, qu'avait posé autrefois l'administration française elle-même. Le nombre de solutions proposées fut si grand, que l'administration retira la question et s'en tint d'abord à l'appareil primitif. Mais depuis lors elle adopte peu à peu le manipulateur automatique de MM. Digney. Un appareil sera automatique lorsqu'il pourra faire passer de lui-même une dépêche quelconque qu'on lui présentera composée, sans qu'il soit besoin d'un employé constamment occupé à agir sur le manipulateur. Une seule personne pourra de cette façon transmettre et recevoir à la fois un nombre de dépêches limité seulement par le nombre de lignes aboutissant au poste, et il n'aura d'autre travail que celui de surveiller les appareils et de faire les signaux indispensables.

MM. Digney composent d'abord la dépêche avec un appareil spécial, le perforateur. Une bande de papier est découpée en points et en traits suivant la teneur de la lettre. Deux touches agissent sur un mécanisme qui commande un emporte-pièce d'acier. Lorsqu'une de ces touches est abaissée, le papier se déroule sans perforation; lorsqu'on frappe sur l'autre, l'emporte-pièce découpe un point sur la bande de papier, qui ne marche alors que d'un seul cran. Deux abaissements consécutifs donnent deux points réunis, c'est-à-dire un trait; chaque fois la bande s'avance d'un cran. Ainsi la composition de la dépêche consiste à agir sur deux touches semblables à celles d'un piano, et la bande se déroule découpée à jour. On peut vérifier le télégramme, l'accepter ou le rejeter avant de l'envoyer. De plus, l'employé qui compose la dépêche peut ne pas en saisir le sens; il n'a qu'à se conformer au modèle écrit qu'on lui donne.

Ainsi composé, le télégramme est porté au manipulateur, et abandonné à l'appareil. Ce manipulateur se compose d'un levier coudé, d'une extrême mobilité, et dont un des bras appuie constamment sur le papier qui se déroule. La pile communique avec le levier, et la ligne avec une pièce métallique sur laquelle glisse la bande découpée. Tant que le levier touchera le papier, le courant ne passera pas; si un trou se présente, le levier ne touchera plus la bande, il s'abaissera de toute l'épaisseur du papier et touchera la pièce métallique; alors l'électricité passera dans la ligne. Plus le trou sera long, plus longtemps passera le courant et le récepteur enregistrera une dépêche conforme à l'original. Un mécanisme très simple est disposé autour du levier coudé pour en assurer l'action.

Ce système opère très rapidement. On est parvenu à transmettre avec cet appareil 42 mots à la minute, tandis que le système ordinaire ne donne que 15 mots, lorsqu'il est mis en action par un employé bien exercé à la manœuvre. En outre, comme il n'est pas besoin de toucher au manipulateur, on ne court aucun risque de le déranger. Quant au perforateur, il est assez solide pour résister à tous les poignets; il écrit environ par minute 7 à 8 mots de 5 lettres en moyenne.

Il faut ajouter également que les modifications précédentes des deux appareils sont complètement indépendantes l'une de l'autre. Ainsi le récepteur est déjà adopté partout, et le manipulateur ne s'introduit que très lentement dans l'usage ordinaire.

Depuis quelque temps, l'attention des constructeurs et des télégraphistes se porte de préférence sur la rapide transmission des dépêches. Les appareils ont été modifiés dans ce sens; on a cherché à enlever les relais, qui ont besoin d'une certaine lenteur pour fonctionner nettement; on a diminué les poids des diverses pièces mobiles, leviers, armatures, etc. Quelques-unes de ces pièces ont même été faites en aluminium. Un appareil Morse construit dans les meilleures conditions possibles peut transmettre jusqu'à 84 mots par minute.

TÉLÉGRAPHE DE M. HUGHES

En Angleterre et même en France, sur les grandes lignes, on avait commencé à introduire le télégraphe de M. Hughes. Ce système, très ingénieux, mais compliqué, exige des employés habiles et intelligents, et ne peut être établi dans des postes secondaires. Il est assez rapide (31 mots par minute) ; il livre la même dépêche imprimée à la fois au poste de départ et au poste d'arrivée, ce qui facilite les vérifications ; la manœuvre en est très simple. Mais l'usage du télégraphe se répandant de plus en plus, on abandonne maintenant ce système dont la rapidité n'est pas assez grande, et qui laisse l'encombrement se produire trop fréquemment. Cet appareil a obtenu, à l'Exposition universelle de 1867, la récompense destinée aux systèmes télégraphiques.

Dans ce système, les deux postes récepteur et manipulateur sont identiques; ayant les mêmes fonctions, ils sont construits d'une même façon, et il suffit de décrire l'un des deux.

Lorsque le télégraphe marche, la pile, dont les deux pôles sont attachés aux points marqués + et — sur la figure théorique du télégraphe Hughes, poste expéditeur, communique d'un côté avec la terre T, de l'autre avec un bouton *t*. Un clavier, se composant de vingt-six lettres ou signes divers et deux blancs, forme le manipulateur. L'employé, pour envoyer une lettre, abaisse la touche correspondante. Celle-ci est précisément en *t*. Elle soulève un goujon, marqué G du côté du poste expéditeur. Le courant passe suivant la direction de la flèche à travers toutes les sinuosités du fil, jusqu'à la ligne L', qui communique avec le poste récepteur.

Dans son parcours, le courant traverse l'axe vertical *a* du manipulateur, auquel un puissant appareil d'horlogerie donne un mouvement de rotation assez rapide. En tournant l'axe *a* entraîne un chariot qui passe au-dessus des vingt-huit trous d'un disque fixe D, comme on le voit dans la grande figure. A chaque signe correspond un trou; et le goujon, que dresse la touche, soulève à son tour la pièce B du chariot.

Quand le télégraphe ne marche pas, la pièce B repose par une vis *i* sur la partie inférieure du chariot; et l'axe *a*, formé des deux parties conductrices séparées par un morceau d'ivoire isolant, est réuni métalliquement à la terre T. Cette pièce B, ainsi que le montre la partie correspondante B′ du poste récepteur, fait communiquer entre elles les deux parties de l'axe, et le courant, passant alors de l'une à l'autre, arrive à la terre en T. A l'état de repos, comme paraît l'être sur la figure le poste récepteur, le courant venant de la ligne traverse l'axe *a*, par l'intermédiaire de la vis *i*, puis il va dans la terre T par une série de sinuosités et après avoir traversé la sonnerie.

Mais quand le télégraphe marche, la pièce B est soulevée par instants, en passant sur le goujon correspondant au signe qui a été fait; et alors seulement, à ce moment précis, le courant qui viendrait du récepteur en sens inverse des flèches serait arrêté totalement (ce qui n'est pas un inconvénient, car deux interlocuteurs ne doivent pas parler à la fois), tandis que l'électricité lancée par la pile du manipulateur arrive à travers le goujon jusqu'à la ligne L′.

Après avoir quitté l'axe *a*, le courant traverse les électro-aimants E, pièces importantes dont chacune commande à la fois le récepteur du poste de départ et celui du poste d'arrivée. Dans cet électro-aimant, l'électricité n'agit pas comme à l'ordinaire. Cette pièce se compose d'un fort aimant inférieur en fer à cheval; chaque pôle de celui-ci est surmonté d'un morceau de fer doux autour duquel s'enroule le fil des bobines. Lorsque le courant ne passe pas, le fer doux est aimanté sous l'influence

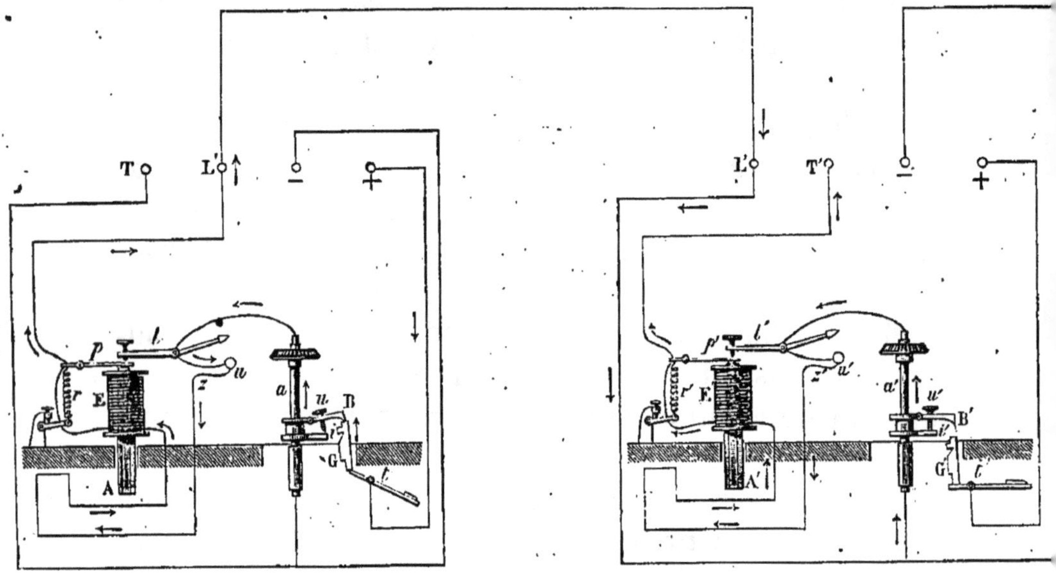

Poste expéditeur. Poste récepteur.

Fig. 35. — Figure théorique du télégraphe de M. Hughes.

du fer à cheval, et une palette *p* est abaissée; aussitôt que le courant passe, le fer doux des bobines est partiellement désaimanté, et la palette *p* n'étant plus attirée avec la même force, cède à l'action d'un ressort antagoniste *r*, et vient choquer une vis marquée *l*. Ainsi, au lieu que le courant aimante le fer et lui fasse attirer son armature, comme dans tous les systèmes précédemment décrits, ici le fer est désaimanté et l'armature repoussée; il faudra par conséquent une force bien moindre pour effectuer ce dernier travail, puisque le moindre affaiblissement du magnétisme suffit pour que le ressort *r* l'emporte. Naturellement ce ressort est plus ou moins bandé, de façon que la lame *p* soit exactement en équilibre. Le redressement de *p* détermine celui du levier *l*, lequel agit directement sur les récepteurs.

Cette seconde partie de l'appareil se compose de deux arbres voisins l'un de l'autre : l'un qui s'appelle *l'axe des types*, parce qu'il porte la roue à lettres, l'autre dont le nom est *axe des cames*. Ce dernier est formé de deux parties indépendantes. La première, invisible dans la figure complète, tourne rapidement sous l'influence du mouvement d'horlogerie, et fait environ sept cents tours par minute; elle porte un volant V qui régularise le mouvement et empêche tout ralentissement de l'axe au moment où se produisent des résistances. De même un pendule conique régularise le mouvement de l'horlogerie. — La seconde partie de l'axe des cames, visible dans la figure de détail, est indépendante de la première et reste immobile tant que le courant ne passe pas. Mais aussitôt que la lame *p* a soulevé le levier *l*, un cliquet, invisible dans les figures, rend solidaires les deux portions de l'axe des cames, et elles font ensemble un seul tour complet. A cause du volant, cette brusque augmentation de résistance ne ralentira pas le mouvement de l'axe. Après avoir fait un tour entier, le cliquet échappe, et la deuxième partie de l'axe redevient immobile. Cette

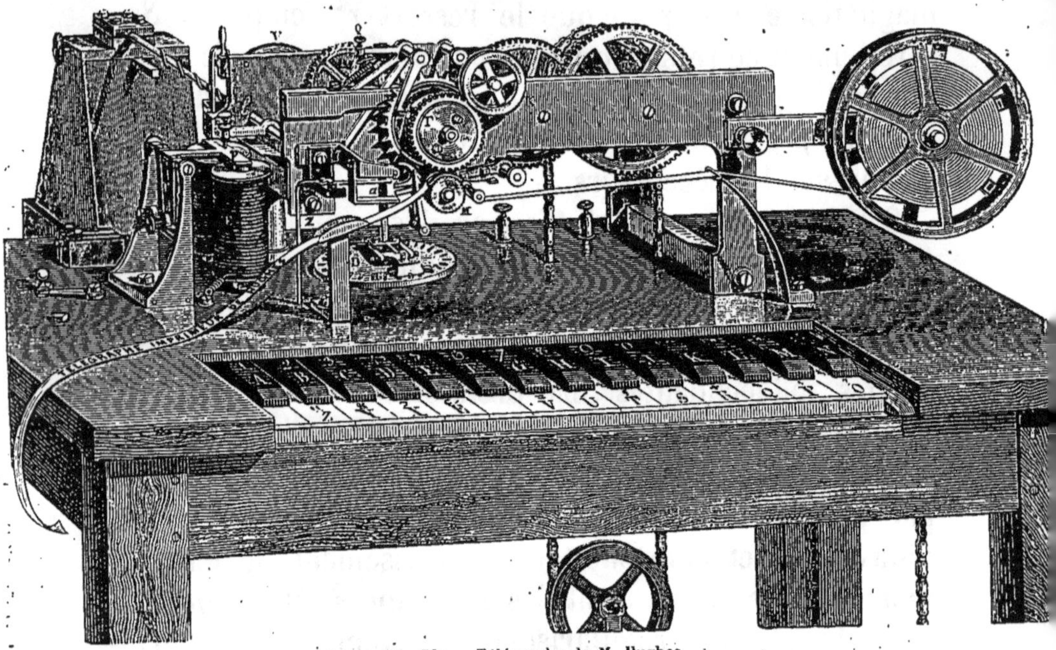

Fig. 36. — Télégraphe de M. Hughes.

portion de l'arbre porte quatre cames, dont chacune a une fonction spéciale.

L'axe des types, placé à côté du premier, se compose également de deux portions, dont une seule tourne d'une manière continue avec la même vitesse que l'axe du manipulateur *a*, avec lequel elle est reliée par des roues d'angle. L'autre partie tourne aussitôt que le télégraphe commence à marcher et dès que le courant a passé une fois. Pour cela, une des quatre cames précédentes, la dernière, celle qui est indiquée *u*, produit l'embrayage entre les deux portions de l'axe des types, et l'union une fois établie subsiste tout le temps que passe la dépêche. Pour rendre les deux parties de l'axe des types indépendantes, comme elles doivent l'être quand aucun courant ne traverse l'appareil, l'employé appuie sur le levier Q qui avait été soulevé par la came *u* et détermine le désembrayage. L'appareil est réglé de façon que le désembrayage se produise toujours quand la roue des types présente l'espace blanc au-dessus du marteau, à la position du repos.

Donc, aussitôt que le télégraphe entre en fonction, l'arbre des types commence de lui-même à tourner avec la même vitesse que l'axe du manipulateur. Deux roues sont portées par l'arbre. L'une C, appelée *roue correctrice*, porte vingt-huit dents. Elle a pour effet de rétablir continuellement l'accord entre le récepteur et le manipulateur, si par suite de circonstances accidentelles les deux appareils ne marchaient plus rigoureusement ensemble. La deuxième came *n* s'engage dans les dents, et fait avancer ou reculer la roue C, de manière que le vide soit précisément en place. — Cette came *u* a encore une autre fonction : lorsque l'axe des cames ne tourne pas, elle appuie sur le ressort *z* qui fait communiquer le manipulateur avec la ligne, ainsi qu'on le voit dans la figure théorique.

Au-devant de la roue correctrice, et tournant avec elle,

la roue M porte des caractères d'imprimerie qui se recouvrent d'encre en frottant contre le tampon K. On n'a placé que vingt-six lettres ; les deux blancs correspondent à un large vide. Le marteau cylindrique M tourne sous l'action de la came *x*, ce qui fait avancer et dérouler le papier ; il est en outre soulevé par la came *y*, et, venant s'appuyer contre la roue des types, il reçoit l'impression de la lettre qui est à la partie inférieure. — Il est nécessaire d'ajouter que, par un mécanisme à la portée de l'expéditeur, à cette roue des lettres on peut substituer

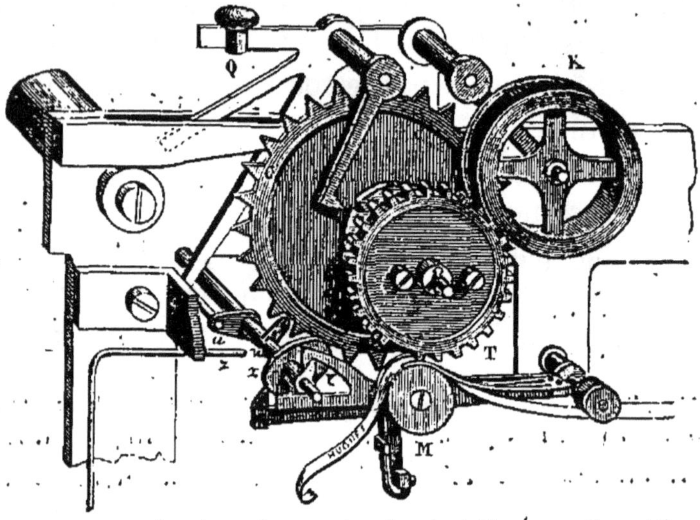

Fig. 37. — Détail des axes.

une autre roue indiquant les chiffres et les signes de ponctuation, comme ils sont indiqués sur les touches.

Telle est la description succincte de ce système très ingénieux, mais compliqué, comme on le voit aussi. Lorsque l'expéditeur attaque le poste voisin, il rend libre le mouvement d'horlogerie de son appareil, et appuie sur une touche blanche, ce qui fait marcher la sonnerie du poste attaqué. Aussitôt, les signaux préparatoires étant faits et les deux mouvements d'horlogerie bien réglés, la correspondance commence ; les touches sont abaissées successivement avec une vitesse qui dépend de la rotation de l'axe du manipulateur. Lorsque le chariot B passe au-dessus du goujon soulevé, le courant est lancé dans la ligne, l'axe des types des deux récepteurs prend une rotation continue, et l'axe des cames se met en mouvement lorsque cela est nécessaire, fait un tour pendant lequel chacune des quatre cames accomplit son travail, puis s'arrête, et en somme la dépêche se déroule, imprimée le long du rouleau M. Les appareils et le mouvement d'horlogerie sont réglés une fois pour toutes avec soin; la lettre imprimée est toujours celle qui correspond à la touche abaissée, c'est-à-dire que le goujon soulevé est rencontré par le chariot, au moment précis où la lettre de la roue correspondant à ce goujon est à la partie inférieure, car la roue des types et l'axe du manipulateur sont solidaires et animés du même mouvement.

TÉLÉGRAPHE AUTOGRAPHIQUE DE M. CASELLI

Parmi les nombreuses propriétés que possède un courant électrique, une seule, celle qui a été découverte par Ampère, l'aimantation instantanée du fer, a été appliquée à tous les systèmes télégraphiques précédemment décrits. Mais il en est une autre qui a donné naissance à toute une grande industrie, la galvanoplastie, et dont s'est servi M. l'abbé Caselli pour son télégraphe autographique. Lorsqu'un courant électrique traverse un liquide ou un corps humide, la matière dont est formé le liquide est décomposée et réduite en éléments simples. Telle est la seconde des grandes propriétés de l'électricité produite par la pile de Volta.

Un mécanicien anglais, M. Bain, imagina de réunir un des pôles de la pile avec une tige de fer, et l'autre pôle avec un papier imbibé d'une substance chimique particulière, le *cyanure de potassium*. Toutes les fois que la pointe de fer touchait le papier, le courant de la pile se fermait et le seul point de contact se colorait en bleu. Le cyanure se décomposait, et, à la suite d'une réaction chimique assez simple, il se formait du bleu de Prusse. Le dessin, quel qu'il soit, tracé par la tige de fer est reproduit par la série des points bleus, et le papier reste imprimé. Tel est le principe du télégraphe automatique de M. Caselli.

Mais de ce fait presque théorique à la construction d'un appareil télégraphique il y avait loin: des difficultés sans nombre sont venues à chaque instant éloigner et obscurcir le problème que M. l'abbé Caselli s'était proposé. Dix ans d'études opiniâtres et d'essais continuels ont été nécessaires.

Il fallait d'abord rendre les traces du fil de fer nettes et précises, c'est-à-dire éviter les bavochures et l'étalage des couleurs. M. Caselli a rendu le papier assez humide pour que la réaction chimique se produise, et assez sec pour que la décomposition ne s'étende pas au loin. Il fallait ensuite lancer ou supprimer convenablement le courant dans la ligne, et le faire d'une manière instantanée, de sorte qu'un point ne fût reproduit que par un point ni plus long ni plus large: M. Caselli y est encore parvenu. Toutes les difficultés qui surgissaient à mesure que l'appareil prenait forme, ont été ainsi successivement résolues, toujours avec avantage, quelquefois avec simplicité. Sans faire la description complète de cet appareil, il suffira d'en faire connaître ici les principales dispositions.

Un pendule, long de 2 mètres, oscille en emportant une masse de fer de 8 kilogrammes. Vers le milieu du pendule se trouvent deux bras, un pour le transmetteur, l'autre pour le récepteur. Ces deux appareils sont du reste identiques, sauf quelques légers détails. Chacun des bras est relié à un châssis qui constitue l'appareil télégraphique. Le châssis immobile se compose d'un plan légèrement convexe, sur lequel est disposé, à une position fixe, le papier préparé. Au-dessus de ce plan une aiguille en fer se promène en touchant sans cesse le papier. Toutes les fois que le pendule moteur va à droite, côté du transmetteur par exemple, le bras pousse un levier vertical, lequel, par un mécanisme convenable, fait mouvoir l'aiguille de fer. Celle-ci oscille donc dans le châssis sous l'action du bras du pendule. Elle appuie sur le papier préparé quand le mouvement se fait vers la droite; elle est relevée lorsque le mouvement est inverse et elle ne touche plus le papier. De plus, à chaque oscillation, l'aiguille avance légèrement dans le sens de la longueur; si, au lieu d'une aiguille inerte, on mettait un crayon assez fin pour laisser une trace, on aurait sur le papier une série de lignes parallèles, très rapprochées, et toutefois distinctes les unes des autres. Le mécanisme chargé de faire accomplir tous ces déplacements à l'aiguille est assez compliqué, mais très ingénieux.

L'oscillation du pendule détermine donc le mouvement de va-et-vient d'une tige de fer; celle-ci ne touche le papier que lorsqu'elle marche dans un sens, et elle se déplace légèrement à la fin de chaque oscillation.

Le papier a subi une préparation spéciale. Au départ pour la transmission, on se sert d'une feuille métallisée, conduisant bien l'électricité, et convenablement recouverte d'une encre isolante. A l'arrivée, pour la réception, on emploie une feuille de papier imprégnée de cyanoferrure de potassium. Tant que l'aiguille du transmetteur touche le papier métallique, le courant est lancé dans la ligne; aussitôt que l'aiguille rencontre l'encre, l'électricité est arrêtée, mais reprend son cours quand l'aiguille revient au contact du papier. A l'arrivée, tant que le courant passe, l'aiguille est éloignée du papier; dès que l'électricité de la ligne n'arrive plus, un petit courant local pénètre dans l'aiguille, la fait tomber, et détermine sur le papier un point coloré.

D'après ce mode de transmission, une dépêche écrite par le télégraphe Caselli se compose d'une série de lignes très rapprochées et sur ces lignes certains points sont marqués. La dépêche, dessin ou lettres, n'est pas

Fig. 38. — Fac-simile d'un dessin transmis par l'appareil Caselli.

faite d'un trait continu, mais d'une série de points très voisins les uns des autres, et donnant par leur ensemble le même dessin que l'original; la couleur est bleu foncé.

La feuille qui sert à la réception est une feuille de papier ordinaire imprégnée d'une dissolution de cyanoferrure de potassium, encore légèrement humide, et disposée sur un support en étain. Le courant, en passant, détermine une réaction chimique entre l'eau et l'oxyde d'étain qui souille la surface du support, ce qui décape continuellement cette surface et la rend toujours conductrice de l'électricité. Lorsque la dépêche est finie, on a une épreuve en bleu foncé; mais si on traite le papier par un mélange aqueux d'acides azotique et pyrogallique, le dessin devient très noir et très intense, et c'est quelquefois sous cette forme que sont livrées les dépêches. — D'autres fois, on traite le papier par une décoction acide de noix de galle; on obtient alors un dessin blanc, non conducteur de l'électricité, ce qui permet d'employer cette épreuve pour la transmission à un autre poste.

Tel qu'il a été décrit, l'appareil n'utiliserait qu'une course du pendule. L'aiguille de transmission est abaissée quand le balancier va de droite à gauche, et lorsque celui-ci va de gauche à droite, elle est relevée et ne travaille pas. Il en est de même du récepteur. Pour ne point perdre la moitié du temps de la marche du pendule, M. Caselli a doublé l'appareil; à côté de la première dépêche, il en dispose une seconde sur laquelle une deuxième aiguille se meut en sens inverse

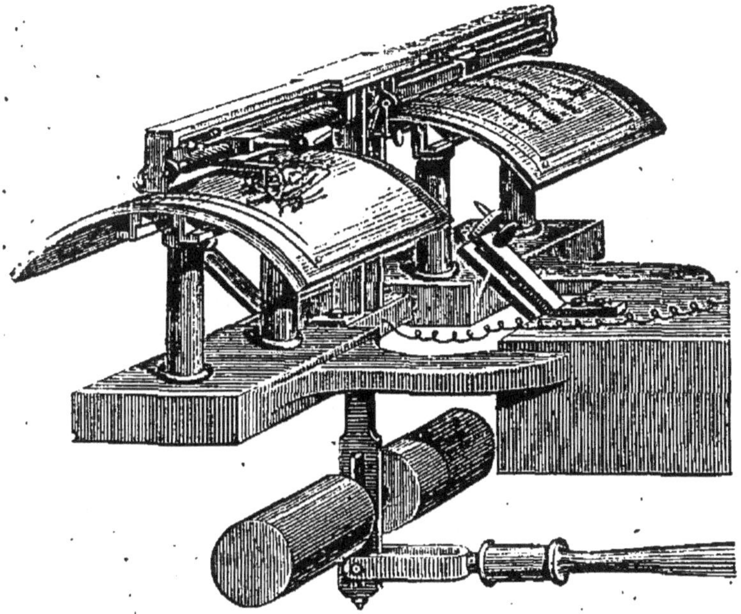

Fig. 59. — Détails du transmetteur (appareil Caselli).

de la première. Ainsi, avec cet appareil, on envoie simultanément deux dépêches, sans aucune crainte de confusion, puisque pendant que l'une des aiguilles agit, l'autre est relevée et immobile.

Un des côtés du pendule télégraphique est affecté au transmetteur, l'autre au récepteur. Ils n'agissent jamais en même temps; quand l'un marche, le bras correspondant à l'autre est décroché, ce qui le rend immobile. Dans la figure, c'est le bras expéditeur qui marche. De

Fig. 40. — Pantélégraphe de M. Caselli.

plus, une sonnerie est mue par le pendule lui-même, lorsqu'il en est besoin. Cette sonnerie annonce qu'une dépêche va arriver; elle sert encore à faire les signaux qui précèdent et suivent la transmission. Comme ces signaux sont fort restreints, M. Caselli a pu combiner un petit vocabulaire, très facile à interpréter, et dans lequel un certain nombre de coups de sonnette a une signification bien déterminée. Pour faire mouvoir la sonnerie on ne fait qu'appuyer sur une touche, invisible sur la figure.

La plus grande difficulté qu'il ait fallu vaincre était de faire mouvoir simultanément les pendules télégraphiques au poste de départ et à celui d'arrivée. Le temps de la marche doit être exactement le même, les oscillations doivent commencer et finir en même temps; le moindre désaccord entre les balanciers altérerait une dépêche de fond en comble. M. Caselli a obtenu cette rigoureuse coïncidence au moyen d'un chronomètre régulateur. A chacune des extrémités de la course du pendule est placé un électro-aimant qui attire la masse de fer formant balancier, et la laisse retomber. A certains moments, le chronomètre lance le courant dans un des électro-aimants de la station éloignée, le balancier reste alors suspendu, il y a arrêt dans le mouvement pendulaire. Chaque pendule télégraphique dépend ainsi du chronomètre régulateur de la station éloignée. Or ces chronomètres peuvent être rendus aussi exacts que possible par des mécanismes d'hologerie. Il en résulte un accord rigoureux entre les pendules des deux stations.

Tels sont les principes sur lesquels repose le pantélégraphe de M. l'abbé Caselli. Les mécanismes en sont très ingénieux; les détails en ont été soigneusement étudiés et combinés; des difficultés très ardues, provenant de la marche de l'électricité dans l'appareil, surgissaient à chaque instant et exigeaient de nouvelles études et de nouvelles combinaisons: il reste en somme un appareil vraiment extraordinaire, très ingénieux, très pratique, quoique un peu trop sujet aux dérangements.

Établi d'abord, pendant huit mois, à titre d'essai entre Paris et Amiens, ce télégraphe fonctionne, depuis le mois d'août 1862, sur la ligne de Paris à Lyon et à Marseille. Les résultats ont été assez satisfaisants pour que cette ligne fût ouverte au public en 1865, dernière et suprême consécration de cette découverte. Il reste peu de choses maintenant à perfectionner M. Caselli a tout prévu; tout corrigé par avance, et jusqu'à présent les modifications réclamées par l'usage ont été peu importantes et faciles à introduire dans l'appareil.

On écrit la dépêche sur une feuille de papier argenté, avec une encre particulière. Trois raies sont tracées sur la feuille. L'une sert de repère pour placer l'aiguille du transmetteur; on doit écrire entre les deux autres : tout ce qui dépasserait ces limites serait hors des atteintes de l'aiguille et ne serait pas transmis. On pose la feuille de papier sur un support préparé et placé sous l'aiguille; puis on fait les signaux convenables; lorsque tout est prêt, on met le balancier en marche, et la dépêche passe. On peut ainsi transmettre 40 dépêches à l'heure, c'est-à-dire 15 mots ou 75 lettres par minute, en ne supposant aucune perte de temps.

Cet appareil peut se prêter à la sténographie, et alors la rapidité est véritablement prodigieuse. On s'occupe même de modifier le système pour lui donner une transmission encore plus rapide et, pour ainsi dire, double de ce qu'elle est actuellement. On est déjà parvenu à ce résultat d'une manière relativement simple.

Le pantélégraphe est en définitive assez pratique pour qu'on puisse s'en servir dans des occasions extraordinaires. Il n'exige de la part de l'employé aucune connaissance spéciale et ne lui impose qu'un travail purement mécanique. Il suffit de placer le papier préparé et de surveiller la marche du pendule; la dépêche passe toute seule, l'appareil est automatique. On atteint donc ce résultat, qui paraît au premier abord paradoxal : les transmissions autographiques, celles qui envoient l'écriture même de l'expéditeur, sont les plus faciles et les plus régulières, et l'on peut expédier deux dépêches différentes en même temps. L'électricité devient, grâce à ces différentes inventions, une des forces les plus dociles et les plus soumises que l'homme ait su conquérir sur la nature.

L'extrême précision et la complication du mécanisme de l'appareil de Caselli n'enlèvent rien à sa solidité. Les pièces qui la composent ne sont nullement fragiles; s'il est recommandé aux employés de ne point les toucher, ce qui d'ailleurs n'est jamais nécessaire, c'est par excès de précaution. Il suffirait qu'un seul des organes ne remplit pas exactement son rôle pour que l'appareil fût dérangé.

Il faut pourtant signaler un défaut, qui provient non point du système lui-même, mais de l'installation des lignes, telle qu'on la voit aujourd'hui. Si, au moment où le télégraphe marche, la ligne est brusquement traversée par un courant autre que celui qui est envoyé par le transmetteur, il arrivera que certains points ne seront pas reproduits, ou bien qu'il se reproduira des points étrangers à la dépêche. Il se fait assez fréquemment un mélange des fils; c'est-à-dire que les fils d'une même ligne, bien qu'ayant des destinations différentes, viennent à se toucher sous l'action d'une cause quelconque; alors le courant de l'un passe dans l'autre et va produire au récepteur une certaine perturbation. Ou bien encore un orage éclate tout à coup sur un des points de la ligne et détermine dans les fils des courants accidentels. Dans ces circonstances, certains flux d'électricité ne provenant pas du transmetteur arrivent néanmoins au récepteur et le font marcher.

Ces inconvénients ne sont pas particuliers au pantélégraphe de M. Caselli. Ils existent pour tous les systèmes, et on a su les atténuer, sinon les éviter complètement, par différents procédés. Dans le système autographique, ces perturbations accidentelles auront une importance moindre que dans les autres systèmes. Ici la dépêche forme un ensemble régulier, et comme les signaux anormaux sont généralement en petit nombre, il sera toujours facile de distinguer ce qui est exact de ce qui est erroné.

Ce fait se produisit dans un des premiers essais entre Paris et Amiens. On expédiait le portrait de l'impératrice. L'appareil marchait parfaitement bien, quand tout à coup il y eut un mélange de fils. Il se produisit une interruption brusque, et il passa au récepteur Caselli certains signaux de l'alphabet Morse, qui suivaient une autre ligne. Ces signaux manquèrent à la dépêche, et le portrait de l'impératrice se trouva mélangé de traits et de points, peu nombreux d'ailleurs, appartenant à l'alphabet Morse.

Il faut se hâter de dire que ces accidents sont très rares et ont pu être presque entièrement éliminés. Ainsi, l'électricité atmosphérique ne peut plus occasionner ces fâcheuses perturbations, grâce à un système particulier de paratonnerre ; et on a pu constater que l'appareil Caselli pouvait fonctionner sans danger même par les temps orageux, alors que le télégraphe Morse était forcé de rester inactif.

On est ainsi parvenu à produire, à des centaines de lieues de distance, des fac-simile d'une exactitude surprenante ; au dire même de certaines gens, qui se laissent passer pour artistes, les reproductions sont plus belles que les originaux, à raison du moelleux des traits, ce qui les fait ressembler légèrement à une gravure à la molette.

PANTÉLÉGRAPHE MEYER

Le pantélégraphe de M. Meyer, inventé depuis 1868, paraît destiné à remplacer les deux systèmes précédents. L'auteur, employé ordinaire de l'administration française, a libéralement fait don de son invention au gouvernement, ne s'en réservant l'exploitation que dans les pays étrangers. Il est intéressant de donner le principe de ce système, qui est encore une nouveauté, puisqu'il y a à peine quelques mois que l'administration française a déclaré les essais terminés et l'appareil propre à être employé.

Le pantélégraphe de M. Meyer paraît destiné, ai-je dit, à supplanter les deux systèmes précédents. Il a en effet toutes les qualités de l'un et de l'autre, sans en avoir aucun des inconvénients. Il est plus rapide que celui de M. Hughes; et, comme celui de M. Caselli, il permet de reproduire les signes quelconques, c'est-à-dire qu'il est autographe. Du reste, M. Meyer, sans s'en douter, a combiné les deux systèmes, prenant à chacun d'eux ce qu'il avait de meilleur, et abandonnant ce qu'il avait de compliqué.

La dépêche est écrite sur un papier de plomb avec une encre quelconque. Une pointe métallique se promène rapidement sur toute la surface du papier. Tant que l'aiguille touche le plomb, le courant passe; lorsque l'aiguille rencontre la trace de l'encre, le courant ne passe plus. Ce principe, que nous avons déjà rencontré dans plusieurs appareils, est très simplement mis en action. Le papier est enroulé autour d'un cylindre qui tourne d'un mouvement uniforme et très rapide; l'aiguille pendant ce temps longe le cylindre dans le sens des génératrices. De sorte que la pointe de l'aiguille décrit à la surface du cylindre une hélice à spires très rapprochées. Cet appareil est complètement automatique, comme l'on voit, et aussi rapide qu'on le veut, puisque la vitesse dépend simplement du mouvement d'horlogerie qui gouverne l'aiguille métallique. La rapidité actuelle est de

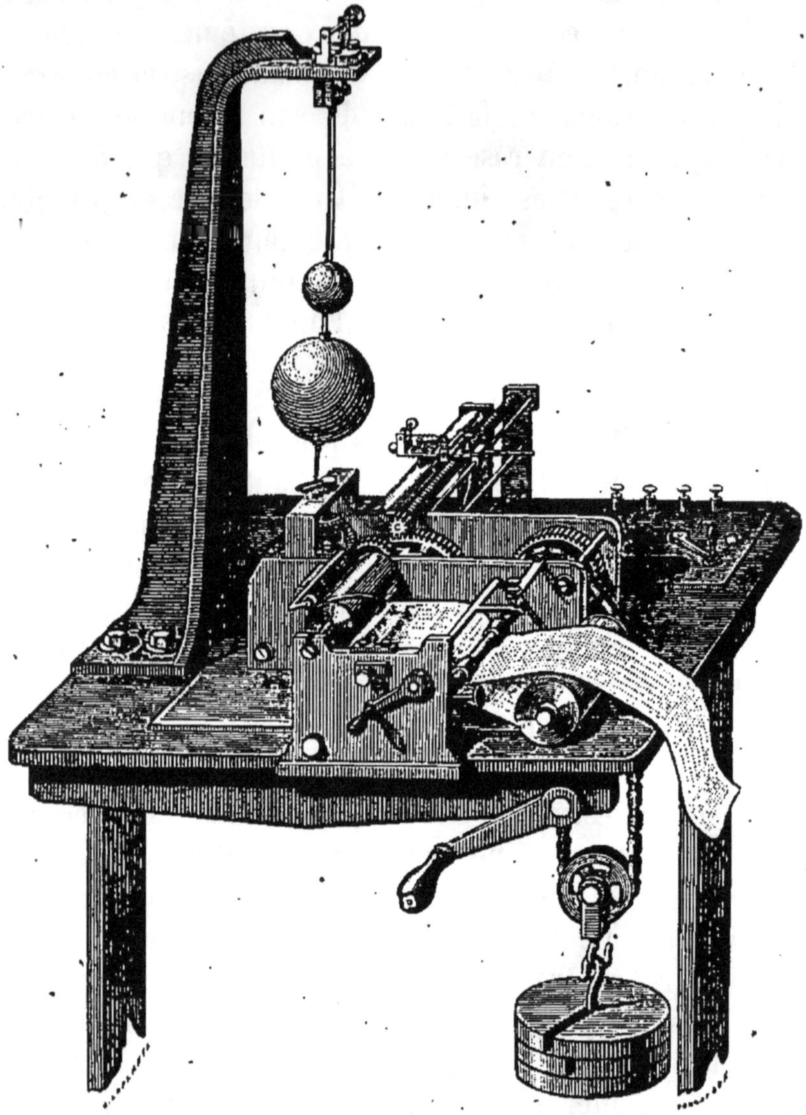

Fig. 41. — Pantélégraphe Meyer.

25 à 30 centimètres carrés par minute, c'est-à-dire qu'il ne faudrait pas plus de quatre minutes à l'aiguille du pantélégraphe Meyer pour parcourir une feuille de papier

de la dimension des feuilles de ce livre, et transmettre au récepteur tout ce qu'il pourrait y avoir d'écrit, quelque fins que soient les caractères. C'est à peu près trois fois la vitesse du télégraphe de M. Caselli.

Le récepteur se compose essentiellement d'un cylindre animé du même mouvement que le cylindre transmetteur. Une hélice saillante portée par le cylindre tourne en même temps que lui; et une bande de papier blanc se déroule au-dessus de cette hélice et sur un levier mobile qui l'élève ou l'abaisse brusquement suivant les circonstances de la transmission. L'hélice est constamment imprégnée d'encre, et quand le papier est soulevé, un point est marqué par le point de la spire placé tout à fait au bas du cylindre.

La condition exigée par l'expédition est que, tant que le courant passe, le papier se déroule en blanc, puis, lorsque le courant ne passe plus, un point est marqué instantanément. Pour satisfaire cette condition, plusieurs moyens, tous également bons, étaient indiqués. Dans chacun des systèmes précédents, on a pu en voir des exemples. M. Meyer a fait du levier l'armature d'un électro-aimant. Auprès de cette pièce se trouvent les pôles d'un fort morceau d'acier aimanté à demeure. (Dans la figure ci-contre, l'électro-aimant est caché par le bâti supportant l'hélice et le papier). Lorsque le courant est lancé dans la ligne, le magnétisme de l'électro-aimant neutralise celui de l'aimant fixe et le levier est repoussé; si le courant ne passe plus, l'aimant fixe reprend son action, et le levier est attiré. Ici donc, comme dans le télégraphe de M. Hughes, il suffira d'une force très faible pour que le levier soit attiré. Du reste, à cet appareil peuvent être appliqués des relais, ce qui n'arrive pas avec les autres systèmes autographiques.

L'hélice, organe essentiel de l'appareil récepteur, marche avec une vitesse égale à celle du stylet transmetteur. Elle frotte contre un tampon, imbibé d'encre ordinaire, et elle imprime un trait dont la durée égale celle de l'interruption du courant.

La difficulté était, comme dans les systèmes précédents, de rendre synchroniques, d'un côté, le stylet transmetteur, de l'autre, l'hélice imprimant. M. Meyer y est arrivé par une disposition analogue à celle de M. Hughes, un mouvement d'horlogerie régularisé par la rotation d'un pendule conique et par les vibrations d'une tige élastique. La concordance entre les deux appareils s'établit instantanément et indépendamment de l'employé, dont le rôle consiste uniquement à surveiller les dépêches, recevoir le papier, et faire les signaux conventionnels au début et à la fin de la transmission.

Comme dans le télégraphe de M. Hughes, on peut faire en sorte que la dépêche s'écrive à la fois aux deux postes correspondants ; mais le mécanisme est incomparablement simplifié. Comme dans l'appareil de M. Caselli, la dépêche s'écrit autographiquement, quelle qu'en soit la forme; mais elle s'écrit immédiatement par contact avec une encre ordinaire, et non pas à l'aide d'une décomposition électro-chimique. Aussi, en faisant écrire les signaux sur du papier de plomb, on peut se servir de la dépêche elle-même pour les transmettre à un autre poste.

Enfin, pour terminer la comparaison du pantélégraphe Meyer avec les systèmes précédents, il suffit d'ajouter que la simplicité du mécanisme est une excellente condition pour le bon marché des appareils, et le prix en est tellement modique, que le système complet ne revient pas à plus de cinq cents francs à l'administration française des télégraphes.

TÉLÉGRAPHE ACOUSTIQUE

On a été plus loin encore. Transmettre la pensée à distance est un résultat qui a pu être étonnant jadis, mais auquel on s'est habitué, et dont on use maintenant sans la moindre admiration. Transmettre l'écriture, les dessins même, a pu paraître plus difficile, mais aujourd'hui que ce problème est résolu, on s'étonne à peine de ce qui a été mis en pratique à l'aide de moyens aussi simples; et il faut un nouvel aliment à notre curiosité. Voici que maintenant on transporte la parole elle-même, avec l'intonation, le timbre et l'accent du parleur [1].

Un son quelconque est produit par une série de vibrations, plus ou moins rapides, qui, partant du corps sonore, traversent l'air et arrivent à notre oreille. De même qu'une pierre, jetée dans un bassin sur la surface de l'eau, détermine une succession de vibrations circulaires, des ronds, comme on les appelle vulgairement; de même un ébranlement imprimé à l'air produit des vibrations analogues bien qu'invisibles, et lorsque notre oreille est frappée, nous percevons un son. Un Allemand très savant, M. Helmholtz, a décomposé la voix humaine et en a déterminé la valeur musicale; chaque voyelle simple est formée par une ou plusieurs notes de la gamme, accompagnées de notes plus faibles qui sont harmoniques des premières; c'est la réunion de toutes ces notes qui donne le timbre à la voix; chaque syllabe est formée par les notes de la voyelle, accompagnées de différents mouvements des organes de la bouche. D'après les travaux de M. Helmholtz, il serait possible de recomposer la voix humaine en reproduisant artificiellement les sons élémentaires qui la composent. Ce n'est pas ici le lieu de discuter ces affirmations; mais si on reconnait qu'elles ont quelque vérité, le télégraphe acoustique peut être inventé et peut transmettre la parole.

Une lame vibrante produit un son, et selon la rapidité des vibrations, les sons seront plus aigus ou plus graves.

[1] 1878. Invention du téléphone, du phonographe, etc. (Voir ces appareils décrits dans l'ouvrage de M. Du Moncel).

A chacune de ces oscillations, la lame vient toucher une petite pointe placée en face, et ce contact suffit pour lancer le courant électrique dans la ligne; lorsque la lame, terminant son oscillation, revient à sa position d'équilibre, elle ne touche plus la pointe, et le courant est interrompu. On obtient ainsi une série d'interruptions plus ou moins rapides. Le courant sera lancé dans la ligne et interrompu autant de fois qu'il se produira de vibrations.

A l'extrémité de la ligne, le courant aimante un électro-aimant, qui attire aussi une lame vibrante, identique à la première. Attirée et repoussée très rapidement, cette seconde lame donnera un son, qui aura la même valeur musicale que le premier, puisque le nombre de vibrations par seconde sera le même de part et d'autre.

Tel est le principe du téléphone. Aux deux extrémités de la ligne se trouvent deux petits électro-aimants, traversés par un faible courant, et attirant une petite lame de tôle. Quand on parle devant une de ces lames, les vibrations que cette lame de tôle reçoit, modifient l'intensité du courant; et ces variations, tout à fait imperceptibles à d'autres appareils, se produisent à l'autre extrémité de la ligne et occasionnent les vibrations semblables de la seconde lame de tôle. De sorte qu'en approchant l'oreille du récepteur, on entend les paroles prononcées dans le premier téléphone.

A ces appareils ont été ajoutés d'autres appareils également ingénieux, les microphones destinés principalement à renforcer les sons, tels qu'on les entend. Et cet ensemble d'appareils a fonctionné à l'Exposition d'électricité. On a pu entendre très distinctement les chants et la musique de l'Opéra à une distance de plus de quatre kilomètres.

SYPHON-RECORDER DE M. THOMSON

Les courants électriques qui font marcher les lignes sous-marines doivent être excessivement faibles. On a reconnu en effet que les câbles, avec leurs fortes couches isolantes et leurs armatures protectrices plongées dans la mer, composent de véritables bouteilles de Leyde. Les couches isolantes s'imbibent d'électricité, puis la rendent peu à peu. Qu'on s'imagine un canal d'eau dont la cuvette serait formée d'éponges. La ligne sous-marine n'est jamais vide d'électricité ; de sorte que les signaux sont souvent confus et irréguliers, parce que le câble rend non seulement l'électricité qu'on lui a lancée au départ, mais aussi celle qu'il avait absorbée dans les opérations antérieures.

C'est là un inconvénient très grave, et qu'on n'a pas encore pu éviter. On a cherché des substances isolantes qui soient *moins spongieuses* que les autres, *mais* toutes les substances isolantes présentent cet inconvénient plus ou moins grave, mais elles le présentent sans exception.

On a alors indiqué un ensemble de précautions qui diminuent la difficulté, sans la faire disparaître. Ainsi il faut laisser reposer le câble, en le mettant à la terre très fréquemment et longtemps de suite. Il faut surtout n'envoyer dans les lignes que des courants très faibles. C'est l'ignorance de cette condition qui a occasionné le désastre de 1858. Pour vaincre la grande résistance de la ligne, on avait cru nécessaire d'envoyer de forts courants, et la ligne se chargea comme une bouteille de Leyde. Au bout de quelque temps, le câble rendit l'électricité qu'il avait absorbée, et comme on n'eut pas la précaution de mettre le câble à la terre, il se produisit des décharges partielles dans toutes les armatures, et l'enveloppe isolante fut percée.

Il est donc nécessaire d'envoyer dans un câble sous-marin des courants excessivement faibles. Le manipulateur reste un manipulateur Morse ordinaire ; mais le récepteur doit être modifié. On emploie comme récepteur un galvanomètre à miroir. Le courant venant du câble fait tourner l'aiguille aimantée, et la dévie d'une petite quantité. L'aiguille porte un miroir qui réfléchit sur une échelle divisée, un rayon de lumière. Quand l'aiguille est au zéro, c'est-à-dire lorsque le câble n'envoie pas de courant, elle marque la division 20; pour faire un trait, elle marquera 19, et pour faire une ligne 21.

Les signaux de l'alphabet Morse sont donc faits par une petite déviation de l'aiguille aimantée, à gauche si c'est un point, à droite si c'est un trait. Mais ce récepteur à l'inconvénient d'être très fatigant pour l'observateur. On ne s'imagine pas la difficulté qu'il y a à regarder un point lumineux, pour en coter les déviations, toujours excessivement faibles. Les employés chargés de ce travail sont obligés de se relayer très fréquemment, ce qui augmente les frais d'exploitation, et peut occasionner des erreurs de lecture.

Pour remédier à cet inconvénient, M. Thomson, un des savants électriciens anglais, à la fois mathématicien et observateur, a inventé un appareil très remarquable, le *siphon recorder*. Le courant arrivant de la ligne sous-marine, descend dans une petite bobine plate qui tient lieu d'aiguille aimantée, et est suspendue par deux fils métalliques; cette petite bobine est placée entre deux gros électro-aimants et très rapprochée des pôles. Tant que le courant de la ligne est nul, la petite bobine reste au zéro. Aussitôt qu'elle est traversée par un petit courant, si faible qu'il soit, elle devient elle-même un petit aimant, et par conséquent est attirée ou repoussée fortement. Les électro-aimants sont actionnés par une forte pile locale.

Cette disposition seule suffirait déjà à rendre les déviations très visibles et à diminuer la fatigue des employés. Mais M. Thomson ne s'est pas arrêté là. Sa bobine porte, au lieu d'un miroir, un petit siphon en verre très fin rempli d'encre, et le bec de ce siphon se déplace devant une bande de papier Morse. De sorte que les déviations de la bobine sont enregistrées et s'inscrivent d'elles-mêmes sur la bande de papier, et l'appareil a transformé une observation pénible et coûteuse en une lecture très aisée et très commode.

Pour que l'encre qui remplit le siphon de verre puisse couler et n'encrasse pas le bec, M. Thomson a fait communiquer la bande de papier avec une petite machine électrique constamment en mouvement. La bande de papier est électrisée, elle attire les molécules d'encre, comme autant de petits corps légers, et la dépêche s'inscrit très lisiblement. Cet appareil est certainement une des choses les plus intéressantes qui ont été inventées pour le service de la télégraphie.

PROGRÈS A RÉALISER

La télégraphie électrique nous a déjà rendu de bien grands services; nous sommes en droit d'en attendre encore beaucoup d'autres. Le monde va se transformant, les idées s'échangent entre les peuples comme les produits et les marchandises; les lumières se propagent, la nuit disparait peu à peu, l'humanité se voit et se reconnaît sous la grande clarté de la science; il n'y aura bientôt plus de barrières factices entre les peuples. Ce besoin qui s'impose aux hommes d'élargir les limites de leurs affections, quelle institution mieux que celle du télégraphe électrique peut le satisfaire et le développer? Par ce moyen, l'action de l'homme est multipliée, et chacun possède cet étrange pouvoir d'être en même temps présent en plusieurs lieux, d'y agir et d'y penser. Ainsi s'effacent toutes les différences de lieux et de caractères dont l'ignorance faisait des obstacles insurmontables; ainsi doivent disparaître les haines, les rivalités qu'accumulait une incomplète connaissance réciproque; ainsi se nivellent les intérêts, tendant dorénavant tous au même but : la civilisation et la vérité. Nous sommes loin, bien loin d'être arrivés à ces dernières et sublimes conséquences; mais, quand on songe à l'élan puissant imprimé au travail de la société par la découverte de la télégraphie électrique, quand on s'aperçoit que ce ne sont plus seulement les intérêts privés, les petites préoccupations de la vie, mais aussi les grandes idées qui sont transmises à travers l'espace, on ne peut s'empêcher d'avoir confiance en l'avenir.

Déjà toute l'Europe est couverte de fils télégraphiques, qui, pareils aux nerfs dont le corps humain est sillonné, répandent le mouvement et la vie jusque dans les régions les plus reculées. Déjà les grands gouvernements de l'ancien monde communiquent entre eux; l'Afrique et l'Asie, dans leurs régions civilisées, sont traversées de lignes qui transmettent les idées; l'Amérique, elle aussi, en est entièrement couverte; et voici qu'un autre projet véritablement gigantesque s'exécute avec toutes les chances de succès : une ligne télégraphique partant des États-Unis s'avance dans l'Amérique du Nord, traverse le détroit de Behring, parcourt toute la Sibérie et les steppes déserts de l'immense empire russe, et viendra à Saint-Pétersbourg se relier aux lignes continentales. Le monde entier sera alors ceint d'une ligne électrique. Le télégraphe russo-américain devait être terminé en 1867 : des retards inséparables d'une aussi prodigieuse entreprise en ont fait reculer l'achèvement. La partie terrestre de cette ligne est achevée aujourd'hui. Lorsque ce projet aura été mené à bonne fin, les dépêches partant de Paris, ou d'un point quelconque de l'Europe, quelque perdu qu'il soit sur la carte, arriveront en Amérique en quelques minutes. Une heure à peine sera nécessaire pour obtenir la réponse du correspondant. Cette ligne, qui rendra presque inutile le câble transatlantique, aura une immense longueur, et le soleil luira sur elle pendant 21 heures et quart par jour.

On comptait, d'après les évaluations faites en 1874, deux millions de kilomètres de fils télégraphiques dont 80 000 kilomètres sous-marins. Le nombre des dépêches qui parcourent ces fils est incalculable. On compte en moyenne 205 000 dépêches par semaine dans toute l'Angleterre. Les lignes les plus importantes au point de vue de la construction difficile et des services qu'elles pourront rendre à la science générale, sont, après les câbles transatlantiques, les lignes indiennes qui font communiquer les Indes anglaises, d'un côté avec l'Europe, de l'autre avec les entrepôts de l'extrême Orient, puis le réseau australien, qui suit la route explorée par l'infortuné Burke, de Melbourne au golfe de Carpentarie, et se relie de là aux possessions hollandaises et au réseau indien.

Nos pères ont inventé le télégraphe; nous l'avons perfectionné et nous lui avons fait accomplir de grandes choses. Mais nous laissons beaucoup à faire encore à nos descendants. Quelque simples qu'ils soient, les appareils télégraphiques sont trop compliqués et leur entretien est fort coûteux. D'un côté les prix d'achat, de l'autre les frais d'entretien limitent l'emploi de ce puissant moteur; il n'y a guère que des gouvernements, des compagnies ou des administrations régulières qui puissent en faire un usage habituel. C'est donc du côté économique que doivent tendre les efforts des savants et des praticiens. Il faut, non pas seulement perfectionner telle ou telle petite chose, mais rechercher le véritable télégraphe, celui qui sera simple, commode à manier, peu coûteux, et surtout celui qui marchera sans pile. C'est qu'en effet, tant qu'il y aura une pile dans un télégraphe, les dépenses d'entretien seront toujours énormes et feront obstacle à l'intervention des petites bourses. Il ne faut pas se récrier et penser que la pile est absolument nécessaire à la production de l'électricité. Un télégraphe qui n'a aucun besoin de pile existe déjà, celui de M. Siemens, et je parlerai plus tard de ce système singulier; il a été essayé, il a donné de bons résultats : donc le but poursuivi n'a rien d'impossible. Mais ce manipulateur nouveau est encore trop cher, et l'administration française, munie de bons appareils, recule devant les frais d'achat.

En France, les lignes télégraphiques appartiennent au gouvernement, sauf cette exception que chaque compagnie de chemin de fer possède un télégraphe particulier, et que la Compagnie internationale a généralement la propriété des lignes frontières, comme le câble anglo-français. L'administration des lignes françaises dépend du ministère des télégraphes. Il n'en est pas de même dans tous les pays. En Angleterre, en Suisse, en Amérique, ce sont des compagnies indépendantes qui possèdent les lignes télégraphiques, et elles sont ainsi soumises à toutes les chances d'une concurrence possible. Il y a donc une question très grave à poser : quel est celui des deux systèmes qui paraît le plus avantageux?

Un projet, né en France lors de la discussion au Corps législatif du pantélégraphe Caselli, repoussé d'abord de notre pays, fut adopté primitivement par l'Espagne et la Prusse. Chacun pourrait écrire la dépêche chez soi, sur papier libre, en langage ordinaire ou en signes télégraphiques, et l'envoyer au bureau d'une manière quelconque; le pli serait revêtu d'un timbre télégraphique et payant les frais de l'expédition. Cette importante modification de service a été introduite en France, et il n'y a pas à douter que l'usage du télégraphe n'en soit beaucoup plus répandu.

Déjà on a permis d'affranchir la réponse d'avance, en déposant 1 franc; le facteur, chargé d'apporter le message, attend la réponse pour la transmettre immédiatement au bureau voisin. Ces simplifications du service, si faibles en apparence, ont pourtant de grands résultats. Si l'envoi d'une dépêche est débarrassé de toute entrave, on écrira des télégrammes aussi facilement qu'on écrit les lettres, et les communications seront multipliées. C'est là le but pratique où doit tendre la télégraphie électrique[1].

Pour rendre le service du télégraphe plus approprié à nos besoins, ce n'est pas seulement une meilleure organisation, c'est aussi la rapidité des transmissions qu'il faut rechercher. Quand le nombre des dépêches augmente, soit accidentellement, soit par des causes prévues, les lignes sont promptement encombrées et les communications en sont retardées. On est alors tenté de construire de nouvelles lignes, mais pour ne pas être entraîné dans les frais énormes que nécessite une telle installation, on a cherché d'autres moyens, par exemple la transmission simultanée de plusieurs dépêches par le même fil.

Ce problème, qui avait paru d'abord être uniquement théorique et sans applications sérieuses, a été, depuis quelque temps, assez nettement résolu pour pouvoir être utilisé sur les lignes télégraphiques, au moins pour deux dépêches simultanées. Deux manipulateurs ordinaires, attachés tous les deux à la même ligne, sont munis le premier d'une pile de quatre éléments, par exemple, le second d'une pile de huit éléments. Le premier, agissant seul, enverra un courant d'une certaine intensité; le second, quand il sera seul, enverra un courant double; et lorsque, par le hasard des dépêches, les deux clefs agiront en même temps, le courant sera triple.

A l'arrivée, chacun des deux récepteurs recevra, par l'intermédiaire de trois relais, les courants qui lui sont destinés. L'intensité la plus faible fera marcher le premier relais, qui lancera dans le récepteur correspondant le courant d'une première pile locale. Le second relais sera disposé de façon à pouvoir marcher sous l'intensité double; le levier de ce second relais lancera le courant d'une nouvelle pile locale dans le second récepteur, et en même

[1] 1878. Uniformité de la taxe des dépêches télégraphiques françaises, 5 cent. par mot, avec minimum de 50 cent. par dépêche.

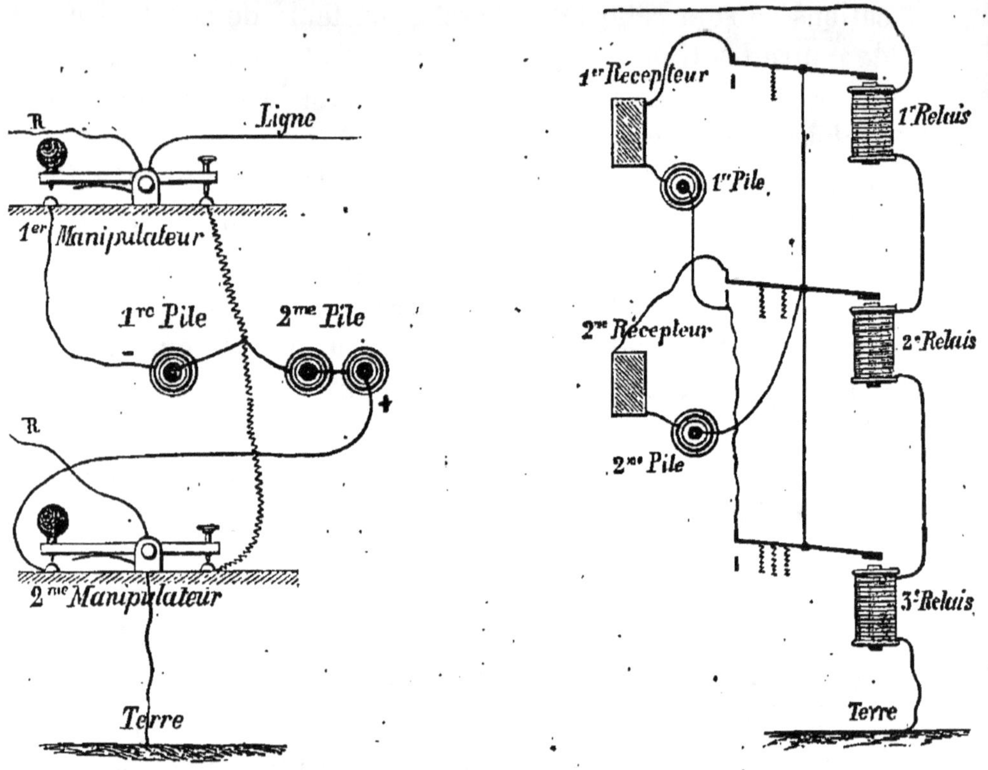

Fig. 42. — Figure théorique montrant la transmission simultanée de deux dépêches dans le même fi

temps il interrompra le courant de la première pile, car sous l'action du courant double le premier relais est disposé de façon à céder à l'action du courant triple. Dans ce cas, les trois relais agissent ensemble, et le troisième relais en s'abaissant rétablit la communication de la première pile locale avec son récepteur. Les récepteurs marchent donc ensemble ou séparément, suivant les exigences de l'expédition.

On voit tout de suite combien ces dispositions sont délicates et incertaines, car elles exigent une constance assez difficile à obtenir dans la résistance de la ligne. Aussi, bien que la transmission de plusieurs dépêches par le même fil tende à devenir fréquente, on ne peut pas encore installer un pareil service sur toutes les lignes.

Une disposition analogue permet au second poste de répondre pendant que le premier parle encore, c'est-à-dire d'envoyer dans le fil des dépêches en sens contraire, La première application qu'on ait faite de ce dernier principe a été le contrôle automatique des dépêches. Avec les dispositions ordinaires, on ne peut savoir si la dépêche a été reçue et comprise que par les signaux de réponse, lesquels, avec les corrections demandées, exigent une grande perte de temps. — En mettant au poste récepteur un relais qui renverra dans la ligne le courant de la pile locale, on aura à l'expédition la dépêche telle qu'elle se déroule au poste lointain[1].

[1] *Télégraphie atmosphérique.* — L'encombrement des lignes, surtout dans les villes comme Londres et Paris, et entre certains quartiers, a nécessité l'installation de tubes atmosphériques. Une boîte, fermant hermétiquement le tube, est chargée de plusieurs plis, dont chacun contient les dépêches envoyées par la station centrale aux stations de passage. Cette boîte est aspirée rapidement par le vide fait en avant, et quelquefois, mais rarement, elle est refoulée par la pression. L'installation de ce tube à Paris, dans un périmètre assez étendu (Ministère de l'intérieur, Bourse, Château-d'Eau, etc) a été assez bien faite pour qu'une différence de pression d'une demi-atmosphère suffise pour le mouvement de la boîte.

CHAPITRE VII

APPLICATIONS DE LA TÉLÉGRAPHIE

APPLICATION A DES ANNONCES DIVERSES

En octobre 1857, le ministère de l'intérieur fut averti d'une crue extraordinaire dans les eaux de la haute Loire et de l'Allier. La crue s'avançait graduellement, et il y avait danger d'inondation vers Blois et Tours, où les rives du fleuve sont assez basses. Aussitôt des mesures efficaces furent prises. Les travaux furent promptement exécutés, et, au moment indiqué quatre jours avant par le télégraphe, la crue se produisit sans aucun inconvénient notable.

A Berlin, pour protéger l'immense et riche bibliothèque de cette ville contre l'incendie, on a imaginé un système particulier de télégraphie[1]. Des fils souterrains partent des divers points du monument et des logements des conservateurs, et viennent aboutir au poste des sapeurs-pompiers. Il y a toujours là environ deux cents hommes munis de tout le matériel nécessaire, et prêts à marcher au premier signal. La bibliothèque est, en outre, reliée par des fils au palais du ministère de la guerre, où un nombreux poste d'infanterie est prêt à porter secours.

Des systèmes analogues ont été établis à Caen et à Bordeaux. Des fils mettent en communication l'hôtel de ville avec le centre de chaque quartier, et avec le domi-

[1] Voy. pour les applications de la télégraphie le traité de M. Du Moncel.

cile du commandant des sapeurs-pompiers. Celui-ci est, de plus, en communication électrique avec les chefs qu'il a sous ses ordres dans les divers quartiers. Un ensemble de signes conventionnels donne les indications nécessaires sur le lieu de l'incendie, la nature et la gravité du sinistre, et le nombre approximatif d'hommes qu'il faut appeler. On peut ainsi réunir promptement et avec certitude les secours nécessaires.

En Norwége, où la *grande pêche*, c'est-à-dire la pêche des harengs, est une des principales ressources du pays, on a utilisé le télégraphe électrique dans l'intérêt de cette industrie. Les bancs des harengs entrent dans les fiords et les golfes, et s'approchent du rivage pour y déposer leur frai: c'est à ce moment que se fait la pêche. Si les pêcheurs ne sont pas avertis, ils laissent échapper ces innombrables poissons que l'on ne peut poursuivre en pleine mer. Aussi a-t-on établi un câble, le plus souvent sous-marin, sur une longueur de 200 kilomètres. Ce câble côtoie le rivage et communique avec les villages habités par les pêcheurs. Dès qu'un banc de harengs est signalé, tous se disposent. Aussitôt que le *bouillon* est entré dans un golfe, le télégraphe donne les derniers avis et tous les pêcheurs arrivent pour la curée.

APPLICATION AUX OPÉRATIONS MILITAIRES

En 1863, la Russie a introduit dans son armée un corps d'électriciens. Ce sont des soldats dressés au service et à tout ce qui regarde l'électricité, explosion de mines, lumière électrique, etc. Ces soldats suivent l'armée et lui rendent une foule de services. Les divers corps de troupes qui opèrent dans une campagne sont toujours, autant que possible, réunis entre eux télégraphiquement, et le général en chef peut, de son quartier, transmettre immédiatement ses ordres et recevoir des communications qui ont quelquefois une importance capitale. De plus l'armée doit rester réunie télégraphiquement à sa base d'opérations, c'est-à-dire aux villes d'où elle tire ses vivres, ses armes et ses munitions.

C'est dans la guerre d'Italie que la télégraphie militaire a fait ses premiers essais; et quoique la question n'eût pas été bien étudiée d'abord, quoique une foule de difficultés imprévues aient surgi, les résultats ont été remarquables et bien plus complets qu'on ne pouvait l'espérer.

Avant l'arrivée de l'armée française, les Piémontais et les Autrichiens avaient installé, chacun de leur côté, une ligne aérienne à peu près ordinaire; les poteaux étaient petits et légers; il en résultait beaucoup d'inconvénients. Sur les routes il y a toujours, à pareil moment, encombrement de voitures et de fourgons, de piétons et de cavaliers. Ces lourdes pièces heurtaient les poteaux et même les fils, et les lignes primitives furent rapidement détruites. Aussitôt arrivés, les Français remplacèrent ces communications par une ligne aérienne ordinaire à poteaux bien solides. Des modifications importantes furent faites dans la pose des fils; en de pareilles circonstances, on doit rechercher moins l'économie pécuniaire que la rapidité d'exécution.

Les appareils télégraphiques étaient ordinaires; ils étaient enfermés, avec les ustensiles nécessaires, dans une boîte très solide et facile à transporter. C'était une disposition analogue à celle que M. Bréguet avait adoptée pour le télégraphe mobile des chemins de fer. La boîte était entourée de courroies et formait une sorte de havre-sac que l'on portait sur le dos. M. Lair, chef de ce service, a reconnu qu'il fallait munir les boîtes de boussoles et de parafoudres de rechange, ces appareils étant très facilement dérangés.

Mais la plus grande difficulté était dans le transport

du matériel. Il fallait faire porter les perches et les fils sur des charrettes quelconques, nullement appropriées à cet usage et susceptibles d'un très faible chargement. Les voituriers piémontais requis pour ce service ne travaillaient qu'avec contrainte; aussitôt qu'ils n'étaient pas sévèrement surveillés, ils se sauvaient avec leurs voitures, abandonnant leur chargement au hasard. Les poteaux, une fois transportés, durent être plantés, et ce fut encore une grande difficulté. Il était impossible de distraire de l'armée un certain nombre d'hommes, et l'on dut s'adresser aux municipalités, ce qui occasionnait des pertes de temps continuelles. Les ouvriers étaient inhabiles et fournis en nombre insuffisant: non-seulement il fallait les diriger dans leurs travaux, mais encore les forcer à travailler, et même les punir, extrémité toujours fâcheuse, et le temps s'écoulait rapidement dans ces hésitations. Malgré tous ces obstacles, les essais furent considérés comme ayant réussi.

Depuis cette époque, l'administration française continua les essais d'organisation, mais sans s'arrêter à rien de bien net, et la guerre de 1870 est venue nous surprendre.

Dans cette guerre, remarquable par le parti que les Prussiens ont su tirer de toutes les sciences, la télégraphie électrique a joué un grand rôle. Aussitôt arrivés en quelque ville, les Prussiens établissaient immédiatement les communications télégraphiques avec le reste de leur armée et leur état-major. Ils se servaient de toutes les ressources d'un pays bien organisé et qu'ils connaissaient bien.

Enfin, comme dernière application de la télégraphie, ils tendaient la nuit, sur les différentes routes qui conduisent à Paris, des fils invisibles qui faisaient marcher des sonneries d'alarme, aussitôt que quelqu'un voulait en secret franchir la ligne de l'armée.

SERVICES SÉMAPHORIQUES

Des grands réseaux départementaux partent des lignes latérales, dont les fils suivent les côtes de la mer, et se transforment parfois en câble pour aller atterrir dans une île rapprochée. C'est là, dans une maisonnette solitaire, que viennent aboutir les lignes riveraines. Deux employés habitent ces postes télégraphiques, et sont sans cesse occupés à contempler à tour de rôle l'horizon et la mer. Ces *guetteurs* transmettent leurs observations au bureau le plus voisin, avec lequel ils sont en communication directe ; celui-ci les envoie au ministère de la marine à Paris ; de plus, chaque matin les guetteurs reçoivent les bulletins du temps et les renseignements qui peuvent les intéresser. Sur tout le parcours des côtes françaises, on comptait en 1864, peu de temps après l'établissement de ce service, 158 sémaphores électriques. Depuis lors, le nombre en a été considérablement augmenté.

Outre les appareils ordinaires, ces sémaphores renferment encore un télégraphe à signaux ; ils peuvent ainsi correspondre avec les vaisseaux qui passent au large, et leur envoyer ou en recevoir d'utiles renseignements. Ces signaux n'ont pas été mis d'accord avec ceux du code Reynolds, télégraphe universel adopté par les marins de tous les pays ; aussi la correspondance n'est pas encore très facile, mais on espère atteindre bientôt ce désirable résultat.

Ces sémaphores, qui rendent aujourd'hui d'assez grands services à la marine marchande, ont été créés dans un but militaire. On voulait garantir les côtes des surprises ennemies et étendre pour ainsi dire à tous les rivages la protection des grands ports militaires. On avait intérêt à connaître immédiatement l'arrivée des navires ennemis, et on a cherché un moyen de communiquer facilement les ordres et les avis nécessaires aux vaisseaux de nos escadres qui pourraient tenir la mer en pareille occurrence.

TÉLÉGRAPHIE PRIVÉE

Les Anglais s'occupent plus que les autres peuples des applications de la télégraphie. Beaucoup d'entre eux ont vu dans l'électricité un prétexte à spéculation et à compagnies d'actionnaires ; car ils attendent uniquement de l'initiative individuelle des compagnies ce que nous sollicitons longuement du gouvernement.

En visitant Londres, on aperçoit un câble supporté par des trépieds au-dessus des toits. Ce câble sillonne la la ville en tous les sens ; il contenait, en 1864, cinquante fils dont chacun est loué par la compagnie à des particuliers pour leurs affaires personnelles. Un fil est loué pour un an, moyennant une somme assez modique, et le négociant est ainsi en communication électrique avec tous les quartiers. Les offices des grands industriels de Londres sont réunis avec leurs demeures particulières, leurs usines établies dans les faubourgs, leurs entrepôts des docks. Les grands journaux communiquent avec les agences télégraphiques, le parlement, la Bourse, etc. On ne saurait énumérer tous les avantages que cette ligne procure aux industriels, et le chiffre des dividendes que touchent les actionnaires est très satisfaisant.

Les différents fils de cette ligne aérienne sont réunis ensemble pour la facilité de la pose. Ils sont enveloppés de caoutchouc. Aux points nécessaires, le câble se partage, un des fils descend dans la maison, y traverse des appareils télégraphiques particuliers, et remonte se réunir au câble pour le suivre de nouveau. L'idée de cette ingénieuse application est encore due à M. Wheatstone ; c'est lui qui en a combiné les diverses dispositions et aussi les appareils de facile manœuvre que l'on emploie, appareils présentant un immense avantage bien digne d'être signalé, celui de pouvoir marcher sans pile, c'est-à-dire de ne nécessiter ni beaucoup de travail, ni grands frais d'entretien.

Ce système commence à se répandre en France surtout pour le service des téléphones, dans les grandes villes.

THERMOMÈTRE ÉLECTRIQUE

Il arrive fréquemment que le directeur d'un établissement, serres, magnaneries par exemple, a besoin de surveiller de son cabinet la température d'un lieu éloigné. Le thermomètre de M. Lemaire répond à ce besoin. Comme tous les thermomètres métalliques, il se compose d'une lame de plusieurs métaux, qu'une dilatation plus ou moins grande fait courber d'une quantité bien déterminée. En se courbant, par suite d'une élévation de température, la lame fait marcher une roue dont les dents déterminent le passage d'un courant dans l'indicateur. Si la température descend, la lame se courbe en sens inverse et fait alors marcher une seconde roue égale à la première, laquelle envoie un autre courant dans l'indicateur.

Il y a plusieurs sortes d'indicateurs, suivant les effets que l'on veut obtenir. Quelquefois le courant détermine le mouvement d'un crayon qui marque un point sur un papier se déroulant uniformément : on peut alors conserver l'indication de la température à l'heure correspondante. D'autrefois, le courant fait marcher, par l'intermédiaire d'électro-aimants, une roue qui entraîne une aiguille sur un limbe. D'autrefois, enfin, et c'est le cas le plus général, le courant n'est lancé dans le fil que lorsque la température atteint une limite extrême de chaud ou de froid, et le courant met en branle une sonnerie d'appel.

Ce dernier mode d'indication a été appliqué à la production des nuages artificiels; lorsque, par les nuits de printemps, la température descend trop bas, les jeunes pousses des arbres fruitiers risqueraient d'être gelées ; le thermomètre en sonnant indique qu'il faut allumer des feux de goudron, dont les épaisses fumées forment au-dessus du champ menacé un abri protecteur.

HORLOGES ÉLECTRIQUES

Les principes de la télégraphie électrique ont encore été appliqués à la marche des horloges, lorsqu'il est nécessaire d'indiquer exactement la même heure en plusieurs lieux à la fois. Sur les chemins de fer, par exemple, il faut que l'heure soit la même pour toute la ligne, afin que toutes les circonstances de la circulation soient parfaitement connues sans calcul de réduction à l'heure : on a donc installé une horloge électrique à la gare principale, et dans chaque station des cadrans récepteurs qui marchent sous l'action d'un courant.

Les systèmes des horloges électriques sont très variés ; il en est de ces appareils comme de ceux de la télégraphie ; chaque inventeur a modifié quelque organe, évité quelque inconvénient, et amélioré le mécanisme. Tous ces systèmes chronométriques reposent, du reste, sur le même principe, bien facile à comprendre. Une horloge type parfaitement réglée, fonctionne à la tête de la ligne ; et à certains intervalles réguliers, toutes les secondes dans le système de M. Paul Garnier, toutes les minutes dans celui de M. Mildé, le circuit se ferme, et l'électricité, lancée dans la ligne, va faire marcher d'un cran l'aiguille du compteur éloigné.

On peut, pour une cause ou pour une autre, supprimer, ou intercaler un ou plusieurs cadrans intermédiaires, sans nuire à la marche des autres.

Nous ne pouvons décrire en détail aucun de ces systèmes, quelque ingénieux qu'ils soient. Le problème de la télégraphie est ici simplifié, car on n'a pas besoin d'indications variées et multiples, mais il est aussi rendu plus délicat, car il faut une régularité et une constance absolues, dans les mouvements, les communications électriques, les forces agissant sur les aiguilles.

Outre la ligne de chemins de fer, où les horloges électriques sont de toute nécessité, un certain nombre de villes ont installé des cadrans pour donner la même heure aux divers quartiers. A Gand, M. Nolet en a posé comme horloges publiques, dès 1851, et, depuis cette époque, il en a encore posé soixante-dix chez divers particuliers. Toutes ces horloges fonctionnent très bien; elles ont été généralement placées sur une des faces visibles des lanternes et des réverbères. Une batterie électrique unique donne l'impulsion. La longueur du fil distributeur est de 60 kilomètres.

Plusieurs autres villes ont suivi cet exemple. M. Paul Garnier avait établi quelques cadrans à Paris, à Marseille, à Lyon et dans quelques autres grandes villes de la province. Mais, probablement à cause des difficultés d'entretien, ils ont été supprimés en grande partie depuis quelque temps et n'ont pas encore été remis en place.

Lorsqu'il n'est pas nécessaire d'avoir toujours exactement la même heure, on peut employer un système électrique servant de régulateur. Ainsi une compagnie s'est formée à Londres dans le but de ramener toutes les horloges des diverses quartiers et des divers négociants au *midi* précis donné par l'observatoire de Greenwich. Les horloges fonctionnent d'une manière indépendante les unes des autres; mais elles sont munies d'un appareil électrique, et réunies avec le bureau de la compagnie; quelques minutes avant midi la communication, interrompue le reste de la journée, est établie; et, automatiquement, au moment précis de midi, l'appareil électrique jouant dans chaque horloge, les diverses aiguilles sont ramenées à l'heure exacte. Une disposition semblable a été adoptée au Grand-Hôtel à Paris et dans plusieurs établissements.

Chaque pendule marche séparément pendant vingt-quatre heures; puis, au midi de l'horloge type, un courant électrique agit sur un appareil régulateur et les aiguilles qui retardent sont toutes ramenées à midi; le système ne s'appliquant pas aux horloges qui avancent, on s'arrange toujours de façon que toutes soient en retard. Ainsi, quand les pendules ne marchent pas d'accord, la divergence ne peut jamais être très considérable et ne donne lieu à aucun inconvénient.

A Paris, il n'est pas rare d'entendre, à peu près dans le même quartier, l'heure de midi sonner successivement en divers endroits pendant une demi-heure. C'est là un inconvénient que l'on cherche à supprimer. On voudrait que, sans toucher aux mécanismes, qui présentent quelquefois un certain intérêt historique, on pût régulariser la marche et faire marquer la même heure à tous les cadrans.

Divers systèmes ont été proposés; celui de M. Vérité, entre autres, avait paru assez simple. Cet inventeur place sous le balancier un électro-aimant dans lequel le pendule de l'horloge type lance à chaque oscillation un courant électrique. Le balancier, recouvert d'une feuille de tôle, est attiré par l'aimant et tend à rester vertical; il en résulte une accélération ou un ralentissement dans le mouvement du balancier, selon qu'il est en retard ou en avance; et bientôt toutes les horloges marchent ensemble. Ce système a été essayé, il a été reconnu bon: mais on n'a pu l'appliquer à Paris, les horloges de la ville étant munies de balanciers de différentes longueurs; si, par suite, ces derniers battaient tous ensemble, les cadrans ne pourraient pas marquer la même heure. Mais c'est là une complication que l'on saura probablement faire disparaître.

LIVRE II

MACHINES D'INDUCTION

CHAPITRE I

BOBINE DE RUHMKORFF

La foudre n'a pas cessé d'être une cause de terreur. Nous sommes impuissants devant elle ; les formidables colères de la nature nous épouvantent, car nous ne savons encore ni les prévoir, ni les rendre inoffensives.

Aujourd'hui, cependant, nous pouvons, selon notre bon plaisir, imiter ces terribles phénomènes et les répéter, sinon aussi grandioses, du moins aussi émouvants. Chaque soir, M. Robin étonnait et amusait son public en lui montrant de véritables éclairs et de véritables tonnerres. Plusieurs fois déjà, à la Sorbonne, M. Jamin a complaisamment fait assister de nombreux spectateurs à ces magnifiques expériences. C'est là, du reste, un des sujets qu'affectionnent le plus le public et les professeurs, comme si, en prouvant que nous pouvons, à certains moments, commander à l'électricité, en nous familiarisant avec la foudre, nous acquérions le droit de ne pas trembler devant elle.

Au reste, les phénomènes d'induction qui nous ont permis d'imiter en abrégé cette effrayante force de la nature, ne sont pas seulement un prétexte à expériences. Douée de propriétés nouvelles, transformée, pour ainsi dire, dans les machines d'induction, l'électricité est encore devenue apte à de nouvelles et nombreuses applications pratiques. Aussi est-il nécessaire de connaître la machine de Ruhmkorff, qui est jusqu'à ce jour la principale machine d'induction.

DÉCOUVERTE DE L'INDUCTION

A la suite de la fameuse expérience d'Œrsted, Ampère se mit à étudier l'action des courants électriques sur les aimants, et aussi l'action réciproque des seconds sur les premiers. Il sut tirer ainsi du fait isolé, découvert par le physicien suédois, de nombreuses et importantes conséquences; six mois lui suffirent pour poser les bases de cet immense travail et créer l'électro-magnétisme, source féconde de la télégraphie et de beaucoup d'autres applications de l'électricité. Conduit par ses conceptions théoriques, Ampère pressentit l'induction et indiqua qu'il y avait là une mine à découvrir; mais les expériences qu'il entreprit dans ce sens n'aboutirent pas, et il laissa à de plus heureux que lui la gloire d'achever sa découverte.

Ce fut Faraday, l'illustre physicien anglais, qui en 1832 s'aperçut qu'un fil, parcouru par un courant électrique et approché brusquement d'un autre fil à l'état naturel, développe dans ce dernier un courant instantané d'électricité. Tel fut le premier phénomène d'induction. Faraday l'étudia avec soin, pour en bien apprécier les conséquences.

Si le fil parcouru par le courant, au lieu de s'approcher du fil naturel, s'en éloigne, le résultat est le même; mais si les fils restent immobiles à côté l'un de l'autre, rien ne se produit. De même, l'expérimentateur peut ne pas faire mouvoir les fils; il peut simplement lancer ou retirer brusquement le courant électrique, et, par suite de ce seul fait, le fil naturel est encore traversé par un courant instantané d'électricité. Enfin, ce qui est très curieux, en approchant ou en éloignant d'un fil naturel non plus un fil traversé par un courant, mais un morceau de fer aimanté, on produira les mêmes effets. Ces courants instantanés sont appelés *courants induits*, et ils

Fig. 43. — Induction d'un fil par un courant.

sont révélés par un galvanomètre ou une boussole ordinaire.

Ainsi, par une simple action mécanique, en faisant mouvoir un fil électrisé ou un aimant dans le voisinage d'un fil naturel, on produit dans celui-ci un courant induit d'une très courte durée, mais qui peut devenir très énergique, selon la vitesse du mouvement du fil électrisé : il n'est donc plus besoin de pile pour produire un courant électrique. Tels sont les grands faits découverts par Faraday.

Voilà donc deux séries de faits, séparés jusqu'à ce jour, les phénomènes magnétiques et les phénomènes électriques, maintenant rapprochés et confondus. Ampère avait déjà énoncé cette vérité d'une hardiesse extrême : « Les aimants sont des corps traversés d'une manière permanente par des courants électriques. » Nous avions vu d'abord des faits qui semblaient n'avoir aucun rapport les uns avec les autres; nous avions été trompés par la dissemblance des effets au point d'en conclure la dissemblance des causes. Mais, par une étude plus approfondie, nous avons reconnu notre erreur. Une même cause peut produire des effets très divers.

Fig. 44.— Induction d'un fil par un aimant.

Ainsi marche la science : à chaque pas, elle renverse et détruit une erreur. On a d'abord entassé des faits pêle-mêle, sans ordre et comme si chacun d'eux était dû à une cause spéciale; puis, du milieu de ce fouilli de choses, par l'étude sérieuse des unes et des autres, des nouvelles et des anciennes, des utiles et des inutiles, on a vu se dégager lentement la vérité. Alors tout a été éclairé d'un jour nouveau : les faits se sont groupés avec ordre en se rapprochant mutuellement, et on a pu contempler la simplicité de la science.

Le génie d'Ampère a ouvert la voie, en réunissant l'électricité et le magnétisme. De ce grand fait sont déjà sorties d'importantes conclusions.

Ainsi, un morceau de fer est aimanté d'une manière passagère par un courant électrique, et c'est là le principe de la télégraphie.

Un fragment d'acier, au contraire, aimanté par un courant électrique, conserve son aimantation; il emmagasine, pour ainsi dire, l'électricité, et peut ensuite la manifester à un moment donné; il devient un réservoir qui paraît inépuisable et capable de produire des courants électriques, tout seul, sans pile, sans générateur apparent. De même dans une machine à vapeur, le volant, qui paraît être au premier abord une cause de dépense inutile de force, est, au contraire, un vaste réservoir de travail, et permet à la machine de fonctionner régulièrement, même lorsque la force motrice est suspendue. C'est en cela que consistent la valeur pratique de l'idée d'Ampère et le principe sur lequel sont fondés les appareils d'induction.

L'assimilation hardie qu'Ampère avait faite immédiatement après l'expérience d'Œrsted, entre un aimant et un fil traversé par un courant, est aujourd'hui considérée comme une vérité des mieux établies. Toutes les conséquences que le raisonnement tire de ce fait étrange au premier abord, sont vérifiées par l'expérience : ainsi un fil de cuivre traversé par un courant, est un véritable aimant, car il attire fortement la limaille de fer dont on l'approche.

Une des conséquences les plus remarquables qu'Ampère avait déduites de son hypothèse n'avait pu, pendant longtemps, être vérifiée expérimentalement, et l'illustre savant avait même un moment douté de sa théorie. Mais l'induction, cette brillante découverte de Faraday, acheva la démonstration en donnant complètement raison au physicien français.

Faraday étudia soigneusement les conditions et les lois de l'induction. On a vu quelles étaient les différentes manières dont on peut faire naître un courant induit; il reste à rechercher les propriétés de ce nouveau courant, produit d'une manière si différente des autres.

Les courants induits ont toutes les propriétés des courants ordinaires; comme eux, ils marchent avec une vitesse infinie; comme eux, ils aimantent un morceau de fer doux et pourraient servir à faire marcher des télégraphes; il existe même des systèmes fondés sur l'emploi de ces nouveaux courants : et présentant par cela même certains avantages que nous signalerons plus tard.

Ces courants développés par l'induction donnent de fortes secousses, et cette propriété les rapproche de l'électricité de la machine que nous savons identique à la foudre. Le courant produit par une pile ne donne pas de secousses considérables; on peut tenir à la main les deux pôles d'une pile; le plus souvent on ne ressent rien, ou tout au plus un léger chatouillement aux articulations des mains. On sait, en effet, que la différence entre les états électriques de deux points voisins dans le circuit d'une pile n'est pas très considérable, et insuffisante pour donner une secousse. Au contraire, dans la machine à plateau de verre, dont on se sert encore, deux points voisins sont toujours à des états électriques très différents, souvent même assez différents pour qu'il jaillisse une étincelle entre eux.

Les courants induits déterminent dans les circuits un état électrique analogue à celui que déterminerait la machine. Leur apparition est brusque, leur durée instantanée; ils parcourent tout le fil en un temps si court qu'on peut à peine le concevoir, et, pendant ce moment rapide le courant induit, d'abord nul, croît, puis décroît, et redevient nul. Donc jamais deux points voisins n'auront un même état électrique; et c'est ce qui fait que les secousses produites par ces sortes de flux électriques sont comparables à celles que donnent les machines.

Un courant peut déterminer dans un fil voisin un second courant électrique, il peut également en déterminer un dans son propre circuit. Ainsi, lorsqu'on lance l'électricité dans un fil, avant que l'équilibre se soit établi, pendant que le premier flux d'électricité chemine le long du circuit, allant d'une extrémité à l'autre, le fil peut à chaque instant être considéré comme divisé en deux portions, l'une à l'état neutre, l'autre déjà électrisée; dès lors celle-ci agira sur la première, et déterminera chez elle un courant induit. C'est là ce qu'on appelle l'*extra-courant*, dont les effets ont été difficilement démêlés de ceux du courant principal, auxquels ils sont superposés, soit pour les augmenter, soit pour les amoindrir.

BOBINE D'INDUCTION

Pour produire un courant induit, on enroule un fil autour d'un cylindre en bois; le fil est recouvert de soie, et les spires sont ainsi isolées les unes des autres, de sorte qu'on a un circuit qui peut être très long. Puis, au-dessus de ce premier fil, et quelquefois en même temps que lui, on enroule un second fil également recouvert de soie. C'est là une bobine d'induction. Le fil dans lequel le courant sera lancé, puis interrompu, est le *fil inducteur;* l'autre, dans lequel on recueillera les courants produits, est le *fil induit;* chaque spire du premier agit sur une spire voisine du second et le courant produit pourra être très énergique.

En augmentant le nombre de tours faits par le fil inducteur, on peut augmenter considérablement la force du courant induit. On a trouvé un autre moyen très curieux d'arriver au même but : c'est de placer à l'intérieur de la bobine une série de tiges de fer doux. Sous l'influence du courant inducteur, ce fer doux va s'aimanter, et ajoutera alors son action à celle du courant lui-même; le courant induit en sera grandement fortifié.

Tels sont les principes d'après lesquels sont construites les bobines d'induction : deux fils enroulés sur un cylindre en bois, et, dans ce cylindre, des tiges de fer qu'on peut retirer à volonté, voilà tout l'appareil. Chaque fois qu'on lancera un courant dans le premier fil, si faible qu'il soit, le second sera traversé par un courant induit très rapide mais très énergique, et qui, en raison même de ses qualités, sera propre à certains effets particuliers.

Il se développe deux courants induits, l'un au début, au moment même où on lance l'électricité dans le fil, l'autre à la fin, au moment où on la retire ; on peut répéter cette série aussi longtemps et aussi rapidement que l'on veut ; les courants qui en résulteront pourront devenir assez fréquents et assez intenses pour former une succession ininterrompue de manifestations électriques. Il faut concevoir cependant que ces deux courants, développés pendant une seule expérience partielle, n'ont pas tout à fait les mêmes qualités, ils sont *inverses* l'un de l'autre.

La pile possède deux pôles, c'est-à-dire deux points où se recueille l'électricité. Celle-ci se produit dans l'appareil, nous ne savons pas trop comment ; et la série des phénomènes déterminés par la réunion métallique des pôles est attribuée à une sorte de courant d'électricité allant de l'un à l'autre. Cette explication est purement hypothétique, mais elle donne une image palpable et presque complète des phénomènes. La pile peut donc être assimilée à une double pompe, comparaison uniquement symbolique. Les pôles, caractérisés l'un par le zinc, l'autre par le cuivre ou le charbon, représentent chacun un appareil différent. Le pôle charbon serait une pompe foulante, et l'électricité engendrée dans la pile est continuellement poussée en avant dans le canal ; le pôle zinc, au contraire, serait une pompe aspirante, et l'électricité du canal est énergiquement appelée par lui. Lorsque les pôles sont réunis, la pompe foulante envoie continuellement dans le canal un flux d'électricité, lequel se trouve encore aspiré par l'autre extrémité. Ainsi se trouve établi le courant entre les deux pôles. Cette comparaison est certainement fort éloignée de la réalité ; mais provisoirement elle n'est pas inutile, et il faut attendre pour la rectifier que la vérité ait été découverte.

On admet donc que l'électricité se dirige du pôle charbon au pôle zinc. Et comme une pile n'est pas nécessairement organisée avec ces substances, on a donné à ces extrémités des noms indépendants et n'ayant aucune signification par eux-mêmes. Ainsi l'extrémité charbon est appelée pôle *positif*, le zinc pôle *négatif*.

Dans chaque science, on rencontre ainsi des termes empruntés à des idées préconçues, à des comparaisons peu rigoureuses. A l'origine, l'imagination travaille sur des faits superficiellement connus; elle crée des systèmes, des suppositions, pour expliquer ce que la raison ne comprend pas encore. Plus tard la science a marché, les faits sont éclairés d'un jour tout nouveau ; les erreurs tombent peu à peu, les ombres s'effacent; mais trop souvent les termes restent consacrés par un long usage; ils embarrassent l'esprit et couvrent notre vue d'une sorte d'écran qui nous cache la vérité. Il faut alors assez d'énergie pour réagir contre les habitudes prises et contre les tendances de notre inertie; il faut déchirer ce bandeau dont la fausse transparence déforme la vraie physionomie des objets ; il faut bien savoir que les mots dont on use, les termes que l'on emploie, sont détournés de leur signification habituelle. C'est là un effort nécessaire pour toutes les appellations de la science de l'électricité, telles que les mots courants, pôles, positif, induction, etc.

On supposait donc autrefois que le courant d'électricité partait du pôle charbon positif, suivait le fil, et arrivait au pôle zinc négatif. Si, par un moyen quelconque, nous intervertissons brusquement les extrémités du fil, de telle sorte que le fil qui touchait le charbon soit maintenant attachée au zinc, le fil sera traversé par un courant dirigé en sens contraire du premier. C'est là ce qu'on appelle inversion de courant. On se sert de cet artifice pour produire certains effets. Ainsi, dans la télégraphie, on intervertit quelquefois le fil de ligne avec le fil de terre; et, dans l'expérience d'Œrsted, on peut à volonté faire mouvoir l'aiguille aimantée à droite ou à gauche.

Un courant induit qui finit est inverse d'un courant qui commence. Dans un cas, l'extrémité de droite du fil induit représentait une pompe foulante; elle devient pompe aspirante dans l'autre cas : les rôles sont changés, et ce fait est assez important pour avoir nécessité les réflexions précédentes.

BOBINE DE RUHMKORFF

En 1855, un prix de 50 000 francs fut institué pour récompenser le savant qui inventerait la machine électrique la plus puissante et la plus utile : le but était surtout d'encourager la recherche de l'application de l'électricité comme force motrice. Une étude approfondie de la question montra bientôt que cette application si désirée est encore aujourd'hui une utopie irréalisable, et la commission généralisa le sujet du concours : le prix devait être donné tous les cinq ans. En 1860, on trouva qu'aucune machine ne répondait convenablement à ce qu'on avait désiré, et le prix ne fut pas décerné. En 1865, aucune machine nouvelle n'avait été inventée, mais en raison de l'importance qu'avait prise la bobine d'induction déjà construite en 1851, en raison des nombreuses applications qu'on lui avait trouvées; on jugea bon de décerner à M. Rumkorff le prix de 50 000 francs. La commission craignit, en se montrant trop difficile, de décourager les chercheurs et de faire dire aux ignorants qu'il était au moins étrange qu'en dix ans, en ce siècle de science, il n'eût pas été découvert une machine électrique remarquable.

M. Ruhmkorff, de simple ouvrier mécanicien, est devenu constructeur d'appareils ; à ses précieuses qualités de praticien il joint un grand amour de la science, une admirable curiosité de recherche. Il emploie tout son temps, presque toutes ses ressources à chercher, à fureter en électricité, découvrant par-ci par-là quelques petites choses, auxquelles les savants n'avaient pas pensé, donnant de bons conseils à tous, aux grands et aux petits, qui l'écoutent et le remercient[1].

La machine de M. Ruhmkorff est une véritable bobine d'induction, telle que celle qui a déjà été décrite. Sur un cylindre en carton s'enroule un fil assez épais ; ce fil, gros et court, ne fait pas plus d'un tour sur le cylindre, et ses extrémités viennent aboutir à deux boutons placés sur le support de l'appareil : c'est là le fil inducteur qui sera parcouru par le courant de la pile.

Autour de ce premier fil s'en enroule un second assez fin, mais très long. Dans les premières machines, ce second fil avait une longueur totale de 8 à 10 kilomètres ; dans les machines nouvelles, la longueur est de 50 à 60 kilomètres. Le fil fait un très grand nombre de tours et vient aboutir à deux tiges. Dans ce second fil, se développent les courants induits, et on les recueille sur ces deux tiges.

Chacun de ces fils de cuivre est isolé avec grand soin ; le second surtout est recouvert d'un enduit de gomme-laque. Les tours que font les fils autour du cylindre sont ainsi séparés les uns des autres, et l'électricité est obligée de suivre cette longue route entre les deux pôles. La séparation des spires est une condition nécessaire, et la négligence du constructeur sur ce point amènerait infailliblement la rupture de l'appareil. Aussi, afin de pouvoir réparer la bobine, quand par une cause quelconque elle a été mise hors de service, on a soin de la diviser en tranches ; celles-ci sont entièrement libres, et chacune d'elles ne communique qu'avec les voisines. Le fil sortant de la première tranche s'enroule un très

[1] M. Ruhmkorff est mort à Paris en janvier 1878.

grand nombre de fois sur la seconde; et n'en sort que pour recommencer sur la troisième. Quand donc la machine est dérangée, on n'a qu'à remplacer celle qui est reconnue défectueuse.

Au-dessus de ces tranches on a tendu une couverture de soie verte, pour le plaisir des yeux. La bobine se termine à ses deux extrémités par deux plaques en verre qui la supportent et l'attachent au pied. De plus, la bobine est creuse, et le vide intérieur est rempli d'un fort paquet de fils de fer, par lesquels les effets d'induction sont renforcés.

Dans l'épaisseur de la planche qui forme le pied de la machine, est un appareil particulier, un *condensateur*. Il est formé de deux lames d'étain, collées sur les deux faces d'une feuille de taffetas, de telle-sorte que les métaux ne se touchent pas entre eux. Chacune de ces lames communique avec une des extrémités du fil inducteur, et par cette disposition les effets sont considérablement augmentés. C'est là le condensateur de M. Fizeau, dont l'explication exigerait de longs détails. Il agit dans la bobine d'induction à peu près comme le volant dans la machine à vapeur; son rôle est d'augmenter et de régulariser les effets et de faire en sorte que les courants inverses soient toujours égaux.

Ce n'est que par une interruption du courant inducteur que l'on peut obtenir des courants induits. Il faut donc interrompre souvent celui-là, afin d'obtenir des effets plus fréquents. A cet effet, la bobine est munie d'une pièce particulière appelée *interrupteur*, et analogue à la sonnerie *trembleur* qui est en usage dans la télégraphie. Un mouvement continuel et rapide de va-et-vient, une sorte de tremblement imprimé à une tige; tel est ici encore le principe de l'interrupteur.

Sur une des extrémités de la bobine, les fils de fer intérieurs traversent la plaque et se terminent par une tête en fer doux. Au-dessous est un petit marteau également en fer doux, dont le bras communique avec une des extrémités du fil inducteur, tandis que l'enclume qui le supporte est reliée à l'un des pôles de la pile. Tant que le marteau repose sur son enclume, le courant passe dans le fil inducteur, produit les effets connus et, entre autres choses, aimante le fer intérieur de la bobine. Celui-ci, étant aimanté, attire le marteau, le soulève et le sépare de l'enclume; aussitôt le couant ne passe plus, le fer est désaimanté, le marteau retombe et le courant repasse immédiatement. Cette succession de faits recommence continuellement, et le marteau est animé d'un tremblement très vif. A chaque soulèvement,

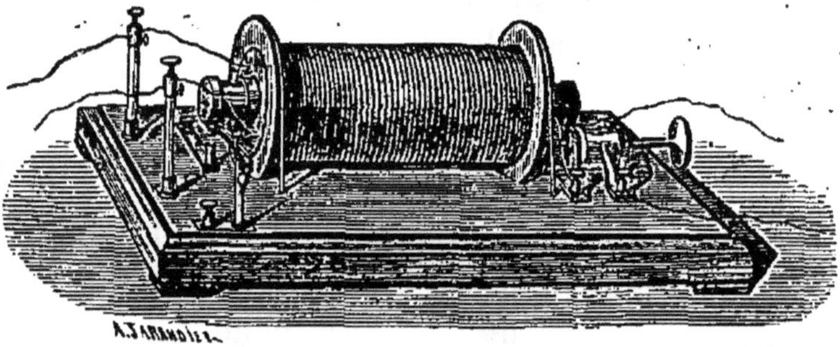

Fig. 45. — Petite bobine de M. Ruhmkorff, avec interrupteur à trembleur.

le courant est retiré, à chaque abaissement le courant est renvoyé dans le fil inducteur. Si les interruptions se succèdent rapidement, les courants induits se suivront à des intervalles très courts et donneront lieu à des effets continus.

Cet interrupteur à trembleur a de plus l'avantage de se régler à volonté, suivant qu'on relève et qu'on abaisse l'enclume, et de donner par suite des tremblements rapides ou lents. Cependant, dans les grandes machines, telles que les construit actuellement M. Ruhmkorff, cette partie de l'instrument a disparu et a été remplacée par un petit appareil spécial, indépendant du reste de la machine. C'est tout simplement une tige munie d'un contre poids et animée d'un mouvement d'oscillation. Selon qu'on élève ou abaisse le contrepoids, les oscillations sont plus ou moins rapides. A chaque oscillation la tige ferme le courant et l'ouvre aussitôt après; et l'on obtient les mêmes effets qu'avec le marteau. Seulement ici, il faut une pile spéciale, composée de deux éléments pour faire mouvoir la tige et entretenir son mouvement.

La puissance des effets obtenus dépend de la force du courant inducteur, et l'on en doit régler convenablement l'extrémité. Il ne faut pas que ce courant soit trop faible, on n'obtiendrait que des effets médiocres; il ne faut pas qu'il soit trop fort, la bobine se romprait; le fil, très fin, serait brûlé ou fondu sous l'action de courants trop énergiques. Ordinairement on attelle à la bobine une pile de Bunsen formée de 15 à 20 éléments, et le courant fourni par cette pile est inducteur.

EFFETS OBTENUS

La bobine de Ruhmkorff peut être considérée comme servant à transformer l'électricité de la pile en électricité de la machine, et l'on sait déjà les différences essentielles qui existent entre ces deux sortes d'électricité. Le fil induit est soumis, par intervalles très rapprochés, à la seule influence du courant de la pile, et alors s'accomplit dans l'intérieur de la bobine un travail dont nous avons déjà analysé les éléments; puis l'on recueille des courants induits instantanés, et extrêmement énergiques.

Avec cette bobine on reproduit les effets de la foudre les plus extraordinaires et les plus bizarres; cette reproduction, spectacle attrayant pour les esprits sérieux, est l'occasion d'expériences devenues vulgaires et que je vais d'abord décrire.

Lorsque les extrémités du fil induit sont fermées en pointes de platine très rapprochées l'une de l'autre, entre ces pointes jaillit aussitôt une série de fortes étincelles. Chacune d'elles est la manifestation d'un courant induit. On peut éloigner les pointes de platine, les étincelles s'allongent, se courbent en sinuosités fantasques; elles font crépiter l'air sous ces détonations répétées; elles se suivent longues et rapides, bruyantes et lumineuses, et l'on sent autour de la machine cette odeur sulfureuse qui accompagne les forts orages, et que l'on croyait jadis être l'odeur propre de l'électricité. Il n'y a pas à s'y tromper,

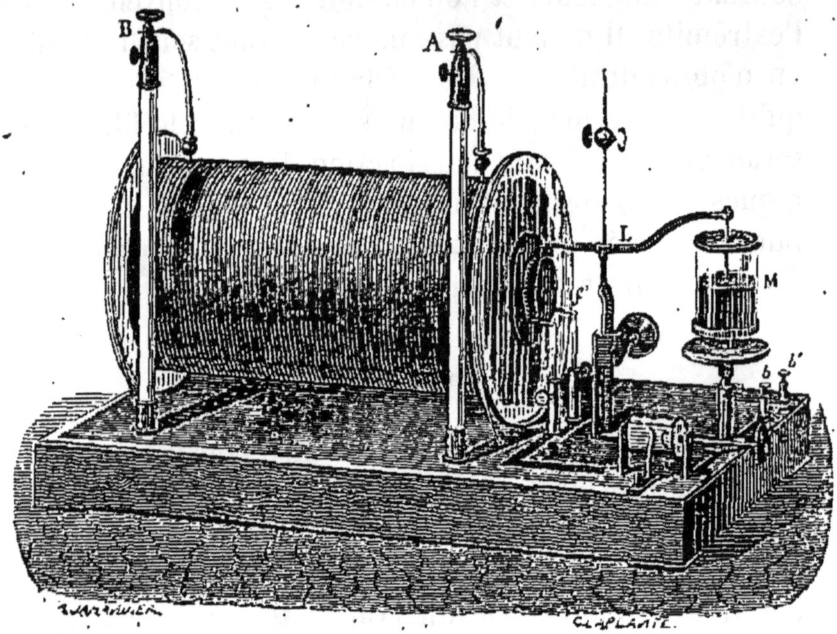

Fig. 46. — Grande bobine de M. Ruhmkorff avec interrupteur, à contrepoids.

c'est l'éclair, c'est le tonnerre imité par nos appareils humains.

On peut ainsi obtenir dans l'air des étincelles longues de $0^m,50$ à $0^m,60$, et quelquefois plus longues encore. Si l'on saupoudre de limaille de cuivre une longue bande de papier gommé, et si l'on suspend cette feuille desséchée entre les pôles, l'étincelle jaillira entre les grains de poussière métallique. Entre deux particules successives se produira une petite étincelle; et comme ces éclairs partiels sont très rapides et très rapprochés, l'œil n'aperçoit qu'un seul éclair d'une grande longueur. On a pu obtenir par ce moyen des étincelles de 4 à 5 mètres, rappelant par leur forme, leur éclat et leur détonation, les véritables éclairs naturels. La seule différence consiste en ce que les éclairs naturels ont plusieurs lieues de longueur; car tous nos efforts ne pourront jamais atteindre la grandeur de la nature.

Avec une bobine, comme avec une machine électrique, on peut charger des condensateurs, des bouteilles de Leyde, des batteries. Mais tandis qu'avec la machine, il faut un temps assez long pour charger une bouteille de Leyde, avec la bobine d'induction il ne faut que peu d'instant; car le débit d'électricité est immense. On peut même, avec des dispositions faciles à imaginer, obtenir une décharge très rapide d'un condensateur; alors l'étincelle se modifie. Ce n'est plus ce long éclair grêle et bleuâtre, dont les sinuosités traversent l'espace; c'est une étincelle courte, épaisse, lumineuse, et surtout bruyante. On voit une série rapide de larges étincelles, blanches, sonores, et on entend des éclats secs, répétés, analogues à de nombreux coups de feu.

La foudre fond les fils métalliques, les cordons de sonnette, etc.; l'étincelle d'induction peut également fondre et volatiliser des fils métalliques assez fins. Il se dessine alors, sur une feuille de papier placée au-dessous une trace noire ou jaunâtre, suivant que le fil est en fer, en cuivre, ou en or. C'est la vapeur métallique violemment projetée sur le papier, et affectant les formes les plus étranges, les arborescences les plus riches. C'est ainsi que les cordons de sonnette fondus par la foudre sont projetés sur le mur voisin; une trace noirâtre indique le passage de l'électricité.

Les fils de la bobine se fondraient de même, si on laissait se produire des courants assez puissants. C'est là aussi un danger qu'il faut éviter pour les fils de lignes télégraphiques, et surtout pour les câbles sous-marins. Dans la télégraphie, on veut employer non plus les courants directs, mais les courants induits; on trouve à cette substitution divers avantages : mais le danger que je signale est assez réel pour avoir fait considérer jusqu'ici cette question comme insoluble. On peut maintenant se rendre compte des nombreuses ruptures des câbles sous-marins, et entre autres de celle du câble transatlantique de 1858, qui se brisa quelques jours après avoir été posé. On avait lancé dans ce long câble un courant très énergique, que l'on croyait nécessité par une pareille longueur. Ce courant avait déterminé dans le câble un courant induit tout aussi énergique; mais lorsque la dépêche fut arrivée, les courants induits restèrent ajoutés les uns aux autres; l'armature extérieure formait condensateur, et la ligne était devenue une immense bouteille de Leyde. Aussi, bientôt le câble agonisa, quelques mots passèrent encore, confus et inachevés, puis tout fut fini; le fil avait été fondu et l'enveloppe isolante crevée en maints endroits. Il n'y aurait eu qu'une seule chose à faire c'eût été de décharger la ligne, en faisant communiquer pendant un instant l'armature protectrice et le fil intérieur (inversion des courants), mais ces phénomènes n'avaient pas encore été bien étudiés. Depuis lors, on est devenu prudent, et l'on n'envoie plus dans les lignes sous-marines que des courants excessivement faibles. Le câble transatlantique de 1865 fonctionne avec un courant imperceptible, qui ne fait dévier que de quelques secondes une légère aiguille aimantée.

L'étincelle d'induction foudroie les animaux, les oiseaux, par exemple; les plus fortes machines construites par Ruhmkorff sont assez puissantes pour tuer un taureau. Si l'on était frappé d'une de ces épouvantables décharges de la machine, les vaisseaux sanguins seraient déchirés, les muscles paralysés, le système nerveux serait fortement ébranlé; si l'on n'était pas tué sur le coup, on éprouverait des douleurs atroces que ne payerait certainement pas *le royaume de France*, ainsi que le dit l'inventeur de la bouteille de Leyde. Aussi ne doit-on manier la machine de Rhumkorff qu'avec le plus grand soin. Ce n'est qu'avec un long bâton de résine ou de verre que l'on touche les fils et que l'on dirige l'étincelle.

La foudre brise les objets, perce les murailles, fait éclater les glaces les plus épaisses : la foudre artificielle produit les mêmes effets. Si l'on place un cube de verre très épais entre les deux pointes où jaillit l'étincelle, de façon que les pôles ne soient séparés que par le verre, la décharge éclatera entre les pôles, et le verre sera percé de part en part suivant plusieurs lignes sinueuses, indiquant la route parcourue par l'électricité.

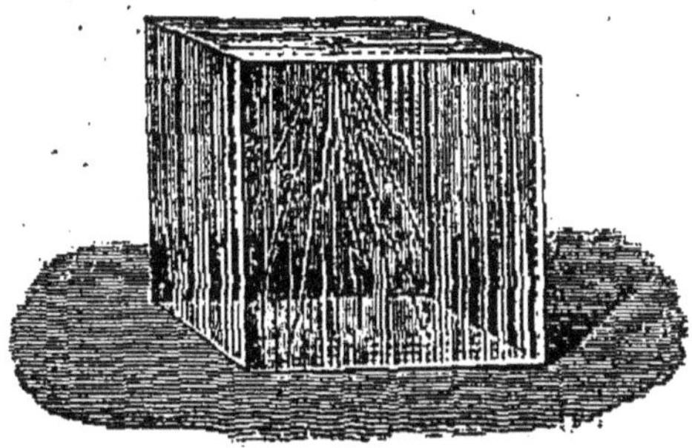

Fig. 47. — Cube de verre percé par l'étincelle.

Au lieu de nous borner à imiter la foudre, nous pouvons obtenir des effets lumineux tout nouveaux et dont la nature ne nous donne pas le spectacle. L'éclair traversant l'air a toujours la même couleur et les mêmes caractères ; si l'étincelle traverse d'autres milieux, combinés et préparés artificiellement, elle se colorera et se présentera à nos yeux avec des caractères spéciaux. On prend des tubes en verre, desquels on a retiré l'air pour y introduire de très petites quantités de gaz divers ; on forme des dessins avec ces tubes en verre, des lettres par exemple ; on peut également réunir des tubes divers, les uns renfermant de l'hydrogène, où l'étincelle est rouge, les autres de l'air, où elle est violette, etc. ; lorsque l'étincelle jaillira dans cette série de tubes, les dessins apparaîtront flamboyants, et l'éclat des couleurs ne nuira pas au velouté et à la douceur des teintes.

L'étincelle est formée par la superposition de deux lueurs. L'une entoure le pôle positif; elle est dans l'air d'une couleur rouge très intense. Partant de l'un des pôles, elle s'avance entre les deux fils et s'arrête avant d'atteindre le fil négatif. L'autre lueur est bleuâtre, très peu intense et beaucoup moins longue que la première. Le mélange de ces deux couleurs donne à l'éclair sa nuance violette.

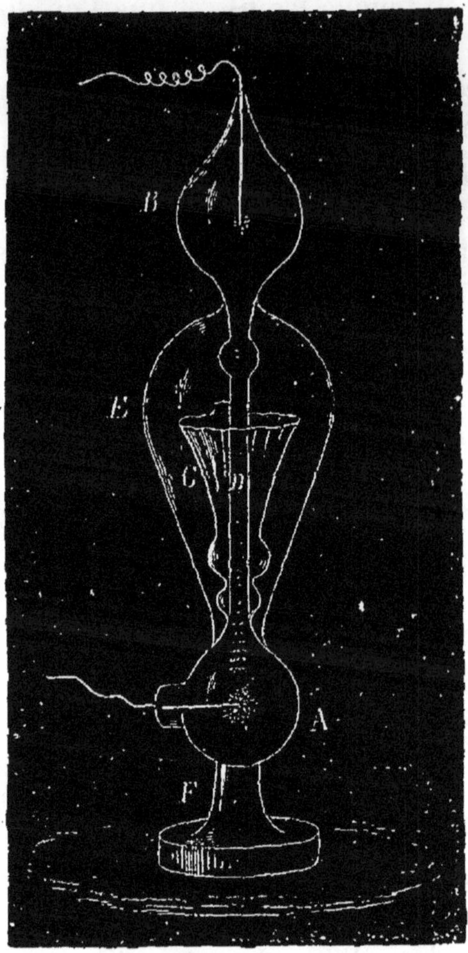

Fig. 48. — Vase en verre d'uranne.

Lorsqu'on examine avec précaution une *étincelle d'induction* traversant un des tubes dont on vient de parler, on reconnaît que l'étincelle négative bleue est formée d'une teinte continue, tandis que l'étincelle positive rouge, au contraire, présente des *stratifications*. On distingue en effet autour du pôle positif une série de bandes brillantes rouges, séparées par des bandes obscures. Ces stratifications sont transversales, et disparaissent peu à peu vers le milieu de l'étincelle. La cause de cet étrange phénomène est inconnue, mais ces faits suffisent pour établir une nouvelle distinction entre les deux pôles d'un courant électrique.

Non seulement le gaz qui remplit le tube, mais la nature même du verre influe sur la couleur de l'étincelle. On montre ordinairement un appareil formé d'un vase en verre jaunâtre, appelé verre d'urane, lequel est enfermé dans un œuf de verre ordinaire. Lorsque l'étincelle passe, le verre d'urane devient verdâtre, une colonne de feu descend jusqu'au fond du vase, et de ce vase lumineux jaillissent des gerbes violettes.

On se sert encore de l'étincelle d'induction pour produire des explosions; par exemple, pour mettre le feu à une mine, sans danger, avec certitude, même lorsque le terrain humide ne permettrait pas aux mèches ordinaires de brûler jusqu'à l'âme.

C'est ainsi qu'est déterminée l'explosion des torpilles fixes, servant à la défense des côtes. Un système de lentilles et de prismes, analogue à celui qui forme la chambre noire des dessinateurs, renvoie l'image des objets extérieurs sur une carte détaillée. Un surveillant peut suivre avec attention la marche des navires ennemis; et aussitôt qu'ils passent dans le rayon d'action de la torpille tel qu'il est indiqué sur la carte, le courant lancé par une forte bobine de Ruhmkorff fait éclater la cartouche.

On peut également mettre le feu à des canons chargés sans que les servants de la pièce soient exposés au feu ennemi. On tire plusieurs coups à la fois, par exemple toute la bordée d'un navire, sans qu'il y ait personne sur le pont ni autour des pièces.

CHAPITRE II

APPLICATIONS DIVERSES

Ce n'est pas seulement parce qu'elle donne le plaisir d'imiter la foudre et d'étonner le public, que la bobine d'induction est si remarquable et digne de la récompense dont elle a été l'objet. Un grand nombre d'applications sont venues faire de cette machine un instrument des plus utiles et des plus précieux.

Les courants d'induction ont à la fois les propriétés de la foudre et celles des courants, et c'est à cette particularité que les machines d'induction doivent leur importance pratique. Un seul fait semble limiter et limite souvent, en effet, l'application de ces courants; c'est que deux courants successifs sont inverses l'un de l'autre. Il y a certains cas, dans la galvanoplastie par exemple, où il est nécessaire que l'électricité suive toujours la même route, et où les courants produits par la bobine ne peuvent être d'aucune utilité. Il faudrait, si l'on voulait appliquer ces bobines à la galvanoplastie, trier les courants pour ainsi dire; laisser passer les uns et arrêter les autres. Un appareil spécial est inventé à cette intention; mais la complication en est grande et on préfère le plus souvent ne pas s'en servir. Dans la plupart des cas, il est inutile que les courants aillent toujours dans le même sens, et alors les machines d'induction peuvent être appliquées; quand elles le sont, leur usage a généralement de grands avantages.

MACHINE A AIR DILATÉ

Souvent, en passant dans les rues qu'il a fallu rebâtir, on voit les constructions marcher rapidement : une machine fait monter les pierres; l'arbre tourne; les roues, les poulies, le volant, fonctionnent comme à l'ordinaire, et pourtant il y a quelque chose d'inexplicable : on ne voit ni chaudières, ni vapeur produite. On voit bien le piston marcher, les tiroirs exécutent leur mouvement habituel; mais c'est en vain qu'on cherche le reste, qu'on se demande où est le moteur qui pousse le piston. On remarque alors, sur l'échafaudage, une grande pancarte par laquelle on apprend qu'on a sous les yeux la « machine à air dilaté par la combustion du gaz, de M. Lenoir. » L'étincelle de la bobine joue ici le principal rôle.

Cette machine se compose d'un corps de pompe ordinaire; mais, au lieu d'y introduire de la vapeur on y laisse entrer un mélange d'air et de gaz d'éclairage; des deux côtés du corps de pompe sont les tiroirs qui règlent l'introduction du mélange. Lorsque le piston est à une extrémité, l'espace qu'il laisse au-dessous de lui se remplit du mélange; alors éclate une étincelle d'induction, le gaz s'enflamme, brûle avec une grande chaleur, et le mélange aérien, brusquement chauffé, se dilate avec force. Le piston est poussé en avant, et le mouvement est produit. Lorsque la course a été fournie et que le piston est arrivé à l'autre extrémité, il se passe le même phénomène; le piston est repoussé en arrière, en chassant devant lui et dans l'atmosphère l'air qui remplissait la cavité, et le mouvement se continue indéfiniment.

La force de la machine dépend des proportions du mélange d'air et de gaz inflammable; plus ce dernier sera abondant, plus la chaleur développée par la combustion sera considérable; l'énergie de la machine n'est donc limitée que par la grandeur du corps de pompe, et l'on cherche d'avance les proportions qui donnent le plus d'effet utile. Dans les machines ordinaires qui fonctionnent pour les constructions à Paris, la force est de trois chevaux-vapeur, puissance très suffisante pour élever des pierres et des matériaux jusqu'aux derniers étages des maisons.

Cette machine, paraît-il au premier abord, ne doit fonctionner que dans le voisinage des usines à gaz et des conduits où il soit facile de puiser le combustible nécessaire. Mais on peut la modifier et la rendre indépendante de cette condition : la dépense sera seulement augmentée. Au lieu de se servir d'un mélange de gaz et d'air, il suffit de faire passer l'air dans un liquide combustible, tel que le pétrole ou l'huile de schiste ; l'air se chargera de vapeurs inflammables et l'étincelle électrique brûlera ces vapeurs comme elle brûlait le gaz. L'effet obtenu sera le même que dans la première disposition.

La machine Lenoir ne diffère, du reste, d'une machine à vapeur ordinaire que par le choix du moteur ; les autres pièces sont complètement identiques. La suppression de la chaudière permet de plus de placer la machine partout, à tous les étages, dans une chambre relativement petite, et c'est encore là un avantage considérable.

D'autres moteurs à gaz ont été inventés et fonctionnent déjà dans l'industrie. — Mais l'étincelle électrique n'a joué aucun rôle dans leur fonctionnement (*Voir les moteurs* de M. de Graffigny, *Bibliothèque des Merveilles.*)

ÉCLAIRAGE PUBLIC

Parmi les expériences de M. Robin qui étonnait le plus son auditoire, il en était une qu'il variait de diverses façons, et qu'il désignait le plus souvent sous le nom d'*arbre de Noël*. Il présentait un sapin couvert de neige, et bientôt cette neige, tirée par des ficelles invisibles, se transformait en bougies et en jouets de toutes sortes, lesquels étaient naturellement distribués aux enfants; jusque-là ce n'est que de la prestidigitation ordinaire. Mais voici qu'à l'ordre d'une personne quelconque de la salle, les bougies s'allument ou s'éteignent toutes ensemble, et autant de fois que l'on veut. Il n'y a rien que de très ordinaire dans ce fait qui paraissait étrange.

Les bougies ne sont autre chose que des becs de gaz. Au commandement : « Allumez-vous! » une personne, visible ou non, ouvre le robinet du gaz et lance une étincelle d'induction. Celle-ci éclate en même temps au-dessus de tout les becs, qui communiquent entre eux métalliquement, et elle enflamme le gaz. Au commandement : « Éteignez-vous! » la personne ferme le robinet et les bougies s'éteignent pour se rallumer de la même façon. Aussi quand on prête attention, on entend un petit éclat au moment où la flamme apparaît, et l'on distingue même une lueur pâle et violette qui est l'étincelle électrique.

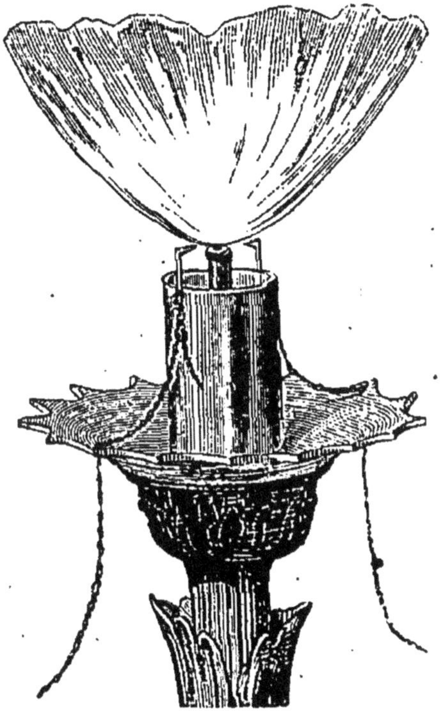

Fig. 49. — Disposition d'un bec de lustre de M. Robin.

Ce procédé pourrait être appliqué aux lustres des théâtres, aux divers becs de gaz d'un établissement public. On avait même proposé d'allumer ainsi tous les réverbères de Paris, ou tout au moins ceux qui dépendent d'une même usine. On aurait vu, par exemple, tous les flambeaux de la rue de Rivoli s'iluminer ensemble, et comme par enchantement, former tout à coup cette ligne de feu dont la régularité et l'immense longueur causent l'admiration des étrangers. Mais on a craint que les fils conducteurs de l'électricité ne vinssent à se déranger facilement, et que par cette pratique, on ne fût pas assez maître de chaque candélabre en particulier.

L'étincelle d'induction peut, non seulement être chargée d'allumer le gaz et de faire commencer l'éclairage, mais elle est capable de devenir assez lumineuse par elle-même, pour être employée dans les mines de houille et les travaux sous-marins. La question de l'éclairage des mines de houille intéresse l'humanité tout entière. Dans les galeries souterraines s'accumule un gaz terrible, le *grisou;* quand il prend feu, une explosion épouvantable détruit la mine et ensevelit dans les profondeurs les nombreux ouvriers qui allaient y gagner le pain de leur famille et qui y meurent asphyxiés et brûlés. Nul n'ignore qu'un illustre savant anglais, Davy, avait déjà mérité l'éternelle reconnaissance des mineurs en inventant une lampe qui diminuait notablement les chances de catastrophe. Mais, hélas! ces horribles accidents se produisent souvent encore: tantôt une circonstance fortuite, tantôt un éboulement qui casse la lampe, enlève à l'appareil de Davy sa plus grande efficacité; chaque année, il meurt en Angleterre plusieurs milliers d'hommes de ce fait, laissant leurs familles dans la désolation et la plus affreuse misère.

M. Ruhmkorff, sur la demande du directeur des mines de Lac, a construit un appareil d'induction servant à éclairer l'ouvrier. Un tube très fin se recourbe un très grand nombre de fois en spirale, on retire l'air de ce tube, et on y lance l'étincelle d'induction. Alors dans ce petit espace apparait une gerbe lumineuse très intense et très régulière. Cette spirale lumineuse est encore placée dans un manchon de verre qui la protège et que le mineur tient à la main. Dans une boite portée sur les épaules, se trouve une petite bobine et une pile; c'est de là que le courant est conduit à travers les enveloppes en caoutchouc, jusqu'au tube lumineux. Un réflecteur métallique placé derrière la spirale en augmente l'intensité[1].

Ici les inconvénients de la lampe ordinaire ne sont pas à craindre. L'étincelle électrique est préservée du contact de l'air; et si, par une cause quelconque, le tube venait à se casser, l'air rentrerait aussitôt dans la spirale, s'interposerait entre les pôles, et l'étincelle serait arrêtée immédiatement, car la machine employée est beaucoup trop faible pour donner dans l'air un éclair d'une pareille longueur. L'appareil a été essayé et reconnu excellent; l'intensité lumineuse est assez forte pour guider l'ouvrier et lui permettre de travailler. Aussi, malgré son prix plus élevé, cette nouvelle lampe commence à être employée dans les mines de houille. En outre, comme cette flamme n'a pas besoin d'air pour se renouveler, on peut utiliser l'appareil pour les travaux sous-marins, lorsque l'ouvrier, muni d'un scaphandre, est plongé au milieu de l'eau.

PETITES MACHINES

La bobine de M. Ruhmkorff a des dimensions assez considérables, et le prix en est souvent au-dessus des ressources des amateurs; de plus, par les puissants effets qu'elle donne, elle est dangereuse à manier et ne saurait être mise dans toutes les mains. Aussi, plusieurs constructeurs, et M. Ruhmkorff lui-même, ont eu l'heureuse idée d'en faire un diminutif; c'est la même bobine, mais beaucoup plus petite, une sorte de jouet qu'on peut porter en tout lieu, et dont la place est aussi bien dans un salon que dans un laboratoire.

On a même confectionné des boîtes complètes, renfer-

[1] Voir l'*Étincelle électrique*, de M. Cazin.

mant la bobine, les diverses pièces accessoires et différents tubes lumineux, pour qu'on puisse montrer commodément les curieux effets de l'induction. Ces jouets scientifiques sont l'objet d'un commerce prospère. Les télégraphes, les machines électriques, les bobines de Ruhmkorff, tous les appareils si laborieusement découverts par les hommes, sont aujourd'hui entre les mains des enfants.

Ce n'est pas tout encore. Il s'est trouvé, dit-on, des dames qui ont fait servir l'étincelle d'induction à l'ornement de leur toilette. Au milieu des amas de gaze, entre les flots de dentelles et de soie, avaient été disposées avec art quelques-unes de ces légères boules que l'étincelle d'induction sait remplir d'une douce et chatoyante lumière. Un mince fil métallique montait invisible à travers les torsades des cheveux, rampait sous les fleurs, et atteignait enfin ces petits appareils lumineux : c'est là que l'électricité prenait ses couleurs les plus variées et les plus délicates, tandis que les diamants et les pierres précieuses ruisselaient en tous sens, sous cette étrange lumière. Une petite bobine, avec une pile spéciale, était cachée dans une poche, et il suffisait de tourner un bouton pour faire resplendir aussitôt une couronne d'éclairs. Le léger ronflement occasionné par l'étincelle et par l'interrupteur de la bobine, devait se perdre au milieu des bruits du salon. Mais la clarté des tubes de Geisler était à peine visible et diminuait rapidement.

MACHINE DE CLARKE

Aussitôt que Faraday eût découvert l'induction, les Anglais cherchèrent à tirer parti de cette nouveauté. Tous les efforts se dirigèrent immédiatement vers le phénomène curieux de la production des courants induits sous l'influence des aimants mobiles : on comprenait que ce nouveau moyen d'engendrer les courants électriques sans piles était appelé à un grand avenir.

M. Pixii construisit une première machine *magnéto-électrique*, où le courant d'électricité était produit par la rotation d'un aimant. Mais cette machine, très intéressante à étudier au point de vue de l'histoire de la science, est depuis longtemps abandonnée et remplacée par d'autres

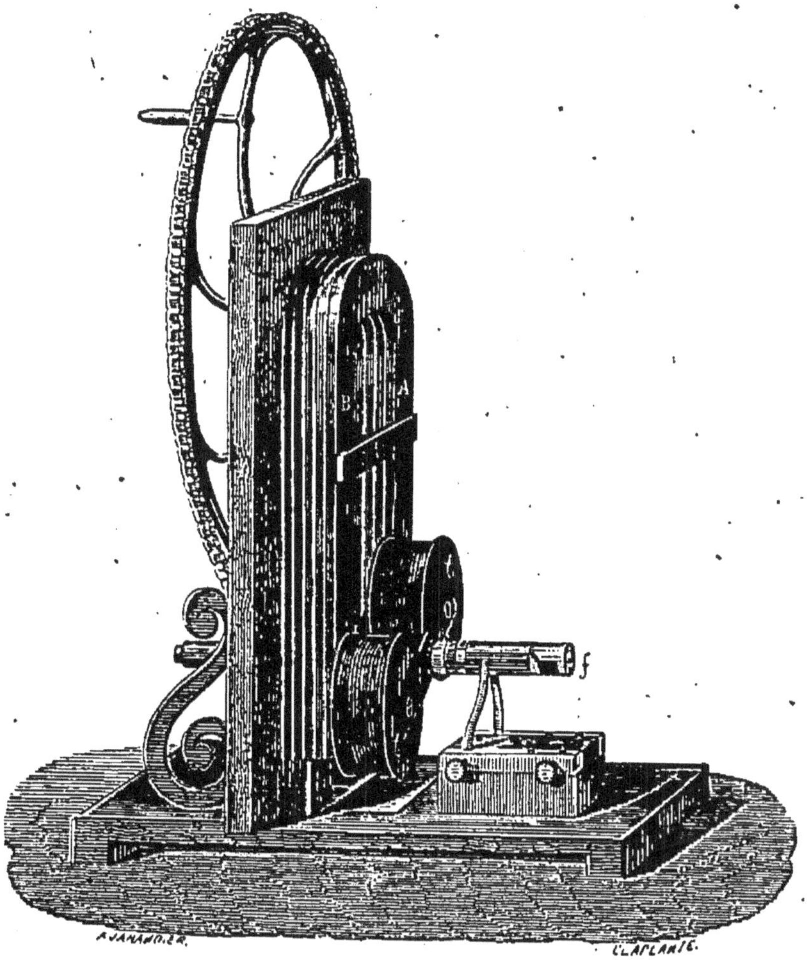

Fig. 50. — Machine de Clarke.

plus récentes et mieux combinées. La machine dont on se sert maintenant encore le plus souvent est celle de M. Clarke. Cet inventeur n'a, du reste, fait que transformer et rendre plus commode la première machine de M. Pixii.

Un aimant en fer à cheval AB est fixe, et devant lui

tourne une bobine *t* de fil induit, enroulé autour d'un morceau de fer doux; telle est la machine de Clarke. L'aimant, très puissant, est composé de lames d'acier clouées ensemble sur une planchette verticale; la bobine, composée de fils de cuivre très fins et d'une longueur de 750 mètres environ, est double; dans la position initiale, chacun des morceaux de fer doux qui forment l'âme d'une bobine est placé devant un des pôles de l'aimant: le fer doux est aimanté, et il forme l'armature de l'aimant fixe. Cette double bobine est vissée sur un axe *f* que l'on peut tourner au moyen d'une grande roue extérieure.

Lorsque la double bobine a fait un quart de tour, le fer doux s'est complètement désaimanté, car il n'est plus en face de l'aimant : donc, en allant de la première à la seconde position, la bobine a été traversée par un courant induit *finissant*, de même nature que si l'aimant avait été éloigné. Lorsque la double bobine aura fait un demi-tour, le fer doux sera réaimanté et il y aura eu production d'un courant induit *commençant* de même nature que si l'aimant avait été approché. Il en sera de même pour le demi-tour suivant, de sorte qu'à chaque révolution complète de l'axe, la bobine est traversée par quatre courants induits, deux *finissants* et deux *commençants*. Et comme la rotation de l'axe peut être très rapide, la succession des courants induits l'est également; elle est même pour ainsi dire continue; aussi se sert-on de cette machine pour donner brusquement une forte série de commotions électriques.

Il faut d'abord recueillir les courants induits formés. L'axe se termine par une virole métallique qui tourne avec lui. Celle-ci est partagée en deux moitiés, dont chacune communique avec une des extrémités du fil de la bobine et forme pour ainsi dire le pôle de ce fil; la virole tourne entre deux lames de laiton formant ressort et appliquées sur elles. Le courant induit, développé dans le fil, de quelque nature qu'il soit, passe sur la virole, de là sur les lames de laiton et enfin sur deux pièces de cuivre formant le pied de ces lames, et où l'on peut le recueillir. Ces pièces de cuivre sont, du reste, séparées par une lame isolante d'ivoire, et chacune d'elles est un pôle distinct du courant.

Lorsqu'on veut donner des commotions avec la machine de Clarke, on attache aux pièces de cuivre de longues hélices de fil, terminées par deux conducteurs en métal, et le patient prend dans chaque main un de ces cylindres. On doit même avoir soin de lui mouiller les doigts avec de l'eau salée, pour les rendre plus conducteurs de l'électricité; puis on tourne la roue. Les deux mains deviennent les deux pôles du courant; et, comme le corps est un peu conducteur, l'électricité passe à travers les membres, et le circuit est complet. Mais chaque fois que le courant s'établit, il cause une secousse qui peut être très énergique; la commotion est d'autant plus forte que la rotation est plus rapide, que la bobine est plus rapprochée de l'aimant fixe, et que le fil induit est plus long et plus fin. C'est en tenant compte de ces conditions que l'opérateur règle la force de la secousse.

On peut avec la machine de Clarke reproduire toutes les expériences que l'on fait avec les machines électriques ordinaires et avec les bobines d'induction. On enflamme de l'éther, on fait rougir un fil, et même on décompose l'eau. Lorqu'on veut obtenir ces effets, qu'on appelle effets physiques, on dévisse la bobine, et on la remplace par une autre mieux appropriée à ce but particulier. Le fil n'est plus long et fin, il est gros et court; et n'a environ qu'une longueur de 40 mètres : les effets d'induction, quoique moins intenses, sont bien plus réguliers et plus faciles. En outre, comme les courants induits sont alternativement de sens inverse et comme cette circonstance dénature certains phénomènes, par exemple l'analyse de l'eau, il faut avoir soin, pour obtenir ces effets, de se servir d'un système spécial qui trie les courants. Ce système est, du reste, adapté à la machine, et il dépend de l'opérateur de s'en servir ou de le négliger.

TÉLÉGRAPHE MAGNÉTO-ÉLECTRIQUE

Le plus grand inconvénient de la télégraphie est la nécessité d'une pile. Ce générateur de l'électricité occasionne continuellement des dérangements et des dépenses; il faut surveiller constamment la pile, la considérer attentivement partie par partie, et le plus souvent encore, les perturbations signalées dans les postes ou sur la ligne n'ont pas d'autre cause que le mauvais état des piles. Un système télégraphique ne pourra être parfait qu'autant qu'il supprimera entièrement la pile. Il a pu sembler autrefois aussi difficile d'engendrer l'électricité sans pile, qu'il l'est encore actuellement de produire de la vapeur sans chaudière. Mais aujourd'hui, les courants induits réalisent cette ancienne utopie, et l'on voit par cela même que l'assimilation de l'électricité à la vapeur n'est pas rigoureuse; car voici un exemple où elle est complètement en défaut.

Les courants produits par la machine de Clarke sont propres à la télégraphie tout comme les autres; et il a été à peine nécessaire de modifier cette machine pour la transformer en un manipulateur le plus commode qui soit encore connu. Le système magnéto-électrique imaginé par M. Siemens se compose, comme tous les autres, d'un récepteur et d'un manipulateur. Je ne puis m'appesantir ici sur ces ingénieux appareils. Je me bornerai à décrire la modification que MM. Digney ont apporté au manipulateur, pour le rendre propre à remplacer la clef de Morse.

Ce manipulateur est simplement une machine de Clarke ordinaire : seulement la bobine, au lieu de faire un tour entier, ne peut faire que le quart de la rotation. Cette double bobine est commandée par un levier qui fait corps avec l'axe; en abaissant le levier, l'axe tourne; en le relevant, l'axe tourne en sens contraire, et la bobine suit les mouvements. Le levier est arrêté au quart de sa rotation par un arrêt; aussitôt qu'il est abandonné à lui-même, un fort ressort antagoniste le ramène à sa position première. Le fer doux s'éloignant des pôles de l'aimant, la bobine est traversée par un courant finissant; le fer doux ramené vis-à-vis des pôles, la bobine est traversée par un courant commençant. Ces courants sont lancés dans la ligne, et, bien qu'ils soient de sens inverse, ils agissent tous les deux sur le récepteur. Une des extrémités du fil induit communique donc avec la ligne et l'autre avec la terre. Ces conditions sont exactement celles qu'exige le récepteur de Morse.

Les courants d'induction étant instantanés, peuvent seulement, dans la télégraphie, donner au mécanisme l'ordre d'agir, le crayon du récepteur Morse est soulevé par le premier courant, déterminé par un abaissement de la touche; tant qu'on ne lancera pas un second courant, le crayon restera soulevé et marquera sa trace. Mais si l'on abandonne la touche à l'action du ressort antagoniste, un second courant est lancé dans la ligne et fait baisser le crayon du récepteur. Ici encore, comme dans la clef de Morse, les points et les traits sont produits par un abaissement plus ou moins long de la touche.

Cet appareil simple et facile, autant dans sa construction que dans son maniement, n'est pas employé. En France, l'administration n'est pas favorable à ce qui est magnéto-électrique; elle paraît craindre que les aimants ne conservent pas leurs propriétés; elle recule aussi devant l'achat de nouveaux instruments et la perte de tout l'ancien matériel. Il est vrai d'ajouter que les autres pays ne montrent pas, en général, une meilleure volonté.

M. Siemens n'est pas le premier qui se soit servi des courants induits dans la télégraphie. M. Wheatstone et M. Steinheil avaient combiné, chacun de leur côté, un système spécial fondé sur l'induction, et c'est même l'appareil de M. Wheatstone qui fait marcher en Angleterre les télégraphes servant aux particuliers. M. Siemens n'a fait que développer et simplifier cette idée qu'il a trouvée dans la science et il l'a appliquée à tous les systèmes possibles, avec des modifications plus ou moins notables des appareils ordinaires. Cette innovation a amené la télégraphie à un degré de perfection. Dans les essais, faits de Paris à Berlin, on a obtenu, sans relais intermédiaires, quatre-vingts mots à la minute, et la dépêche avait une netteté que n'atteignent pas les signaux ordinaires.

Aussi ces systèmes paraissent appelés à un grand avenir. Tous les pays finiront par les adopter. Si l'appareil est plus cher que les appareils Morse ordinaires, les frais d'entretien et de réparation sont à peu près nuls, et l'économie est immense. Les lignes déjà construites peuvent servir sans aucun changement ; bien plus encore, les fils se conservent plus longtemps, car sous l'action continue d'un courant marchant toujours dans le même sens, les fils de fer se trempent, deviennent aigres et cassants, tandis que les courants d'induction, allant alternativement en sens inverse, cette modification physique du fil ne peut pas se produire.

Il est vrai que de graves inconvénients tempèrent ces avantages. On attribue, en effet, à ces sortes de courants une énergie considérable, capable de foudroyer les fils, ou tout au moins de les fondre par places. Mais ces difficultés, qui arrêtent la marche de la science industrielle, seront résolues tôt ou tard ; elles montrent que la question est intéressante à étudier et que les chercheurs y peuvent faire de grands progrès.

MACHINE ÉLECTRO-MÉDICALE

Galvani, dont les expériences sur les grenouilles ont conduit à la découverte de la pile, continua pendant longtemps ses études sur les effets physiologiques de l'électricité. Il ne se borna plus aux animaux, et bientôt il prit pour sujets de ses recherches les cadavres humains. De concert avec son parent Aldini, il fit, en 1802, sur deux cadavres décapités à Bologne, une série d'expériences qui eurent un grand retentissement et qui furent répétés en divers lieux. Parmi les imitateurs de Galvani, on cite le docteur Andrew Ure, dont l'expérience est restée célèbre. Le corps d'un supplicié lui fut apporté environ une heure après qu'il eut été détaché de la potence. Le savant anglais prit une pile de Volta, mit un des pôles sur le sourcil droit, l'autre au-dessous des talons, et aussitôt les contractions de ces restes inanimés furent si effroyables, que plusieurs spectateurs s'évanouirent, et tous les autres éprouvèrent une telle horreur, que personne ne voulut plus assister à de pareilles expériences.

Depuis lors, un grand nombre de physiciens et de médecins ont étudié avec soin et avec méthode l'action de l'électricité sur le système nerveux. Les expériences sont difficiles à faire, et le sujet est très ardu, comme tout ce qui touche à la machine si complexe qu'on appelle le corps humain. Quelques résultats assez nets ont été obtenus, et l'électricité est considérée maintenant comme un agent thérapeutique pouvant servir dans certaines conditions.

Mais, il faut bien l'avouer, le charlatanisme s'est emparé de cette série d'expériences, et il s'est trouvé pendant longtemps des gens qui voulaient voir dans l'électricité une sorte de panacée universelle. Pour toutes les maladies, toutes les affections, de quelques natures qu'elles fussent, on se faisait électriser; aujourd'hui encore, à chaque instant, apparaissent des inventions de ce genre. Ici on proclame des chaînes galvaniques; là, des bagues électriques; plus loin, des buscs galvaniques, des ceintures, des brosses, des cravates, des sachets, doués des plus merveilleuses propriétés. Ce sont là des prétentions exagérées. Mais de ce que l'électricité ne peut devenir un remède universel, il ne faut pas conclure qu'elle ne soit pas propre à soulager et même à guérir certains maux. C'est surtout pour exciter le système nerveux qu'on emploie utilement les commotions produites par les agents électriques. Dans les paralysies, par exemple, où certains membres sont devenues inertes, une forte secousse peut quelquefois réveiller les nerfs et leur rendre leur activité première. Il ne faut pas croire cependant que, pour toute paralysie, ce moyen soit efficace. L'affaiblissement du système nerveux est déterminé par une foule de causes, et l'électricité peut en combattre seulement quelques-unes.

Lorsqu'on veut appliquer les courants électriques, il faut agir prudemment, examiner le tempérament du malade, et juger si le mal résultant de ce remède énergique ne sera pas plus redoutable que le mal actuel. On doit choisir ensuite le genre de courants qu'on emploiera, car tous les courants n'ont pas exactement les mêmes propriétés, et, surtout, on doit graduer l'action et en augmenter peu à peu l'énergie. Généralement on fait usage des courants induits, à cause de leur facile réglementation.

On emploie pourtant quelquefois les courants de la pile, quand, outre la secousse musculaire, on veut produire certains effets chimiques sur le sang ou sur les organes. Une pile usitée alors est celle de Pulvermacher. C'est une chaîne formée d'une série de petits morceaux de bois sur lesquels s'enroulent, côte à côte et sans se toucher, deux fils, l'un en cuivre, l'autre en zinc. On plonge pendant un temps très court cette chaîne dans de l'eau acidulée par le vinaigre, et on la retire. Le bois s'est imbibé, et l'action chimique de l'acide sur le zinc détermine un courant d'électricité. On prend dans chaque main une extrémité de la chaîne et on reçoit des secousses; cette pile a été très employée pendant un certain temps.

Fig. 51. — Chaîne de Pulvermacher.

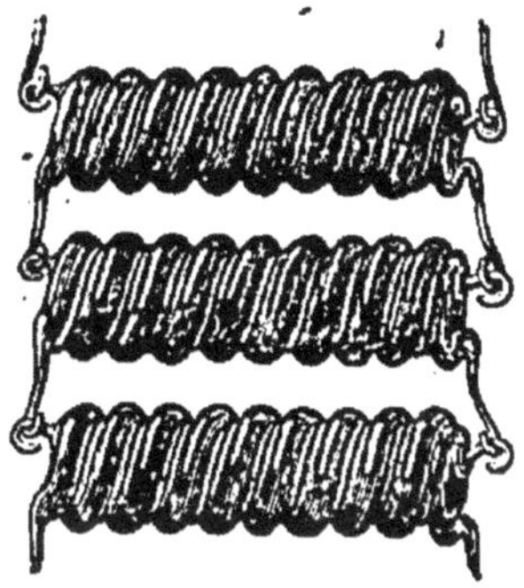

Fig. 52. — Détails de la chaîne de Pulvermacher.

D'autres fois, on recherche une série de commotions douces et continues, et la pile qu'on emploie alors est une pile ordinaire. Les deux pôles sont placés aux extrémités des nerfs à électriser; ils sont appliqués sur la peau au moyen de bandes serrées ou de compresses mouillées, de façon que l'électricité pénètre dans l'organe par une assez large surface. Il est difficile de se rendre un compte exact de ces actions physiologiques. Cette dernière manière d'appliquer les piles permet de maintenir le contact pendant de longues heures, ce qui n'arrive pas dans les autres appareils.

Le plus souvent on ne demande à l'électricité que la

production des secousses. On emploie à cet effet divers appareils. La machine de Clarke elle-même serait très avantageuse si on pouvait la régler lorsqu'elle est en marche. Aussi a-t-elle été modifiée plusieurs fois. M. Page en donna une transformation dès les premiers temps; puis un savant physiologiste, le docteur Duchenne, inventa plusieurs autres appareils, donnant des courants induits ou directs. Mais en raison de la complication de ces appareils, on hésitait beaucoup à s'en servir.

Aujourd'hui on se sert généralement d'une petite bobine

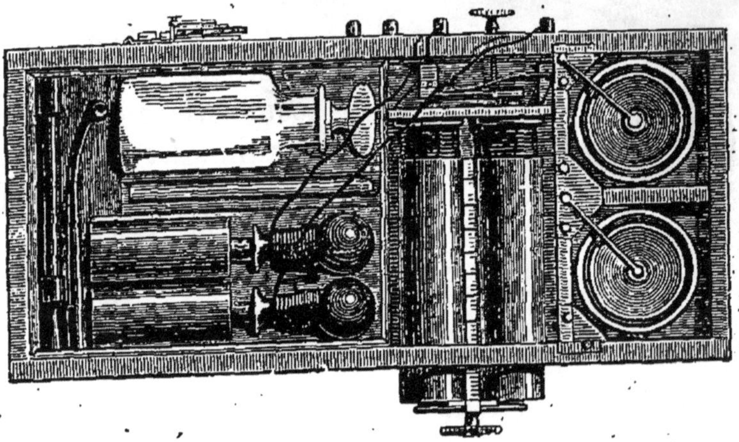

Fig. 53. — Machine électro-médicale de M. Ruhmkorff.

d'induction, construite par M. Ruhmkorff, et qui est un diminutif de sa grande machine. Ce sont deux bobines accouplées; une petite pile à sulfate de mercure, composée de deux ou quatre éléments, lance le courant dans le fil inducteur, et on recueille le courant induit avec deux armatures. Pour graduer l'appareil et faire en sorte que les secousses d'abord très faibles puissent devenir très énergiques, on a recouvert les bobines de deux cylindres en laiton, formant un double manchon mobile. Ces manchons métalliques sont également sillonnés de courants induits, que développe le courant inducteur, et qui neutralisent ceux que l'on recueille. De sorte que plus grande sera la partie de la bobine recouverte par le manchon, et plus faibles seront les secousses. Si les bobines sont entièrement recouvertes, les secousses seront nulles; si le cylindre est entièrement enlevé, les secousses seront aussi énergiques que possible. Une tige graduée permet de retirer plus ou moins le manchon.

Cet appareil est enfermé dans une petite boîte, très facile à porter, et que le médecin peut avoir avec sa trousse, en faisant ses visites. Quand il veut s'en servir, il ouvre la boîte et monte la pile avec le sel de mercure, placé dans un des compartiments; il attache aux boutons les pièces qu'il emploiera, excitateurs, sondes, brosses, etc.; il ferme sa boîte, et l'appareil fonctionne tout seul; il n'a plus qu'à en régulariser les effets, et il peut arriver que le malade guérisse au bout de quelques électrisations successives.

BAINS ÉLECTRIQUES

Lorsqu'on veut entourer un membre, ou le corps tout entier, d'une sorte d'atmosphère électrique, lorsqu'on veut que chaque point de la partie malade reçoive la même dose d'électricité, on se sert d'un bain traversé par un courant d'induction. Les premiers bains électriques furent employés par M. A. Becquerel, qui en avait introduit l'usage dans son service à l'hôpital de la Pitié.

Le patient se plaçait dans une grande baignoire d'eau légèrement salée, et portée à la température convenable; un de ses bras sortait du bain et allait plonger dans une petite cuve également pleine d'eau salée. Le premier conducteur de la machine, bobine d'induction, appareil de Clarke ou autre, était placé dans cette cuve, et le second dans la baignoire. Aussitôt que l'action commence, le courant passe de la machine dans la baignoire; là il entoure le corps tout entier et le pénètre en tous ses points à la fois; il suit alors le bras jusque dans la cuve, et il revient à la machine. Le corps fait partie du circuit et se trouve naturellement électrisé.

Les mêmes dispositions avaient été appliquées pour des bains partiels. Ainsi on plongeait chaque bras dans une cuve, et, le corps étant libre, le courant ne suivait que les bras; de même on agissait sur un bras et une

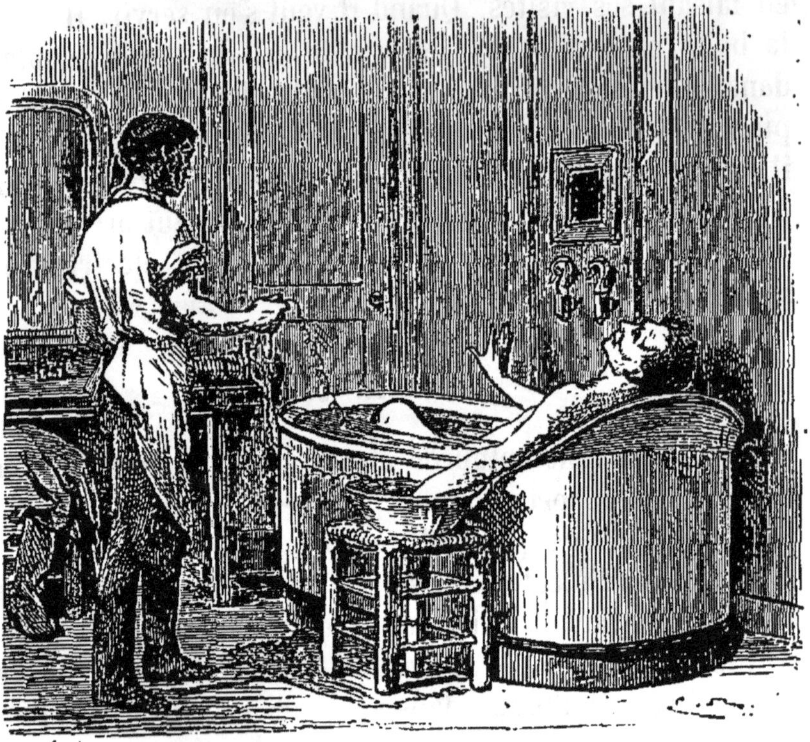

Fig. 54. — Bain électrique.

ambe, ou bien sur les deux jambes, et ainsi de suite; on pouvait varier l'application de ce système aussi souvent qu'il était nécessaire.

Depuis ces premiers bains électriques, un grand nombre de médecins en ont inventé de nouveaux. Il n'est rien de plus facile que de mettre de l'électricité dans l'eau, selon l'expression de quelques inventeurs. On n'a qu'à faire entrer l'eau dans le circuit d'un courant d'induction, et elle s'électrise. Un docteur qui s'est fait une certaine renommée, M. Scoutetten, à la suite de certains travaux intéressants, a affirmé que l'action des bains ordinaires, et surtout des bains sulfureux, était due à l'électricité, et que les eaux minérales agissent sur l'organisme de la même façon qu'un courant d'induction. Naturellement, M. Scoutetten, en a conclu immédiatement à un bain électrique artificiel et destiné à remplacer un bain quel qu'il soit. Parmi les médecins, les uns affirment, les autres nient la vérité de ces conclusions, et il est inutile de s'arrêter ici davantage.

Enfin, je dois signaler un dernier mode d'action physiologique de l'électricité. Un courant a la propriété de rougir un mince fil métallique, et de le rougir d'autant plus vite et d'autant plus énergiquement que l'intensité du courant est plus forte. Donc, lorsqu'on veut brûler un organe ou un tissu, on met quelquefois un mince fil de platine au-dessus de la partie affectée, et on lance un violent courant : le fil rougit aussitôt, et le tissu est cautérisé sans que le malade ait eu le temps de se récrier.

CHAPITRE III

DES MOTEURS ÉLECTRIQUES

Ence siècle, où la vapeur a enrichi l'homme de machines si puissantes et si diverses, où l'électricité lui a fourni un moyen de communication si rapide, on s'est habitué à croire que tous les désirs, même les plus hasardés, pourraient facilement se réaliser. L'imagination a travaillé et a demandé à la science d'accomplir toutes ses conceptions et toutes ses espérances. On a voulu remplacer la vapeur par l'électricité, on a voulu que celle-ci pût faire mouvoir des machines, traîner de lourds convois, faire toutes sortes d'ouvrages délicats ou pénibles; et, comme du premier coup on était arrivé à un appareil télégraphique presque parfait, comme l'électricité se prête admirablement à une foule d'usages, on a cru qu'elle se prêterait également à un usage de plus, et qu'on pourrait avoir des machines à l'électricité, ainsi que l'on a des machines à vapeur. Je vais examiner ici ces nouvelles prétentions.

ÉTABLISSEMENT D'UN MOTEUR

Toute force, par cela seul qu'elle produit un mouvement, peut devenir force motrice; mais, dans l'application, il faut vaincre deux sortes de difficultés. Il faut d'abord que la force puisse agir sur une machine particulière, spéciale, différente suivant la nature de la puissance; cette machine sera mise en branle, et son mouvement, transformé par divers appareils de mécanique, sera employé à produire l'effet utile, le travail exigé. Ainsi est construite une roue hydraulique : un courant d'eau la met en rotation, et elle peut alors, au moyen d'engrenages, faire tourner les meules ou les volants qui accompliront le travail de l'usine. Ainsi fait le piston d'une machine : sans cesse poussé par la vapeur qui arrive de la chaudière, ce piston, animé d'un mouvement de va-et-vient continuel, agit, au moyen de bielles et de balanciers, sur le volant, sur les roues de la locomotive.

La seconde difficulté à vaincre dans l'établissement d'une machine est de régénérer continuellement la force.

Lorsque l'eau a produit son effet, elle s'écoule en aval de la roue, et celle-ci s'arrêterait bientôt si une nouvelle quantité d'eau ne venait continuer l'action de la première. Lorsque la vapeur a poussé le piston, elle s'échappe dans l'atmosphère, et le mouvement cesse si la chaudière n'envoie plus de nouvelle vapeur. Il est donc nécessaire que la force soit constamment reproduite et qu'elle puisse agir sur une machine motrice d'une manière continue et régulière.

L'électricité est une force; elle aimante un morceau de fer et détermine ainsi le mouvement d'une armature. De plus, comme on possède, depuis Volta, un appareil spécial, la pile susceptible d'engendrer cette électricité d'une manière constante et pendant un certain temps, on a voulu faire de cet agent une force motrice. Sans cesse renouvelée, toujours en même quantité et avec les mêmes propriétés, cette force ne pouvait-elle agir sur une machine spéciale, la mettre en branle et exécuter un travail utile? On s'est donc mis à chercher cet appareil qui recevrait l'action de l'électricité, et au moyen d'organes faciles à imaginer, transmettrait le mouvement à des volants, à des arbres de couche, à des convois de chemin de fer.

Il n'a pas été difficile de trouver le moteur électrique et de construire une machine remplissant les conditions demandées. Plusieurs inventeurs se sont présentés, plusieurs idées heureuses ont été appliquées; et il est sorti de ces recherches quelques modèles de moteurs électriques très ingénieux. Le principe de ces machines est toujours l'aimantation du fer par le courant : aimanté et désaimanté à chaque instant, un électro-aimant attire et abandonne constamment son armature; ce mouvement de va-et-vient se communique à divers organes qui accomplissent le travail demandé.

De ces divers appareils, le télégraphe seul a été conservé dans la pratique : on a là un véritable moteur mû par l'électricité, et analogue à une roue hydraulique; mais dans ces appareils, on a rendu les organes excessivement mobiles; on a réduit l'électricité à donner uniquement le signal d'agir à certains mécanismes entièrement indépendants; ce n'est pas là l'idée qu'on se fait ordinairement des moteurs. Il est important néanmoins de constater que quoique les télégraphes ne soient pas propres à produire de puissants effets, la question des moteurs électriques, telle qu'elle a été posée d'abord, est depuis longtemps résolue.

Mais on a voulu aller plus loin; on a voulu avoir un véritable moteur, pouvant s'appliquer aux puissants ouvrages. En considérant que la quantité de charbon enfouie sous le sol n'est pas illimitée et qu'il devra arriver un temps où la houille sera épuisée, on a espéré qu'à la suite de ces recherches le charbon deviendrait inutile, et que l'électricité pourrait nous rendre les mêmes services que la vapeur. Ces espérances sont jusqu'à ce jour mal fondées et elles nous sont interdites par un examen approfondi de la question.

DESCRIPTION DES MACHINES MOTRICES ÉLECTRIQUES

Ce n'est pas que les machines motrices qui ont été imaginées ne soient probablement capables de produire de puissants ouvrages et de vaincre de grandes résistances. Il faut chercher ailleurs la cause de l'insuccès des recherches sur ce sujet.

On peut ramener à trois modèles les divers mécanismes imaginés pour recevoir l'action de l'électro-aimant et transformer le mouvement alternatif en une rotation imprimée à l'arbre de couche.

On a d'abord complété, pour ainsi dire, le *trembleur*, tel qu'on l'emploie dans les télégraphes et les machines d'induction. La tige, soulevée par l'électro-aimant et retombant par son propre poids, est animée d'un mouvement de va-et-vient continuel : elle est attachée à une bielle qui fait tourner un arbre de couche et un volant.

Le second modèle a été combiné par M. Page; mais la machine la plus remarquable, fondée sur ce principe, est celle que M. Bourbouze a construite, pour la faculté des sciences de la Sorbonne. Deux bobines d'électro-aimant attirent successivement deux tiges de fer doux; placée à l'extrémité d'un balancier, chacune d'elles s'a-

Fig. 55. — Moteur électrique de M. Bourbouze.

baisse à son tour et vient plonger dans l'intérieur de la bobine. Lorsque le courant passe d'un côté, l'électro-aimant étant aimanté, attire le fer doux et le balancier s'abaisse; lorsque le courant passe dans la seconde bobine, l'autre extrémité du balancier s'abaisse à son tour. Pour rendre la force plus considérable, les bobines sont doubles; et, à chaque extrémité du balancier, est suspendue une sorte de fourchette, dont les tiges de fer doux sont les dents. Le balancier est lié avec une bielle qui fait tourner un volant. La pile est enfermée dans le support de l'appareil; elle communique par des fils avec une pièce particulière, destinée à interrompre le courant et à le lancer alternativement dans chaque couple de bobines. Cette pièce consiste simplement en deux morceaux de fer séparés par une plaque d'ivoire; un petit curseur métallique glisse sur la plaque et vient s'appuyer à la fin et au commencement de la course, tantôt sur le premier morceau de fer, tantôt sur le second, et le courant est ainsi lancé d'un côté ou de l'autre. Le curseur métallique est guidé par un excentrique disposé comme celui qui guide les tiroirs dans la machine à vapeur.

Cette disposition avait déjà été employée par M. Becquerel pour mesurer la force de l'électricité. Le balancier n'est autre chose que le fléau d'une balance, et sur l'un des plateaux on mettait des poids jusqu'à ce que l'équilibre eût lieu entre l'attraction de l'aimant et la pesanteur.

Le troisième modèle d'électro-aimant est dû à M. Froment, qui était à la fois un savant et un constructeur. L'électro-moteur qu'il a construit peut servir de type aux appareils du même genre; et si jamais on emploie des machines à électricité, ce seront probablement celles de M. Froment. Une roue en bois porte incrustés régulièrement sur son contour huit contacts en fer; autour de cette roue se trouve un châssis supportant également six couples d'électro-aimants fixes. (Pour que la figure ci-contre soit compréhensible, la partie supérieure du châssis a été enlevée, et on n'a montré que les quatre électro-aimants inférieurs.) Quand le courant est lancé dans une de ces bobines, le contact de la roue est attiré et tend à descendre pour se placer précisément en face. Mais aussitôt que le conctact est arrivé dans cette position, le courant a laissé cette bobine pour aller dans la supérieure, laquelle se comporte de la même façon. Comme les six électro-aimants agissent dans le même sens, la roue tourne et la rotation en est continue.

Il suffit que lorsque le contact s'est trouvé en face de l'électro-aimant, et qu'il l'a légèrement dépassé en vertu de sa vitesse acquise, le courant soit arrêté et lancé dans une autre bobine. M. Froment a donc placé sur l'axe de rotation un interrupteur, qui a pour mission de retirer le courant au moment convenable et de le lancer successivement dans chaque couple de bobines. Il n'y

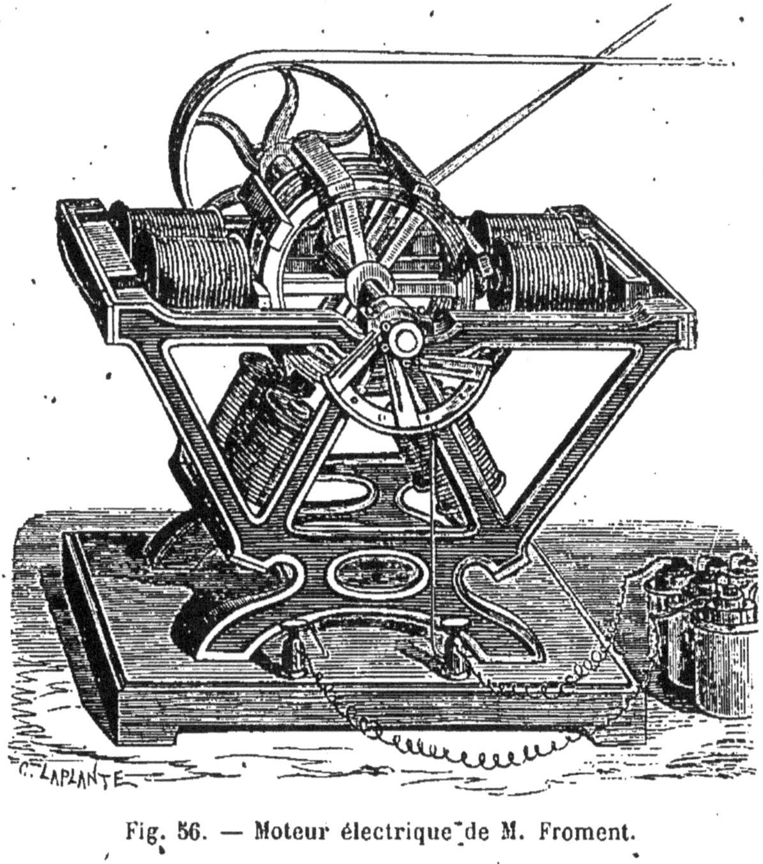

Fig. 56. — Moteur électrique de M. Froment.

a jamais alors que les deux électro-aimants opposés qui agissent en même temps, et il ne peut pas se faire qu'un contact se trouve attiré à la fois par la bobine inférieure et la bobine supérieure, cas dans lequel la roue s'arrêterait.

La roue est très mobile et les contacts ne touchent pas les armatures des électro-aimants. Cet électro-moteur a été très étudié par M. Froment et par tous les autres savants qui se sont occupés de la question : c'est sur cette machine qu'ont été faits tous les essais et toutes les mesures; et comme la construction n'en laisse rien à désirer, comme le mécanisme en est parfait, les résultats trouvés ne doivent être modifiés que dans un certain sens pour s'appliquer aux autres machines, beaucoup moins soignées que celle-ci.

Une chose frappe tout d'abord lorsqu'on voit fonctionner une pareille machine, c'est que la roue semble pouvoir acquérir une vitesse infinie. Elle tourne entre ses électro-aimants, et à peine la voit-on, tant elle est vive et rapide; mais en revanche, une petite résistance suffit pour l'arrêter ou du moins la ralentir considérablement. Dans une machine ordinaire, le doigt seul placé sur la poulie l'arrête et l'empêche de tourner. Dans les machines les plus fortes qu'a construites M. Froment, il faut pour entraver le mouvement une résistance plus grande, mais qui n'est pas encore considérable. L'électricité, telle que nous savons la produire, se refuse encore à tout travail mécanique.

CONDITIONS D'UN MOTEUR ÉLECTRIQUE

Cet effet singulier de la roue d'un électro-moteur a été cause qu'on a étudié avec un soin minutieux les diverses parties de l'appareil.

On sait que l'aimantation produite par un courant est d'autant plus forte que le nombre de tours faits par le fil est plus considérable et que le fil lui-même est plus épais. On a trouvé, à l'aide de l'expérience et de tâtonnements méthodiques, la relation qui existe entre la longueur du fil et la puissance de la pile. La grosseur du fil, au contraire, ne paraît pas devoir être limitée. Aussi les électro-aimants de ces machines sont faits avec un fil épais, et d'une longueur déterminée par la connaissance du débit de la pile.

On sait encore qu'un morceau de fer peut recevoir une quantité de magnétisme d'autant plus considérable qu'il est plus lourd et plus gros. En conséquence, pour les armatures mobiles, c'est-à-dire les contacts incrustés sur la roue, on prendra des morceaux de fer doux suffisamment gros. Si ces contacts sont trop légers, ils seront aimantés immédiatement et le surcroît de force de l'électro-aimant sera perdu; s'ils sont trop lourds, la roue sera difficile à manier. Il y a donc encore une relation établie entre la grosseur du fer et la puissance de la pile.

Un organe, une partie quelconque de l'éléctro-moteur, quelque minime que soit son action, a été ainsi étudié soigneusement, en détail et dans l'ensemble. Lors de l'Exposition universelle de 1855, une commission, composée des hommes les plus éminents dans la science et l'industrie, et présidée par M. Wheatstone, le véritable inventeur de la télégraphie, fut chargée d'étudier cette question et de donner son avis motivé. A la suite de comparaisons nombreuses et consciencieuses faites en grande partie par M. Ed. Becquerel, le problème a été posé de la façon la plus catégorique.

Ce n'est pas la forme de l'électro-moteur, ce n'est pas la machine en elle-même qu'il faut trouver ou perfectionner; ce qu'il faut modifier, c'est la pile, le générateur de l'électricité. Les machines actuelles paraissent à peu près parfaites dans l'état de nos connaissances, il ne reste plus qu'à produire une électricité convenable et à bon marché. Car, il faut bien le reconnaître, telle que nous savons l'engendrer, l'électricité est d'abord trop chère et ensuite trop indépendante de notre volonté. Nous ne sommes pas assez maîtres des conditions dans lesquelles elle se produit et de la manière dont elle se comporte. Elle nous échappe pour accomplir des travaux inutiles, des effets que nous ne recherchons pas. On avait ainsi trouvé qu'il n'y a jamais que la moitié de l'électricité qui agit comme force motrice, le reste est perdu pour nous.

DE LA PILE

On emploie le plus souvent la pile de Bunsen, comme étant celle qui fournit une grande quantité d'électricité pendant un temps assez long. Elle se compose d'un vase en verre V qu'on remplit d'un mélange d'eau et d'acide sulfurique. Dans ce liquide on fait plonger un cylindre Z de zinc amalgamé, comme dans les piles qui ont déjà été décrites; puis un vase poreux D plein d'acide nitrique, liquide âcre et brûlant, qu'on appelle quelquefois l'eau forte; enfin au centre, un morceau C de charbon de cornue à gaz, qui est à la fois très dur et très poreux, et qu'on emploie beaucoup en électricité soit pour la pile, soit pour la lumière électrique. Le zinc est toujours le pôle négatif —, et le charbon le pôle positif +.

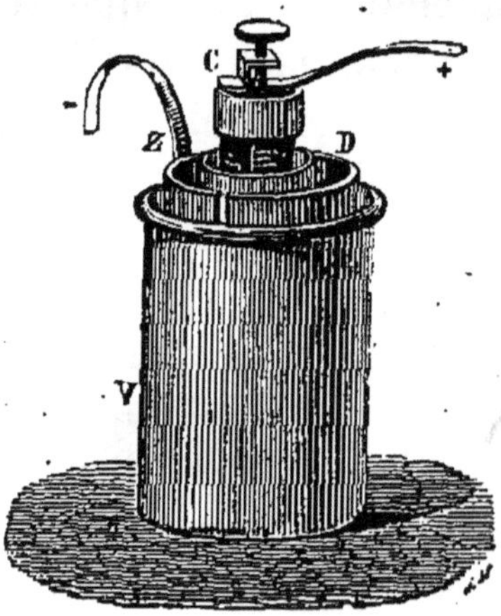

Fig. 57. — Pile de Bunsen.

La quantité d'électricité produite est assez considérable, et elle l'est d'autant plus que le zinc est plus fortement attaqué par l'acide sulfurique. On a reconnu que, pour les moteurs électriques, il fallait employer, pour être dans les meilleures conditions possible, des piles dont le vase poreux fût très large et très mince.

On a trouvé encore que, pour obtenir le travail de 1 cheval-vapeur, c'est-à-dire le travail qu'accomplirait la machine à vapeur la plus faible que l'on ait l'habitude de construire, il fallait que la pile consommât 2 kilogrammes de zinc par heure. Le kilogramme de zinc coûte, en moyenne, 80 centimes; de plus, comme les acides, sulfurique et azotique, s'épuisent, il faut les renouveler souvent, et la dépense seule des acides est évaluée à 2 fr. 10 par heure, ce qui fait que, pour obtenir 1 cheval électrique, il faut dépenser 3 fr. 70 par heure. Avec le charbon ordinaire, pour faire marcher une bonne machine ordinaire et obtenir 1 cheval-vapeur, on dépense environ 10 centimes.

Voilà donc une impossibilité matérielle : le prix de l'électricité est trop élevé. Il faut modifier la pile. Or, il y a deux moyens d'y parvenir. On peut d'abord chercher des corps qui, en se détruisant, produisent de l'électricité, et qui ne seraient pas plus chers que le charbon; c'est ainsi qu'on a essayé divers corps; le fer a été substitué au zinc, et le fer est à bien meilleur marché; mais il donne moins d'électricité que le zinc et il a encore besoin d'acides; les essais tentés n'ont donc pas abouti quelques nombreux qu'ils aient été.

On peut donc, d'autre part, chercher à utiliser les immenses quantités de sulfate de zinc produites dans les piles de Bunsen. Parmi les raisons qui font vendre le charbon à si bon marché, il faut comprendre l'utilité qu'en ont les cendres : on en retire la potasse; ou l'on en fume les terres. Or le sulfate de zinc est complètement perdu; à peine s'en sert-on en pharmacie pour les maladies des yeux et quelques autres. Mais on n'en use ainsi que des quantités infiniment petites; tout le reste est rejeté, ou doit subir encore de coûteuses manipulations pour redevenir du zinc métallique. Si l'on parvenait à trouver une application industrielle à cette substance, si on pouvait la vendre facilement et à un prix raisonnable, la transformation du zinc en sulfate serait une opération pratique. Si, par exemple, le sulfate de zinc coûtait 3 fr. 70 le kilogramme, la pile deviendrait un générateur de cette matière; et l'électricité serait recueillie par-dessus le marché; elle ne coûterait plus rien. On rentrerait alors dans les mêmes conditions que pour la fabrication du gaz d'éclairage. De la houille on retire le gaz; puis on vend le coke, les goudrons, les eaux vannes; et la vente de ces résidus de la distillation est assez avantageuse pour que le gaz en lui-même ne coûte presque plus rien. Combien plus cher serait le gaz d'éclairage, si le coke n'avait aucun débouché? il y a là une trouvaille à faire, une découverte à exploiter, et aussi une fortune à conquérir.

Mais, à côté de cette impossibilité matérielle qui résulte de l'état actuel des choses, il y en a une autre plus grave, plus sérieuse, une impossibilité théorique, qui sera, il faut l'espérer, également résolue un jour.

TRANSFORMATION DU TRAVAIL

On ne saurait passer à côté de ce grand fait sans s'y arrêter; et je crois nécessaire d'exposer ici les principes de la transformation du travail des forces, principes qui dirigent aujourd'hui toute la science moderne et lui ont déjà fait faire de si nombreux progrès.

L'homme est un composé d'organes, et les diverses forces de la nature ne se révèlent à lui que parce qu'elles affectent ses organes en lui procurant une sensation spéciale. Avec nos cinq sens, nous pouvons percevoir cinq sensations élémentaires, différentes les unes des autres. Selon qu'un corps affecte tel ou tel de nos sens et de nos organes, selon qu'il nous donne une certaine impression, nous lui attribuons une propriété correspondante. Comme nous avons, avant tout, conscience de nous-même, nous avons d'abord rapporté chacune de nos sensations à une cause particulière, de sorte que nous avions introduit dans la nature autant de forces diverses que nous pouvions apercevoir d'effets différents. Autrefois les savants eux-mêmes séparaient nettement les propriétés lumineuses du soleil de ses propriétés calorifiques; ils ne considéraient pas que si le soleil existe, c'est qu'il possède à la fois toutes ses propriétés, et que les abstractions de notre esprit n'ont aucune réalité naturelle; il ne leur était pas venu à la pensée que la différence de nos sensations provient : non point de la cause première, mais de la diversité des organes qui reçoivent ces impressions.

Aujourd'hui on admet que les rayons solaires sont uniques et non point formés par la superposition des rayons chauds et des rayons lumineux; on admet que la chaleur est une lumière trop peu intense pour être vue, et que la lumière est une chaleur trop aiguë pour être perçue par notre corps tout entier. Ainsi les vibrations graves ébranlent la masse de nos membres, et les sons plus élevés ne sont sensibles qu'à notre oreille. Bien plus, nos organes sont trop bornés pour distinguer toutes les propriétés du soleil; il a fallu inventer un organe, nous munir d'un sens artificiel pour connaître les propriétés chimiques et phosphorogéniques de ces rayons, et la photographie n'est que la traduction pratique de ces découvertes de la science. Le pouvoir d'affecter les plaques daguerriennes est une sorte de lumière trop aiguë pour être sensible à notre rétine. De longues séries d'expériences démontrent jusqu'à l'évidence ces faits que je ne puis qu'énoncer ici.

Les forces mécaniques et le son, la chaleur et la lumière, les actions chimiques, l'électricité et le magnétisme ne sont que les diverses apparences d'un seul et même travail qui, en passant à travers divers instruments, produit des effets variés. Une certaine quantité de *force vive* est répandue dans l'espace et engendre tous les phénomènes; elle anime l'univers, et c'est elle qui donne aux mondes leur mouvement et leur vie. Ainsi notre intelligence peut s'élever jusqu'à ces régions sereines d'où nous contemplons les éternelles lois de la nature; elles se déroulent devant nous dans leur harmonie simple et majestueuse, et l'homme qui les a devinées et comprises peut chercher avec confiance ce qui est encore inconnu.

L'électricité est une transformation de cette force vive : c'est une des nombreuses formes sous lesquelles elle se révèle à nous. A son tour, elle peut se transformer et affecter nos divers organes. Tantôt elle fait contracter nos muscles et transporte brutalement des fardeaux, nous apparaissant ainsi comme une force mécanique; tantôt elle produit des impressions de chaleur et de lumière, et se manifeste par ces différentes sensations; tantôt elle ébranle l'air, et nous entendons le bruit de l'étincelle; tantôt enfin elle détermine des actions chimiques. Tous ces divers effets ont été utilisés dans les arts; pour le premier seul, la transformation de l'électricité en force mécanique n'a pu encore arriver à rendre des services pratiques.

Si l'électricité se présente sous des aspects si variés, nous savons aussi la produire d'un grand nombre de manières. Dans les piles ordinaires on laisse corroder le zinc par l'acide sulfurique, et cette action chimique donne des courants utilisés pour la télégraphie, la lumière, la galvanoplastie. Mais il est des piles où la chaleur donne naissance à des courants électriques (piles thermo-électriques); d'autres où l'électricité n'est que de la lumière transformée (actinomètre électro-chimique de M. Ed. Becquerel); d'autres enfin où la force mécanique engendre de puissants effets électriques (machines d'induction). De quelque source que proviennent ces électricités, elles sont identiques, car elles se présentent toujours à nous avec les mêmes propriétés.

Aucun des faits que nous observons dans la nature n'est simple, aucun ne doit être rapporté à une seule des manifestations du travail. Les divers effets, mouvement, chaleur, lumière, action chimique ou électricité, ne se montrent jamais isolés ou indépendants, ils s'accompagnent; et si, dans la plupart des phénomènes, l'un d'eux est prédominant et nous cache les autres, c'est que nos organes ne sont pas assez délicats pour saisir de faibles nuances. Mais, à mesure que la science se complète, les appareils, rendus plus sensibles, deviennent pour nous de véritables organes artificiels.

On ne peut pas produire un seul de ces effets sans en faire en même temps apparaître quelques autres. A peine sait-on rendre l'un d'eux prédominant; mais les autres existent avec lui; ils existent et ils détournent de l'effet principal une portion de la force. Aussi le travail utilisé est-il toujours plus faible que le travail dépensé.

Voyez une machine à vapeur, et examinez bien ce qui se passe dans la production et dans l'application de la vapeur. La combustion du charbon est une action chimique qui engendre une certaine quantité de force : deux effets au moins nous révèlent cette combustion : la chaleur et la lumière du foyer. La lumière et les autres effets inconnus sont perdus et ne servent point au but que nous cherchons; la chaleur seule est utile, et encore se divise-t-elle en plusieurs parties : l'une, abandonnée aux cendres ou restant dans les fumées, ne produit de même aucun résultat; l'autre, la seule utile, s'enferme, pour ainsi dire, dans l'eau, et transforme celle-ci en vapeur. Ainsi, pour la génération seule de la vapeur, on perd inutilement une notable portion du travail produit par la combustion. Ce n'est pas tout encore. Cette vapeur agit sur le piston et entretient ou accélère le mouvement de la locomotive. Mais ce n'est là qu'un seul effet; une portion de la force est détournée du but final pour vaincre la résistance de l'air; le frottement des essieux contre leurs supports et celui des roues contre les rails. Cette portion perdue nous réapparaît sous forme de mouvement imprimé à l'air, et sous forme de chaleur laissée sur les rails et sur les essieux. Donc, par l'application seule de la vapeur, on perd encore inutilement une notable portion du travail mécanique produit.

D'après les expériences des ingénieurs, on n'utilise réellement comme force mécanique accélérant le mouvement des trains que les trois quarts de la force produite par la génération de la vapeur.

Il en est de même de l'électricité. Lorsqu'on la développe dans un générateur spécial, on ne l'obtient pas isolée. L'action de l'acide sulfurique sur le zinc ne donne pas uniquement des courants électriques : les liquides s'échauffent, l'eau traversée est décomposée, des circuits partiels se forment en dehors des pôles; et ces dégagements de chaleur, ces décompositions accessoires, ces productions de courants secondaires affaiblissent considérablement l'électricité engendrée. Nous ne sommes pas assez maîtres des conditions très complexes, des circonstances très multiples qui accompagnent la formation de l'électricité, ou qui lui sont nécessaires; nous sommes obligés de subir ces pertes inutiles, ces résistances passives.

De plus, le courant que la pile envoie dans le fil éprouve encore dans le parcours des pertes notables. — Le fil oppose au passage du courant une certaine résistance, sorte de frottement rendu sensible par l'échauffement du conduit. Cette résistance passive est diminuée par le choix des fils épais qui sont pour ainsi dire plus perméables au courant. — L'électricité ne remplit pas tout le fil à la fois, et les parties qui seront électrisées les dernières sont dès le début soumises à l'induction des parties qui ont déjà reçu le courant : il se développe ainsi dans le fil conducteur des *extra-courants*, des flux d'électricité contraires au flux principal et diminuant considérablement l'énergie et les propriétés de celui-ci. — Lorsque, par une transformation mystérieuse, l'électricité apparait sous forme de magnétisme, lorsque l'armature attirée pour commencer le mouvement élémentaire de va-et-vient se rapproche de l'électro-aimant, les phénomènes d'aimantation se compliquent; l'armature mobile réagit sur l'armature fixe; des courants induits sillonnent les fils et les métaux; et de ces actions complexes le résultat est encore un affaiblissement du courant principal. — Enfin, chaque fois que le courant est interrompu pour la nécessité de l'appareil, on remarque une petite étincelle jaillissant sur l'interrupteur entre les parties métalliques qui se séparent. Cette étincelle est un phénomène de chaleur et de lumière, et l'électricité occupée à produire ces effets est perdue pour l'aimantation finale.

Telles sont les principales pertes que subit un courant destiné à agir sur un électro-aimant. Chacune d'elles serait peut-être assez faible pour être négligée sans grand inconvénient, mais leur ensemble distrait du courant moteur une notable portion. L'effet de ces travaux secondaires est tellement nuisible, que la moitié seule de l'électricité envoyée dans le fil est utilisée pour le mouvement, l'autre moitié étant absorbée par les résistances passives. Nous aurions donc beau produire des quantités énormes d'électricité, aussitôt qu'il faudrait les appliquer à un travail mécanique, elles disparaîtraient et nous donneraient de la chaleur, de la lumière, des extra-courants, toutes choses que nous ne rechercherions pas et qui nous seraient dommageables. Nous ne pouvons pas forcer l'électricité à se transformer selon nos désirs : nous ne savons pas encore pourquoi elle affecte une forme plutôt qu'une autre.

Que faut-il conclure? Rien encore. Le problème est posé; les deux difficultés sont nettement établies; la solution est attendue. Dans l'état actuel de la science, le moteur électrique, tel qu'on l'avait espéré, est impossible, mais il est permis de croire que cette impossibilité n'est pas absolue et qu'elle disparaîtra un jour.

QUELQUES MACHINES MUES PAR L'ÉLECTRICITÉ

En 1834, M. de Jacobi, l'illustre physicien russe, construisit le premier moteur électrique. Puis, par l'ordre du czar, il adapta sa machine à une chaloupe et se servit de l'électricité pour faire tourner les palettes de la roue. Vers 1838, cette chaloupe, contenant douze personnes, put remonter la Néva, marchant pendant plusieurs heures contre le vent et contre le courant : elle était mue par l'électricité. Ce fut alors un immense cri d'admiration. De cette époque date la vogue des électromoteurs.

Cette machine, à rouages assez compliqués, servit à M. de Jacobi pour faire des études sérieuses. Elle était servie par une énorme pile de 128 couples, et le courant produit était immense. On put parvenir, avec ce courant à rougir immédiatement un fil de platine long de 2 mètres et épais comme une corde à piano. Pourtant malgré son excessive puissance électrique, cette machine n'avait que trois quarts de cheval-vapeur, et M. de Jacobi resta dès lors convaincu que, dans l'état actuel, de pareils moteurs étaient impraticables. La pile employée pour cette expérience était tellement puissante, que les vapeurs jaunâtres et vénéneuses de l'acide nitrique sortaient par la cheminée de dégagement aussi drues et aussi épaisses que les fumées du charbon. On peut juger par là de la somme que dut coûter cette mince force mécanique de trois quarts de cheval.

Malgré cet insuccès bien constaté, malgré les difficultés théoriques et pratiques qui rendent l'emploi de l'électricité si désavantageux, on construit pourtant quelquefois des machines que cet agent fait mouvoir. On peut trouver un avantage à employer cette force, et il peut arriver que le prix de revient soit largement compensé par l'utilité que l'on en retire. Nous citerons comme exemples le télégraphe et certains jouets, dont l'usage est maintenant très répandu : ainsi l'on voit souvent entre les mains des enfants des pompes à eau mues par l'électricité. En réalité, on se garde bien d'atteler un moteur électrique aux pompes, quelles qu'elles soient.

C'est à cet ordre d'idées qu'il faut rapporter le tambour magique. Un tambour est suspendu en l'air : il rend des sons; il bat la charge et exécute tel roulement qu'on

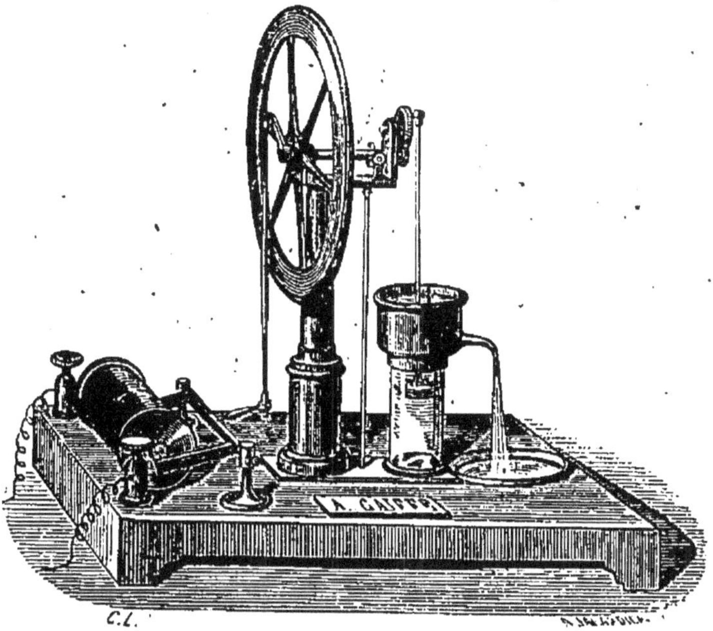

Fig. 58. — Pompe mue par l'électricité.

lui ordonne; les sons suivent le commandement, ils s'accélèrent ou se ralentissent, quoique personne n'approche du tambour. C'est un petit courant électrique qui fait tout ce bruit. Parmi les fils qui suspendent le tambour, il en est un qui est en métal recouvert de soie : il communique avec un électro-aimant placé à l'intérieur du tambour; quand le courant passe, l'électro-aimant attire son armature et fait jouer les baguettes placées à l'intérieur; quand le courant ne passe pas, les baguettes s'arrêtent. Une personne cachée à vos yeux entend vos ordres; selon le commandement, elle lance ou arrête le courant; en réglant les interruptions, elle peut obtenir le roulement que l'on veut.

L'électricité est encore employée pour les machines à dévider, où il n'est pas nécessaire d'une force considérable, mais où une grande vitesse est utile : ce qui est l'une des qualités essentielles des moteurs électriques.

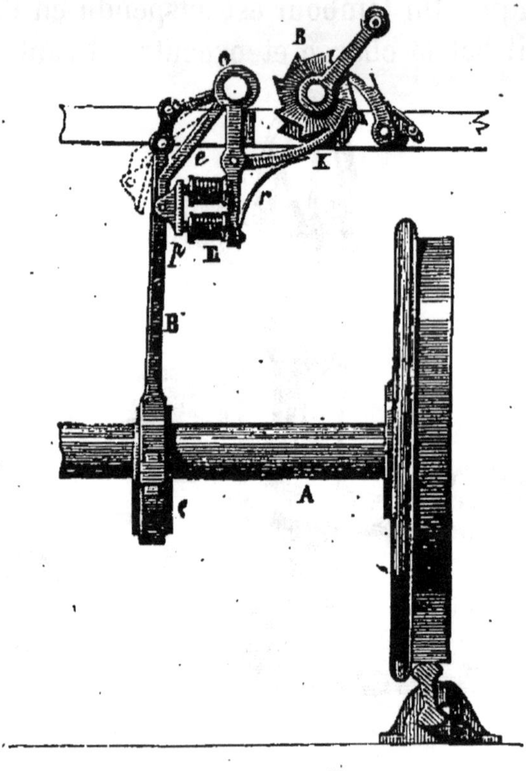

Fig. 59. — Frein électrique Achard.

Mais le principal rôle de l'électricité est surtout de donner aux mécanismes le signal d'agir, comme elle fait dans les télégraphes. Ainsi on a construit un modèle de métier Jacquart pour tisser les étoffes, où l'électricité, lancée à propos, lorsque les trous de certains cartons se présentent, donne au fil le signal de s'abaisser ou de se relever pour exécuter les dessins.

Je citerai, comme dernier exemple, le frein électrique

de M. Achard, ingénieur français, pour le désembrayage des freins des convois en marche. L'essieu A du wagon porte un excentrique C, qui donne à la bielle B un mouvement de va-et-vient. Ce mouvement se transmet par un levier coudé à un axe O, et par celui-ci à un levier E et à une palette *p*, servant d'armature à un électro-aimant. Tant que le courant ne passe pas, la palette *p* oscille devant E, prenant tantôt la position *p*, tantôt une autre position, indiquée en traits pointillés sur la figure. Lorsque, à un moment donné, le mécanicien ou le garde frein lance le courant dans l'électro-aimant E, la palette *p* est fortement attirée, et l'électro-aimant se met à osciller avec la palette *p*. Ce mouvement de E produit le désembrayage du cliquet K, qui agit par la roue B sur le frein du train en marche.

TRANSPORT DES FORCES

Depuis quelques années, on a essayé d'aborder le problème d'un autre côté. L'électricité, avons-nous dit déjà, n'est qu'un emmagasinement particulier des forces mécaniques. De quelque façon qu'elle soit produite, une quantité déterminée d'électricité représente un certain nombre de kilogrammètres, ou d'unités de travail mécanique. C'est à nous à recueillir ces kilogrammètres et à leur faire exécuter le travail le plus profitable possible. Nous venons de voir qu'en appliquant directement l'électricité à une machine motrice, nous perdions de grandes quantités de travail, soit que les machines motrices ne soient pas encore bien appropriées à l'usage que nous voulons en faire, soit pour toute autre raison.

Cependant une expérience intéressante peut nous indiquer une voie nouvelle pour faire ses recherches. Si l'on prend deux machines d'induction, des machines Gramme, par exemple, on fait tourner une d'elles rapidement; on obtient ainsi un courant électrique. En lançant ce courant dans la seconde machine, on remarque que celle-ci se met à tourner avec une vitesse égale à la première et en sens contraire. Si nous voulons l'empêcher de tourner, il faudra peser sur le frein avec une certaine force; et l'on peut ainsi mesurer le travail mécanique récolté par cette seconde machine. Si nous l'empêchons de tourner, et si le fil de communication qui réunit les deux machines par lequel passe le courant est assez fin, ce fil va rougir aussitôt; et l'on voit alors le travail mécanique donné à la première machine transformé en électricité, et celle-ci transformée à son tour soit en travail mécanique récolté par la seconde machine, soit en chaleur récoltée par le fil de communication.

Mais récoltons du travail mécanique; la première machine reçoit directement l'action de la vapeur, et produit le courant électrique qui va faire marcher la seconde machine : celle-ci peut être placée très près de la première, ou très loin; les fils qui réuniront les deux machines peuvent être droits ou courbés : cette seconde machine n'en marchera pas moins. Nous obtenons ainsi un résultat important. Une force mécanique peut être transformée en électricité, dans un endroit quelconque; puis le courant électrique produit est porté par des fils, sur un autre point, là où se trouvent les machines outils; et une seconde machine de Gramme, identique à la première, recevra le courant, et fera par sa rotation, marcher la machine motrice des outils de l'atelier. Nous évitons ainsi les courroies, les arbres, etc., etc., toutes transmissions mécaniques qui ne peuvent conduire la force qu'à un point assez rapproché, et qui sont soumises à des conditions de parallélisme et de précision rigoureuses.

Grâce à la transformation intermédiaire en courant électrique, la force peut être produite en un endroit et consommée en un autre endroit. Il ne faut pas s'imaginer que ce transport de force se fera sans perte. Plus le fil sera long, plus il opposera de résistance ou de frottement au courant, et moins il rendra de l'électrité. Cet inconvénient est plus grave qu'il ne parait au premier abord, et limite rapidement les conséquences de l'idée théorique du transport des forces. C'est se livrer à une imagination peu sérieuse que concevoir aussitôt une usine centrale distribuant la force mécanique à toute la France, etc., Attendons les résultats des études entreprises.

Dès maintenant nous pouvons dire qu'à une distance de 2 kilomètres, on peut transporter 2 chevaux vapeur et recueillir un rendement de 50 pour cent. Voilà à peu près la moyenne des essais tentés jusqu'à ce jour : et il est déjà considéré comme remarquable, bien qu'au point de vue économique il laisse encore beaucoup à désirer.

PILES SECONDAIRES

Le transport des forces par l'intermédiaire de l'électricité a attiré l'attention du public sur tout un ensemble de travaux, qui jusqu'alors, avaient été considérés comme uniquement théoriques. Je veux parler des piles secondaires que M. G. Planté, avec une énergie et une ténacité remarquables, a rendues pratiques et industrielles, et que d'autres ingénieurs ont modifiées d'une manière plus ou moins originale.

Une ancienne expérience, due à un physicien bavarois, Ritter, consistait à faire passer un courant électrique dans un voltamètre, appareil dont on se sert pour décomposer l'eau; il obtenait les deux gaz constitutifs de l'eau, sous les deux petites éprouvettes du voltamètre. Puis alors, il enlevait la pile, et réunissait par un fil à un galvanomètre les deux pôles du voltamètre ; il avait alors, pendant un temps assez court un fort courant électrique inverse du courant générateur, et les gaz se recomposaient pour faire de l'eau. C'est cette expérience que M. Planté a reproduite et rendue industrielle.

Une pile secondaire est une pile qui a été chargée par une pile ordinaire; et pendant cette charge, elle a accumulé des quantités plus ou moins grandes d'électricité, qu'elle rendra ensuite peu à peu et au moment convenable. La pile de M. Planté se compose de deux lames de plomb, larges et roulées ensemble sans se toucher. Cet ensemble des deux lames de plomb est plongé dans un vase plein d'eau acidulée. Quand on fait passer le courant de la pile ordinaire, les deux lames de plomb se recouvrent d'une multitude de bulles gazeuses; elles se polarisent, et elles resteront ainsi pendant un certain temps après la charge. Quand on veut employer ces piles ainsi chargées, on n'a plus qu'à réunir les deux pôles, c'est-à-dire les extrémités des deux lames de plomb, et on obtient dans le fil qui fait cette réunion, un fort courant, produit par la recomposition des bulles gazeuses condensées sur les lames de plomb.

Cet appareil a l'avantage de pouvoir être chargé dans une usine centrale et porté tout chargé au lieu de consommation. On transporte ainsi de l'électricité accumulée, et on lui fera faire les ouvrages que l'on voudra, travail mécanique, lumière, etc. La question qui se pose est celle-ci : Est-il plus économique de porter l'électricité au lieu de consommation par des canaux conducteurs, ou par des piles secondaires ? La question s'est déjà posée plusieurs fois, en particulier, pour l'eau et le gaz. On a remplacé les porteurs d'eau par des canaux fixes à demeure, parce que l'eau est lourde et pénible à transporter en grandes masses, comme l'exigent les besoins de l'industrie. Pour le gaz, on emploie à la fois les deux systèmes : la canalisation fixe et le transport à domicile que fait la compagnie du gaz portatif. Au contraire un agent nouveau *l'air comprimé* qui commence à se répandre dans l'industrie, est comprimé par une usine centrale, dans de grands réservoirs, que l'on transporte à domicile ensuite, et que l'on reprend le lendemain. Quel est le système le plus avantageux? C'est l'expérience qui décidera. Les deux solutions présentent des avantages et des inconvénients.

La canalisation fixe a l'inconvénient d'absorber beaucoup d'électricité; mais le transport des piles secondaires est pénible, car le poids mort, formé de lames de plomb et de vases de verre, est à la fois lourd et fragile. Il n'y a encore en ce moment aucune application sérieuse basée sur l'un ou l'autre de ces modes de transport de la force : il faut attendre les essais qui ne tarderont certainement pas.

LIVRE III

LUMIÈRE ÉLECTRIQUE

CHAPITRE I

PRODUCTION DE LA LUMIÈRE

Ce fut Humphry Davy, cet Anglais illustré par tant de remarquables travaux, qui produisit le premier la lumière électrique. Il se servait d'une pile qui ne comptait pas moins de deux mille couples de Volta; avec cette énorme quantité d'électricité, il obtenait un jet de lumière. On observa alors cette nouvelle source lumineuse; et quand les piles eurent été perfectionnées, quand on n'eut plus besoin d'un si grand attirail, on parvint aisément à l'étudier et à la connaître assez pour en tirer une utilité pratique.

DE L'ARC VOLTAÏQUE

Lorsqu'on approche les deux pôles d'une pile, une série d'étincelles très vives et très brillantes jaillissent entre les pointes, qui ne sont séparées que par un très léger espace. En terminant les fils qui forment le circuit par deux crayons de charbons, ces étoiles, au lieu d'être discontinues et passagères, se confondent et se succèdent sans interruption : cet arc, d'une lumière à peu près constante et très intense, est l'arc voltaïque.

Si les charbons qui forment les pôles étaient trop rapprochés, s'ils se touchaient, le circuit serait continu et l'arc voltaïque ne se formerait plus. Lorsque, au contraire, on éloigne de plus en plus les charbons l'un de l'autre, on voit l'arc lumineux s allonger, s'amincir, diminuer d'éclat; puis on le voit s'éteindre pour ne plus se reproduire, quand la distance est devenue trop grande. Ainsi la première condition pour faire apparaître un arc électrique convenable est de régler avec soin la distance des charbons. Mais ce n'est pas là un résultat facile à obtenir.

Examinons attentivement l'arc voltaïque; et, pour que la lumière éblouissante ne nous aveugle pas, prenons un verre bleu foncé; ou bien encore projetons les charbons enflammés sur un écran, au moyen d'un appareil que nous ferons bientôt connaître. Nous verrons alors comment se compose la lumière électrique. Au commencement, les charbons sont taillés en pointe, les étincelles jaillissent assez faibles; puis bientôt les charbons s'échauffent, ils deviennent rouges, et la lumière est éclatante. On aperçoit une grande-quantité de particules solides incandescentes se transportant de l'un des charbons à l'autre. On voit l'un se creuser et s'évider rapidement; l'autre s'élève et augmente. Ce mouvement continuel de particules de charbon incandescentes, allant d'un pôle à l'autre, signale toujours le redoublement d'éclat de l'arc voltaïque, et on est autorisé à conclure que cette circonstance est nécessaire à la formation de la lumière.

On peut remarquer que le pôle qui se ronge est toutours le même, toujours le pôle positif, quelles que soient la pile et la disposition dont on se serve; le pôle qui s'accroît est toujours le négatif. On dirait encore ici une double pompe : le positif refoule le charbon, le négatif l'aspire.

Mais ce n'est pas seulement le transport des particules incandescentes qui forme l'arc voltaïque. Les charbons s'échauffent, rougissent et brûlent avec vivacité. La lumière qui résulte de cette combustion énergique s'ajoute à celle qui provient du transport des corpuscules; et les deux circonstances réunies, incandescence et combustion de charbon d'une part, transport des particules rouges de l'autre, donnent naissance à la lumière électrique. L'arc lumineux se forme dans l'eau, dans le vide, dans un air quelconque, même dans les gaz qui n'entretiennent pas la combustion; il suffit de rapprocher les charbons au point où le transport de la matière brûlante puisse avoir lieu. Mais, ainsi produit, jamais l'arc voltaïque n'est aussi éclatant que dans l'air, car il n'y a qu'une seule des deux causes précédentes qui soit efficace.

On peut considérer trois sortes de lumière électrique : D'abord elle est produite par un arc voltaïque dont la position est maintenue fixe par un *régulateur;* puis elle est produite par une *bougie*, c'est-à-dire par deux charbons parallèles accouplés; enfin elle est due à l'*incandescence* d'un filament de charbon convenablement préparé et placé dans le vide.

Nous allons étudier à part chacune de ces productions de lumière.

DES RÉGULATEURS PHOTO-ÉLECTRIQUES

D'après la manière même dont est formée la lumière électrique, la distance des pôles ne reste pas constante. En brûlant, les charbons s'usent, et la distance croît à chaque instant; la lumière, d'abord brillante, pâlit de plus en plus, et va bientôt s'éteindre si l'on ne rapproche les charbons. A chaque instant, surtout lorsqu'on veut avoir une lumière toujours également vive et brillante, il faudra rapprocher les pôles et la distance devra rester sans cesse la même. Ce n'est pas là le seul inconvénient.

Non seulement les charbons brûlent et se consument, mais encore l'un se ronge et se raccourcit, l'autre croît et s'allonge. Le point lumineux ne reste donc pas fixe : il suit le charbon qui augmente, il s'élève ou s'abaisse avec lui ; et, après un certain temps, les rayons éclairants n'ont plus ni la même origine, ni la même direction qu'au début.

Ce grave inconvénient eût restreint considérablement l'emploi de la lumière électrique ; car, dans la plupart des cas, on fait de la fixité du point lumineux, parfois une nécessité absolue, et le plus souvent une facilité pour le travail.

La difficulté a été résolue. On a inventé des appareils, des *régulateurs*, pour régulariser la lumière électrique et lui donner les qualités qui lui manquaient.

Ces appareils portent les charbons et en règlent la distance d'eux-mêmes et à chaque instant. Ils reposent tous, et ils sont nombreux, sur le principe même qui est de faire servir l'électricité elle-même à la réglementation de la marche des charbons. On tire ainsi un double avantage du courant, pour la production et la régularisation de la lumière. Cette idée heureuse est due à M. Foucault, l'illustre physicien de l'Observatoire de Paris, dont la mort a laissé un si grand vide dans la science ; les innombrables constructeurs de régulateurs se sont emparés de cette idée pour l'appliquer à leurs appareils.

Un régulateur photo-électrique doit satisfaire à trois conditions essentielles. Il faut que la lumière soit constante et toujours égale à elle-même, pour éviter ces variations rapides de grande clarté et de demi-jour qui fatiguent et ruinent la vue des travailleurs; il faut encore que le rayon dirigé dans un certain sens soit fixe, c'est-à-dire que le point lumineux doit être rigoureusement immobile; il faut enfin que l'on puisse à volonté régler le point lumineux, le monter ou l'abaisser, le diriger sur un point ou sur un autre, sans l'éteindre, comme on fait par une lampe ordinaire. Ces conditions sont indispensables, et tout régulateur qui ne les remplirait pas devrait être rejeté. Du reste, plusieurs des appareils proposés sont très voisins de la perfection.

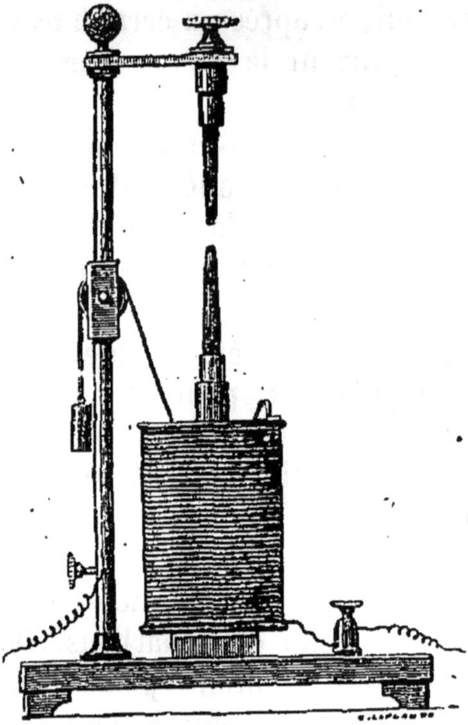

Fig. 60. — Régulateur de M. Archereau.

Je me garderai bien de décrire tous ces régulateurs; ils résolvent le plus souvent le problème difficile et délicat qu'on se proposait.

Pour faire comprendre comment le courant même peut servir à régulariser les distances des charbons, je vais décrire un appareil très simple, très imparfait et qui n'a jamais été sérieusement appliqué; c'est celui de M. Archereau.

Le courant, venant de l'un des pôles de la pile, s'arrête au charbon supérieur que porte une sorte de potence fixe; le charbon inférieur est emmanché dans un support mobile, formé d'une tige de fer doux. Le courant, venant de l'autre pôle, passe dans un électro-aimant, et se rend de là au charbon inférieur. Aussitôt que les charbons sont rapprochés, la lumière jaillit; mais le courant, en passant dans l'électro-aimant, aimante la bobine, et le fer doux est attiré; il descend en entraînant le charbon inférieur; de sorte que, par l'effet de l'électricité, les charbons se séparent et la lumière s'affaiblit. Mais à mesure que l'éloignement des charbons augmente, le courant diminue de plus en plus en intensité, et l'aimantation de l'électro-aimant devient de moins en moins forte; le fer doux, porteur du charbon inférieur, remonte alors sous l'action d'un contrepoids de manière que, par l'effet d'un contrepoids soigneusement choisi, le charbon inférieur tend à remonter. Il s'établit donc un équilibre qui a pour effet de maintenir les deux charbons toujours à la même distance l'un de l'autre.

Cette description montre comment on peut faire régulariser la distance des charbons par l'électricité elle-même. Ce n'est là qu'un des nombreux procédés qui ont été publiés et appliqués. Le procédé a été perfectionné, et je ne le donne ici que comme un exemple très simple de ce que l'on peut faire.

Les deux appareils les plus employés sont, d'un côté, celui de M. J. Dubosq, dont on se sert surtout pour les expériences de physique, les effets de théâtre et dans quelques autres circonstances; de l'autre côté, celui de M. Serrin, qui a été combiné principalement en vue des phares électriques.

RÉGULATEUR PHOTO-ÉLECTRIQUE DE M. FOUCAULT

Il y a quelques années, M. Foucault a inventé un second appareil. Toutes les qualités possibles, toutes les conditions désirables y semblent réunies. L'arc est constant, le point lumineux se règle facilement, l'appareil ne se dérange pas. Si, par une cause quelconque, par la rupture d'un charbon, par exemple, l'arc vient à s'éteindre, le charbon cassé ressort de lui-même sans qu'on soit constamment occupé à surveiller le point lumineux, et l'arc rejaillit aussitôt. Le mécanisme est tellement solide que l'on peut incliner et renverser l'appareil sans altérer la lumière, précieuse qualité pour l'éclairage des vaisseaux.

Les crémaillères qui portent les deux charbons sont mises en mouvement par une roue dentée et un pignon placé sur le même axe. Cet axe peut tourner dans les deux sens, pour rapprocher ou éloigner les charbons, avec une vitesse différente pour chacun d'eux, ce qui est nécessaire puisque le charbon positif s'use environ deux fois plus vite que l'autre. Cette première roue tourne sous l'action d'un double mouvement d'horlogerie commandé par le barillet. Chacun de ces deux rouages, indépendants l'un de l'autre, est muni d'un volant. La tête d'une tige peut venir heurter l'un ou l'autre de ces volants et arrêter par conséquent le rouage correspondant. Cette tige est mise en mouvement par l'électro-aimant et le ressort antagoniste.

Tant que le courant ne passe pas, le ressort l'emporte et la tige embraye le mouvement du recul, les charbons se rapprochent jusqu'au contact, leur position normale au repos. Aussitôt que le courant passe, l'électro-aimant attire l'armature, et la tige vient heurter le volant du rapprochement; le rouage du recul, libre d'agir, fait reculer les charbons, et l'arc électrique se forme. C'est ainsi que la tige cédant au ressort ou à l'électro-aimant selon que le courant est trop faible ou trop fort, laisse les charbons se rapprocher ou s'éloigner selon les variations du courant qui produit la lumière.

A côté de ces parties principales, on trouve également une série de pièces destinées à donner de la sensibilité à l'appareil, ou même des facilités aux personnes qui s'en servent. Mais l'étude complète de ce régulateur nous entraînerait trop loin.

DES CHARBONS

Le régulateur rend constante la longueur de l'arc voltaïque, et la lumière devrait toujours avoir la même intensité; mais, en réalité, cette dernière condition est loin d'être remplie, et il faut en accuser, non plus l'appareil, mais les charbons dont on est obligé de se servir. Les conducteurs de l'électricité pourraient être formés de deux crayons en charbon léger et très pur; mais alors la combustion serait trop vive: les charbons disparaîtraient aussitôt; pour les remplacer, il faudrait perdre beaucoup de temps, et la dépense en serait considérablement augmentée. Il est donc nécessaire de choisir un charbon très dur, très dense, et en même temps très combustible. On prend celui des cornues à gaz.

Lorsqu'on distille la houille pour en retirer le gaz d'éclairage, il reste dans les cornues, d'abord du coke, puis un autre charbon particulier, qui est appelé *charbon des cornues à gaz*. Ce dernier se forme en couches épaisses, noires, métalliques, très dures et très difficiles à tailler; il tapisse le sommet de la cornue, les parties qui ont été les moins échauffées pendant la distillation. C'est cette matière que l'on a choisie pour toutes les applications de l'électricité. Comme tous les charbons, il est bon conducteur de l'électricité; de plus, il est poreux, qualité qui le fait employer dans les piles de Bunsen pour remplacer le cuivre et former le pôle positif; enfin il est très dense et très combustible, ce qui le fait rechercher pour la lumière électrique.

On taille de longs crayons pointus qui serviront de conducteurs; on les adapte au régulateur, aux points où viennent aboutir les pôles; puis le régulateur les fait se rapprocher, et c'est entre les pointes que jaillit l'arc voltaïque. Comme l'éclat de cet arc est dû à la fois au transport des molécules et à la combustion des char-

Fig. 61. — Charbons de la lumière électrique.

bons, tout ce qui contrariera une de ces causes affaiblira la lumière électrique et en diminuera l'intensité.

Or le charbon des cornues à gaz est loin d'être pur; il renferme de petits grains de sable répandus dans la masse charbonneuse et en nombre très considérable. Aussi quand un de ces grains de sable se rencontre à la pointe enflammée du charbon, il ne peut pas brûler, il ne devient même pas incandescent; mais il absorbe une grande quantité de chaleur pour se liquéfier et couler de la pointe supérieure à la pointe inférieure, ainsi qu'on le voit dans la figure 61; la lumière électrique pendant tout ce temps est affaiblie. Telle est la cause des titillations désagréables de la lumière électrique. On dirait une étoile qui scintille; la lumière augmente et diminue brusquement sans qu'on puisse remédier à ces oscillations.

Ce charbon contient encore, en très grande quantité, des fragments de potasse. Lorsque l'électricité atteint ces matières, la grande chaleur développée dans l'arc voltaïque les fait à la fois fondre et brûler. Et la flamme violette et fusante de la potasse change complètement, pendant quelques instants, la nuance de la lumière électrique.

Ce n'est pas encore là le seul inconvénient provenant de l'emploi des charbons impurs : les pointes s'émoussent, et bientôt les crayons sont plats : l'arc lumineux ne jaillit plus alors qu'entre deux surfaces. Quand viendra se présenter un grain de sable en un des points de cette surface, s'il est trop gros pour fondre tout de suite, l'arc quittera ces points obstrués et jaillira entre les points voisins. Ainsi l'arc voltaïque tourne autour des extrémités des charbons, il s'élance tantôt entre deux points, tantôt entre deux autres. Cet effet ajoute encore à la titillation de la lumière électrique, et la rend complètement impropre à éclairer les travaux où il est besoin d'une vue assurée et délicate.

Telle qu'elle est produite aujourd'hui, cette lumière

ne peut être employée qu'à des usages très restreints, où les oscillations ne sont plus qu'un inconvénient : l'éclairage des phares, les effets de théâtre. Pour qu'elle devienne propre à tous les usages, il faut d'abord purifier les charbons et les débarrasser des matières terreuses qui les souillent.

Plusieurs essais ont été faits, quelques-uns ont réussi. Un chimiste, M. Jacquelain, avait fabriqué des charbons qui s'usaient fort peu, et qui cependant, à cause de leur pureté, donnaient une intensité de lumière presque double de celle des charbons ordinaires. Mais il paraît que les procédés de fabrication étaient difficiles et coûteux; M. Jacquelain n'avait obtenu ces produits si rapprochés de la perfection qu'en très faible quantité. On avait également essayé le graphite, c'est-à-dire ce charbon naturel qui est presque aussi pur que le diamant et dont on trouve des mines abondantes dans divers pays. Des expériences furent faites à l'Opéra; mâis on ne leur donna aucune suite peut-être parce que la graphite brûle très difficilement et s'use très vite.

DES BOUGIES ÉLECTRIQUES

A côté de ses avantages incontestables, le régulateur présente de sérieux inconvénients. Il absorbe une grande quantité d'électricité, et ne permet pas la division de la lumière. Or, il est bien clair que si une grande partie du courant électrique est occupée à faire fonctionner l'électro-aimant des régulateurs, la lumière récoltée n'aura pas l'intensité équivalente à la dépense de force produite. La lumière électrique donnée par un régulateur revient donc plus cher que les autres. De plus, comme les régulateurs sont des appareils de précision, sujets à des dérangements, il est impossible d'atteler deux appareils de ce genre sur un même courant; toutes les imperfections de l'un se feront sentir à l'autre, et aucun d'eux ne marchera bien.

Et cependant, si l'on veut répandre de plus en plus la lumière électrique, et l'approprier aux usages domes-

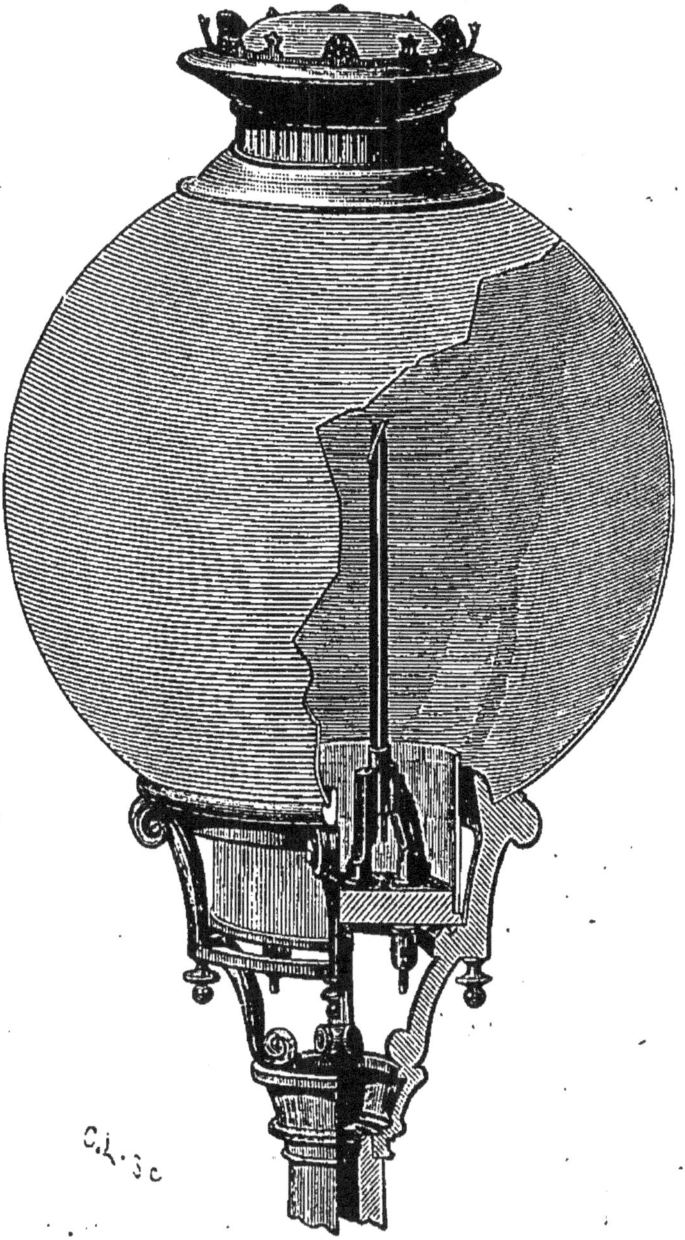

Fig. 62. — Bougie Jabloskoff.

tiques, il est nécessaire de la diviser et de produire plusieurs points lumineux avec un seul courant. A ce point de vue, l'invention de M. Jabloskoff qui supprime le régulateur, et le remplace par une sorte de bougie est très intéressante et très remarquable.

Au lieu de mettre les charbons bout à bout, sur le prolongement l'un de l'autre, M. Jabloskoff les place parallèles entre eux; et l'intervalle qui les sépare et qui maintient leur distance invariable, est formé par une bande de kaolin isolante pour empêcher le courant. Les pointes des charbons sont effilées et réunies entre elles par une sorte de pont charbonneux légèrement conducteur. Le courant s'établit à travers cet intermédiaire qui brûle, et les charbons produisent l'arc électrique horizontal au lieu de le produire vertical. La colonne de kaolin fond à mesure et descend en même temps que les charbons.

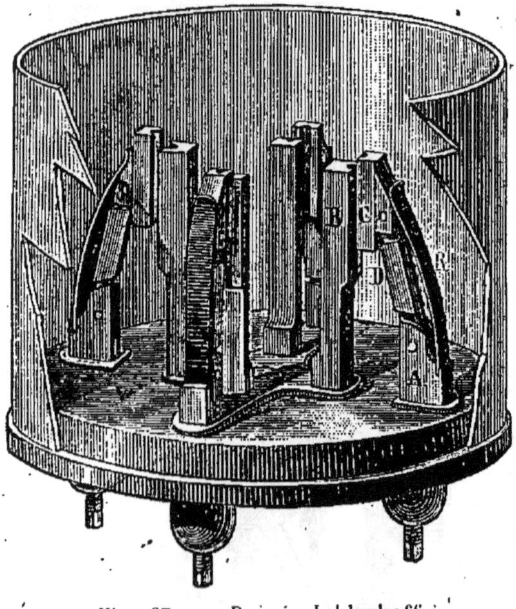

Fig. 63. — Bougie Jabloskoff.

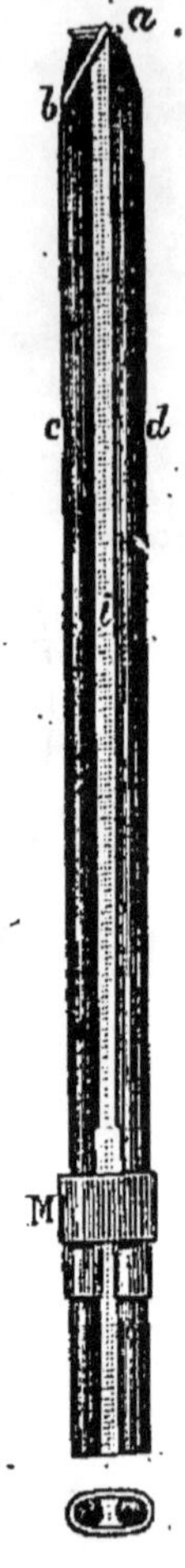

Fig. 64. — Bougie Jabloskoff.

Comme cette fusion de kaolin absorbait encore une partie notable du courant, on a remplacé cette substance par un mélange de baryte et de chaux, mélange plus fusible que le kaolin et tout aussi isolant.

Cette disposition initiale de M. Jabloskoff a été reproduite et imitée par un grand nombre d'inventeurs. (Voir *éclairage électrique* de M. Cazin).

LAMPES A INCANDESCENCE

Nous avons depuis longtemps appelé l'attention des savants sur des essais faits par un savant russe, M. Lodiguine. La disposition que nous avons décrite dès 1872, dans la 2e édition de ce livre, pouvait être considérée comme une véritable lampe à incandescence; et les inventeurs qui sont venus en grand nombre, depuis cette époque, n'ont fait que perfectionner et rendre tout à fait pratique l'invention de M. Lodiguine.

La lampe à incandescence, qu'elle porte le nom de M. Edison, de M. Swann, ou de tout autre, se compose d'un filament de charbon très fin, dont les extrémités sont pincées dans des griffes par lesquelles passe le courant électrique; et celui-ci rend le filament de charbon incandescent, c'est-à-dire lumineux. Si on laissait le charbon dans l'air, le fil combustible aurait bientôt disparu; on est donc obligé d'enfermer le fil qui deviendra incandescent dans des poires de verre, de forme élégante, dans lesquelles on a fait le vide le plus complet qu'il a été possible.

Ces lampes à incandescence ont l'avantage de pouvoir être mises en grand nombre dans un même circuit. On les réunit en lustres, ou bien on les laisse en becs isolés; on peut même les disposer en lampes portatives, les fils qui portent le courant pouvant s'allonger à volonté. Elles commencent à être répandues, et une lampe bien installée peut durer environ 6 mois.

C'est là en effet un des inconvénients de cette lampe incandescente. Sa durée n'est pas indéfinie. Le fil de charbon, sous l'action des courants alternatifs, finit par se désagréger peu à peu. Soit par suite des dilatations et des contractions qu'il est obligé de subir, soit pour toute autre cause, le charbon très tenu, tombe peu à peu en poussière; la poudre charbonneuse tapisse même au bout de quelques mois les parois intérieures du vase de verre, et leur donne un air enfumé.

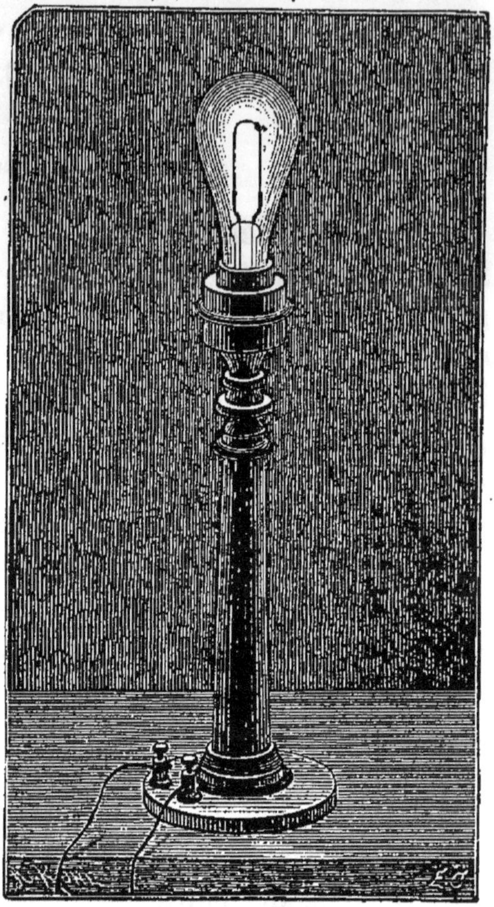

Fig. 65. — Lampe Édison.

Un autre inconvénient de ces lampes, c'est que la lumière qu'elles fournissent est très jaune. Le charbon rougit, devient lumineux; mais il ne devient pas blanc, la lumière qu'il émet reste encore jaune et ne contient que les premières couleurs du spectre. Il faudrait un courant d'une intensité énorme pour amener le charbon à la lumière blanche, et alors les points d'attache n'y résisteraient pas. Il est assez difficile de s'habituer à cette lumière qui est plus jaune encore que celle du gaz d'éclairage ordinaire.

Cette lampe est très apte aux usages domestiques; et elle est ainsi appliquée déjà en Amérique et en Angleterre. Elle commence à se répandre en France.

MACHINE MAGNÉTO-ÉLECTRIQUE

Autrefois on se servait, pour obtenir de la lumière électrique, d'une pile de Bunsen, de 40 ou 50 couples reunis les uns aux autres; le courant qui se dégage se rend au régulateur et de là aux charbons. Le point lumineux peut, comme dans une lampe quelconque, être entouré de globes en verre poli ou dépoli, selon l'effet que l'on veut produire. Lorsqu'on doit se servir de la lumière dans des circonstances toujours semblables, on emploie pour produire le courant une machine magnéto-électrique. On évite ainsi la manipulation coûteuse et désagréable des piles, et on rend véritablement industrielle la production de la lumière électrique, puisque, avec cette machine, l'éclairage coûte moins que l'éclairage à l'huile.

Il n'y avait qu'à renverser la question des moteurs électriques. Transformer l'électricité en force mécanique est un problème insoluble dans les circonstances actuelles; mais la transformation de la force mécanique en électricité est aussi facile qu'économique. Dans la machine de Clarke, par exemple, en tournant une roue plus ou moins vite, on détermine dans une bobine une série de courants induits qu'on peut recueillir et utiliser pour divers usages; le travail mécanique, développé par la rotation de la roue, devient par l'intermédiaire de la machine un travail électrique. C'est sur le principe de l'appareil de Clarke, qu'a été construite la machine dont il est ici question.

Au lieu de n'être composée que d'un seul aimant fixe, la machine magnéto-électrique en contient cinquante-six distribués sur un châssis immobile. Ce châssis est une série de sept tranches octogonales. On a disposé huit aimants très énergiques sur un même plan vertical, un sur chaque côté de l'octogone, et ce plan se répète sept

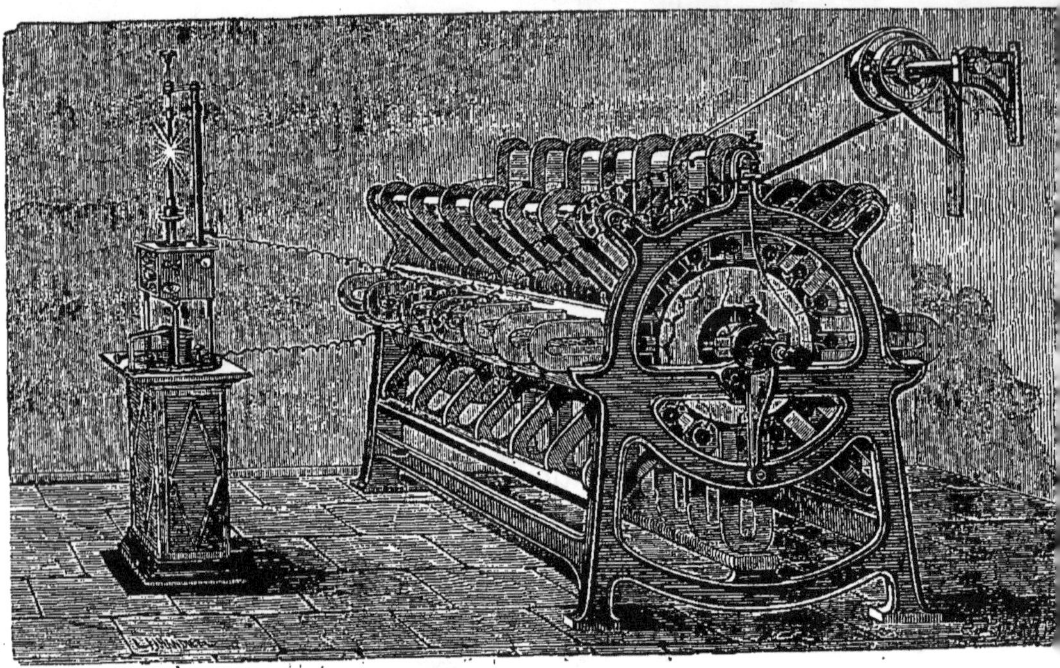

Fig. 66. — Machine magnéto-électrique de la compagnie l'*Alliance*.

fois. Entre les groupes d'aimants passent les bobines ; elles sont formées d'un double fer doux entouré de fils de cuivre recouverts de soie. Au repos, chaque fer doux se place devant un des pôles de l'aimant et forme armature. L'ensemble de toutes ces bobines est porté par un arbre mobile que l'on fait tourner par un moyen quelconque.

Quand l'arbre tourne, chaque bobine s'approchant ou s'éloignant d'un pôle d'aimant fixe, est parcourue par un courant induit très puissant, parce qu'il est instantané. Tous ces courants partiels développés dans chacune des cent douze bobines se réunissent en un seul dont la puissance est énorme ; car on comprend qu'avec des soins et de l'attention, on peut enrouler les fils sur les bobines et les rattacher les uns aux autres de telle façon que tous ces courants aient le même sens, et, par suite, qu'ils se renforcent en s'ajoutant les uns aux autres. Ce courant résultant de l'ensemble est amené au charbon et produit l'arc voltaïque. Les bobines tournant très vite, les courants induits se succèdent à des intervalles excessivement courts, et la lumière est continue.

Plus l'arbre, et avec lui les bobines qu'il porte, tournent vite, plus nombreux sont les courants induits développés, plus ces courants sont courts, plus ils sont énergiques. Toutes ces conditions dépendent les unes des autres. On reconnaît, en effet, que l'intensité définitive de la lumière croît à mesure que la vitesse de rotation augmente, mais que lorsque l'arbre fait trois cent cinquante ou quatre cents tours par minute, la lumière cesse de croître et reste stationnaire. Il se produit alors deux cents courants par seconde : l'œil ne peut certainement plus apercevoir les interruptions de la lumière électrique.

Les courants vont alternativement en sens contraire ; par suite, le transport des particules incandescentes de charbon a lieu tantôt dans un sens, tantôt dans un autre, ce qui fait que les deux charbons diminuent également, puisque leur diminution est seulement due à leur combustion. Cependant, il peut arriver que, pour certains usages, on ait besoin d'employer des courants toujours de même sens; on place alors sur la machine un appareil, dont le rôle est de choisir les courants, de renvoyer les uns et de n'admettre que les autres dans le circuit : ou bien encore, on met un autre appareil, pour redresser les courants qui ne marchent pas dans le sens voulu.

L'intensité du courant est immense. Avec une machine donnant le maximum d'effet on obtient une lumière équivalente à celle de deux cent quatre-vingt-dix mille bougies environ, tant est grande la quantité d'électricité développée. On peut, du reste, apprécier le courant : en le faisant passer à travers un fil de platine assez fin, ce fil rougit et quelquefois il fond. Or, il est facile de mesurer la chaleur produite et d'en conclure l'intensité de l'électricité dégagée.

Il faut mettre en mouvement l'arbre des bobines. On emploie pour cela une petite machine à vapeur. Un travail de deux chevaux-vapeur est plus que suffisant pour faire tourner cet arbre, qui n'est arrêté par aucun frottement, aucune résistance passive. Aussi, dans les usines où il y a des machines à vapeur installées, on peut confier à celles-ci le nouveau travail et leur faire tourner la roue de la machine magnéto-électrique, sans qu'il soit nécessaire de les fortifier ou de les transformer. L'éclairage ainsi obtenu ne coûte donc que le prix du charbon, c'est-à-dire environ 10 centimes par heure; mais il faut compter aussi le prix d'achat des appareils et quelques frais d'entretien qui augmentent naturellement le prix de la lumière électrique.

Cette machine est construite par la compagnie *l'Alliance*, qui s'est formée, il y a plusieurs années, et qui s'est proposé de perfectionner et de construire les machines magnéto-électriques.

MACHINE MAGNÉTO-ÉLECTRIQUE DE GRAMME

Cette machine, bien que construite sur le même principe que la machine précédente, présente pourtant quelques avantages pratiques, tels que simplicité de construction et économie. Son usage se répand de plus en

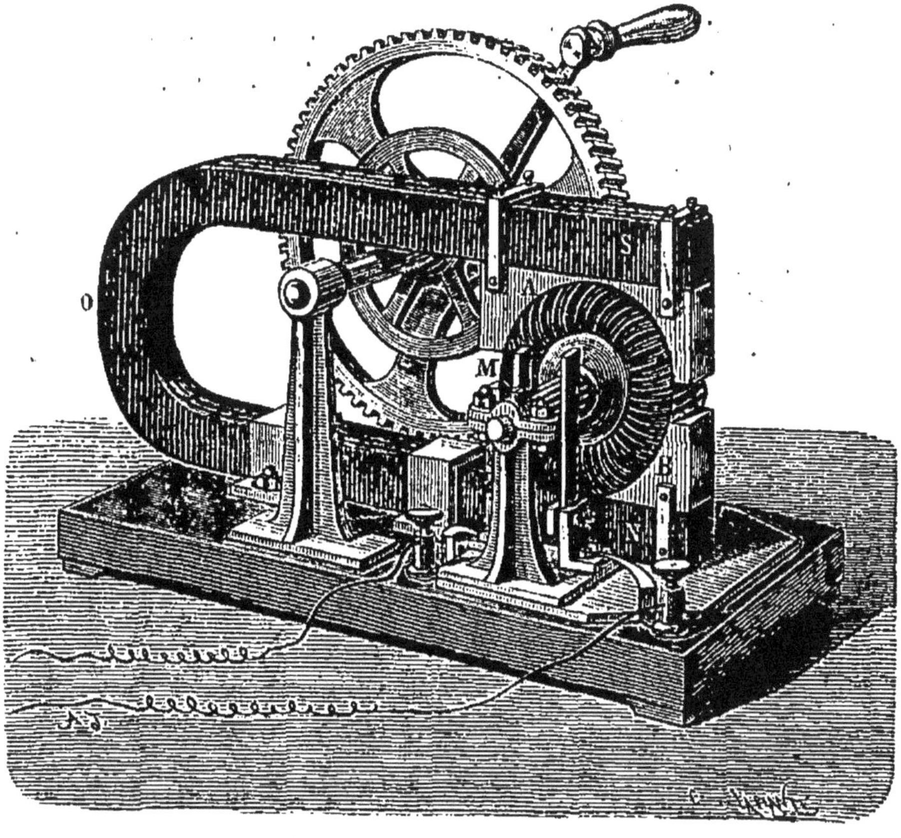

Fig. 67. — Machine magnéto-électrique de Gramme.

plus, surtout dans la galvanoplastie, où elle peut très avantageusement remplacer la pile.

Elle se compose essentiellement d'un aimant en fer à cheval O devant les pôles S duquel tourne un anneau en fer doux M. Chaque point de cet anneau devient tour à tour pôle magnétique, c'est-à-dire que l'aimantation d'un point augmente, devient maximum, puis diminue, devient nulle, et augmente en sens inverse pour diminuer encore, pendant un seul tour de l'anneau.

Cet anneau est entouré de trente bobines de fil, et par suite de l'aimantation variable du fer doux, ces bobines sont constamment traversées par de forts courants induits. Quinze d'entre elles sont traversées par un courant d'un certain sens, et les quinze autres par un courant de sens inverse. Ces deux courants sont recueillis séparément par un procédé analogue à celui qui a déjà été employé dans les machines de Clarke.

Avant de s'enrouler sur la bobine, le fil s'attache à une tige métallique où s'attache également le fil qui sort de la bobine précédente. Donc le courant développé dans une bobine, s'il ne peut pas s'écouler par la tige métallique, parcourt la bobine suivante et renforce le courant induit de celle-ci. Ces trente tiges métalliques tournent entre deux frotteurs qui recueille les courants. On s'arrange de façon que les frotteurs soient précisément en rapport avec les tiges qui correspondent aux bobines où le courant change de sens.

Une forte machine de Gramme bien construite développe à peu près le même courant que 60 à 80 couples de Bunsen. On commence à construire ces machines pour la lumière électrique.

DES PHARES

Chaque soir, les côtes françaises s'illuminent et se ceignent d'un cordon de feux; les navires qui passent au large se guident sur ces signaux, connaissent leur position exacte et peuvent suivre une route certaine. Aucun pays de l'Europe, ni du monde, ne peut rivaliser avec la France pour la régularité de ce service; aucun ne présente un système de phares aussi complet que le nôtre.

Les phares français sont classés en quatre catégories; ceux du premier ordre, espacés d'au moins quatorze lieues marines, indiquent les parages, et guident les vaisseaux qui ne s'approchent pas des côtes; ceux du deuxième et du troisième ordre indiquent les écueils, les baies, les rades foraines; enfin les derniers sont placés aux embouchures des fleuves et à l'entrée des ports. Chacun des phares échelonnés sur les côtes se distingue par une série de signaux particuliers, de sorte que le navire qui passe au large, apercevant les signaux, reconnaît immédiatement le phare et estime sa véritable position. Ces signaux sont de plusieurs sortes.

Les phares à feux fixes rayonnent tout autour d'eux, envoient leur lumière dans toutes les directions, et toujours avec la même intensité. On avait essayé, il y a quelques années, d'en colorer la lumière au moins par instants, afin d'avoir un plus grand nombre de signaux; il y aurait eu des phares à feux rouges ou verts, ou bien des phares se colorant en rouge ou en vert de minute en minute : mais ces systèmes n'étaient pas certains, à cause des impuretés de l'air, qui peuvent changer entièrement les couleurs vues de loin.

Les phares à éclipses sont les plus communs. La lumière, émanée du foyer se concentre en huit rayons uniques, et l'on fait tourner ces rayons autour de l'horizon. Un navire voit d'abord une vive lumière, puis le feu s'éteint; bientôt après le phare s'illumine encore pour s'éteindre aussitôt. La vitesse avec laquelle ces feux se succèdent forme le signe distinctif du phare.

On utilise enfin les phares à feux variés, qui tiennent à la fois des deux précédents. L'horizon tout entier est éclairé; par intervalles apparaît seulement un éclat brillant, un surcroît de lumière, après lequel la lumière redevient ce qu'elle était auparavant; de la succession de ces éclats on a fait des signaux distinctifs.

Jusque vers le commencement de ce siècle, on s'est servi, pour envoyer la lumière, de miroirs courbes, réfléchissant les rayons dans une direction particulière;

ces miroirs tournaient d'un mouvement uniforme. Un éminent physicien français, Fresnel, un de ceux auxquels la science moderne doit le plus, substitua aux miroirs courbes les lentilles à échelons, formées par une série de cercles concentriques en verre bombé, et qui possèdent la propriété de concentrer tous les rayons dans une même direction. Ces lentilles sont d'une construction délicate, mais elles rendent d'immenses services aux phares; grâce à elles, la portée est beaucoup plus considérable que celle des miroirs, et la lumière en est plus nette et plus constante. Au-dessus du foyer est disposé un chapeau conique, formé de prismes en verre qui renvoient, eux aussi, la lumière dans la même direction que la lentille.

Dans les phares à éclipses, la lentille est formée par un tambour octogonal, dont chaque face est une lentille à échelons, telle que celle qui vient d'être décrite, surmontée de son chapeau de prismes. Cette lanterne tourne autour du centre, et la direction dans laquelle la lumière est envoyée tourne avec le tambour : ainsi se forment les éclipses et les éclats. Si le tambour fait un tour par minute, le phare présente huit éclats et huit éclipses dans une minute ; c'est là son signal distinctif. Si le tambour ne tourne pas, la lentille se présente sous la forme d'un véritable cylindre, et le phare est à feux fixes.

Longtemps on s'est servi pour éclairer les phares de véritables feux, et la source lumineuse était un feu de fagots qu'on entretenait soigneusement. Vers 1700, un savant français remplaça ces feux par des lampes à huile, et depuis lors ces dernières ont été grandement perfectionnées. Aujourd'hui on se sert de lampes à double courant d'air : l'huile est poussée à la mèche par une petite pompe mue par un mouvement d'horlogerie, et l'excès retombe dans un vase qui est ainsi toujours plein. Dès que l'huile n'arrive plus en excès à la mèche, le vase se vide, et par suite de cet allégement de poids, il fait sonner une clochette d'appel. Au-dessus de la mèche est une cheminée en verre avec des rallonges pour régler le tirage. Une instruction détaillée enseigne aux gardiens les soins et la direction des feux.

La mèche de la lampe est formée, d'après les études d'Arago et de Fresnel, par 4 mèches cylindriques concentriques : ce sont les feux les plus lumineux. On obtient ainsi un éclat maximum de 4000 becs Carcel ordinaires, c'est-à-dire une lumière équivalente à celle de 24 000 bougies. Par la disposition de la mèche, cette immense lumière est concentrée au foyer de la lentille.

Un phare ordinaire de premier ordre a une portée de 30 à 40 kilomètres, avec l'intensité indiquée; il consomme750 grammes d'huile par heure, et coûte annuellement 8000 francs d'entretien. Il est desservi par trois gardiens qui font le quart. Le prix des appareils accessoires, sans y comprendre la lanterne dont le prix est variable, est de 30 000 francs.

On a essayé, il y a plusieurs années, la lumière électrique pour les phares, et l'on a fait une comparaison sérieuse entre les anciens et les nouveaux systèmes. Au Havre, il existe deux phares situés au cap de la Hève; distants de 100 mètres l'un de l'autre, ils indiquent l'entrée du port et l'embouchure de la Seine. On les a reconstruits dernièrement, et c'est à cette occasion que furent faites les comparaisons dont il s'agit ici. L'appareil lumineux dans le phare électrique de la Hève est renfermé dans la lanterne supérieure, au-dessus de la chambre du quart : au bas de la tour sont placées les machines magnéto-électriques et les machines à vapeur qui les desservent.

Un rapport très détaillé et très intéressant a été fait, à cette occasion, par M. Léonce Reynaud, directeur de l'administration des phares. La substitution de la lumière électrique à la lumière produite par l'huile de colza est indifférente au point de vue de la portée, mais est d'un grand avantage sous le rapport de l'intensité. Ainsi une lampe à l'huile dont l'intensité était 23 becs Carcel, c'est-à-dire 184 bougies, serait remplacée dans une lanterne de même force par une lampe électrique de 125 becs ou 1000 bougies, tandis que la portée n'en est pas augmentée sensiblement.

Il faut remarquer cependant que, l'intensité étant plus grande, la lumière traverse plus facilement les couches atmosphériques chargées de brumes et de brouillards. De plus, la prudence exige qu'on ait au moins deux machines magnéto-électriques, ainsi qu'un double de tous les appareils nécessaires au service des phares ordinaires ou électriques.

Aussi le rapporteur ajoute-t-il que, lorsque le temps sera brumeux, on aurait la facilité d'atteler les deux machines à la même lampe et de doubler ainsi l'intensité lumineuse. On peut se demander si les gardiens sauraient toujours juger sûrement de l'urgence qu'il y aurait à augmenter l'intensité. Mais cette modification n'aurait pas de grands inconvénients au premier abord, puisque les systèmes distinctifs des phares consistent non point dans leur portée, mais dans la durée de leurs éclipses.

M. L. Reynaud signale un autre avantage qui n'est pas à dédaigner. Dans les temps brumeux, on pourra employer les machines à vapeur à mettre en jeu de puissants intruments sonores, et substituer alors les signaux acoustiques aux signaux lumineux. Depuis quelque temps, il est vrai, on s'occupe de cette substitution, nécessaire pendant le brouillard ; on a même pu remarquer, à l'Exposition anglaise de 1867, une trompette particulière nouvellement inventée et adoptée déjà dans quelques phares. On avait recours, il y a quelques années, à des cloches que l'on battait à certains moments, système peu avantageux à cause de la faible portée de leur son.

Il faut reconnaitre que la régularité des phares électriques est loin d'être égale à celle des phares actuels

Un charbon peut casser au milieu de la nuit, et il faut un long temps pour en remettre un autre ; la position du point lumineux n'est pas absolument fixe ; l'arc voltaïque étant très court, la divergence de la lumière est très faible, et, par suite, l'épaisseur du rayon est aussi très petite ; enfin les appareils d'optique actuels, tels que lanternes, lentilles, etc., ne peuvent pas servir à cause même de cette faible longueur de l'arc.

Aussi ne paraît-il pas que les phares actuels doivent être transformés en phares électriques ; parmi ceux que l'on construira dorénavant, tous du moins ne le seront pas d'après le nouveau système. Il y a d'ailleurs des motifs d'économie, soit au sujet des frais d'achat des appareils d'optique, soit relativement au prix de la lumière : dans un phare électrique de 125 becs Carcel, comme celui de la Hève, le bec revient par heure à 2 centimes, en y comprenant les frais d'entretien de la machine et l'amortissement du prix d'achat ; avec l'huile de colza, le bec revient à 8 centimes. D'autre part, les frais accessoires sont augmentés ; les gardiens des phares ne sont plus capables de réparer seuls les machines et d'aviser à un cas urgent. Quant au prix encore élevé des machines magnéto-électriques, on ne peut rien trouver d'analogue dans les phares à l'huile.

La lumière électrique, ou plutôt l'étincelle d'induction, a été appliquée, pour la première fois, en Angleterre, à l'éclairage des balises. On appelle ainsi des flotteurs particuliers, ayant la forme d'un bateau ou d'un tonneau, et destinés à signaler la présence d'écueils ou de bas-fonds. Il arrive, en effet, que dans la mer, entre deux phares voisins, se trouvent des parages dangereux pour la navigation ; on ne peut y établir des phares, ils seraient trop rapprochés de ceux qui existent déjà. On place alors des balises, des flotteurs ancrés sur ces écueils, et leur présence signale le danger. Pendant le jour, ces signaux sont toujours visibles, et pendant la nuit, il ne faut pas qu'ils restent obscurs. On emploie divers moyens pour signaler ces appareils. Quelquefois on place à la partie supérieure un miroir qui reflète les feux des phares voisins ; d'autres fois on munit les balises d'un système acoustique, et l'agitation de la mer est mise à profit pour faire parler ces instruments sonores ; d'autres fois, enfin, deux conducteurs d'électricité sont placés au sommet de l'appareil, et l'étincelle jaillissant entre ces conducteurs rend la balise visible ; un câble, posé au fond de la mer, et partant d'une maisonnette située sur le rivage, porte le courant électrique jusqu'aux conducteurs situés sur la balise.

CHAPITRE II

APPLICATIONS DE LA LUMIÈRE ÉLECTRIQUE

COLORATION DE L'ARC VOLTAÏQUE

La lumière de l'arc électrique est produite à la fois par le transport des particules incandescentes et par la combustion très énergique des charbons ; aussi une grande chaleur règne-t-elle au milieu de cette source lumineuse. Si l'on introduit entre les charbons un fil de fer, ce métal fond d'abord, puis brûle rapidement, et projette autour de la flamme une multitude d'étincelles enflammées, semblables à une gerbe d'artifices. Les métaux, même les moins sensibles à l'action de la chaleur, les plus réfractaires, l'or, le platine, pris en faibles quantités, sont fondus et volatilisés.

A l'occasion de cette propriété de l'arc, M. J. Dubosc, qui a beaucoup étudié tout ce qui se rapporte à la lumière électrique, a disposé une série d'expériences scientifiques très curieuses. On taille le charbon inférieur, qui sera le pôle positif, en forme de petite coupelle; on dépose dans le creux de petits fragments de métaux; puis on fait jaillir la lumière. Bientôt les métaux sont fondus et réduits en vapeurs; les particules mêmes sont entraînées d'un charbon à l'autre, et on les retrouve parsemées sur la pointe du charbon supérieur.

La lumière est alors colorée. La nuance particulière d'une flamme est due, on le sait, aux particules incandescentes entraînées et suspendues au milieu du foyer, avant d'être consumées. Portés à une haute chaleur, ces corpuscules entrent en irradiation, deviennent blancs, ou bleus, ou rouges, selon la nature de la substance. Si la flamme est formée de charbon pur, comme celle de l'arc voltaïque, la couleur en sera blanche, aussi blanche que celle du soleil; si la flamme contient du sel marin, comme toutes celles que nous connaissons, comme celle du charbon ordinaire, du gaz d'éclairage, des bougies et des huiles, la couleur en sera jaunâtre.

Et c'est à cette cause qu'il faut attribuer les reflets bleuâtres qui semblent propres à la lumière électrique. L'œil, accoutumé à la nuance jaune de toutes les flammes dont nous nous servons, compare instinctivement les deux nuances, et celle qui est blanche lui paraît bleuâtre à côté de la jaune. Aussi, soit à cause de sa blancheur éblouissante, soit à cause de sa grande intensité, soit enfin à cause de sa désagréable scintillation, la lampe électrique, pas plus que le soleil, ne peut être regardée en face.

On peut donc colorer la flamme électrique et la rendre à volonté blanche ou jaune, suivant qu'on laisse brûler du charbon pur ou qu'on place du sel marin dans la coupelle du pôle inférieur. La nuance peut être variée, si l'on fait servir le courant à volatiliser des métaux; avec le cuivre, par exemple, l'arc électrique est franchement bleu; avec le zinc, il est violet; avec le lithium, métal particulier qui a peu d'usages pratiques, il est rouge; et avec des mélanges de ces métaux, la nuance que prend l'arc voltaïque est formée du mélange des couleurs élémentaires. Mais il faut ajouter que cette propriété de la lumière électrique ne peut pas être appliquée industriellement, car la matière se consume et bientôt la flamme blanchit et finit par redevenir celle des charbons.

Il est vrai que les rayons électriques sont capables, comme les autres, de traverser des verres colorés et de sortir teints par cet écran. Mais alors l'intensité lumineuse est fortement diminuée, et elle ne suffit plus pour servir à un éclairage quelconque.

L'étude de la lumière électrique est, comme celle du soleil, d'un intérêt considérable. Lorsque, par l'ouverture du volet d'une chambre, on fait arriver un rayon solaire sur un prisme bien taillé, la couleur blanche du soleil est décomposée et se résoud en sept couleurs principales, depuis le rouge qui est la première, jusqu'au violet qui est la dernière, en passant par le jaune, le vert et le bleu. Si l'on prend les précautions convenables, si l'ouverture est assez petite pour ne recevoir qu'un seul rayon lumineux, on découvre au milieu de cette sorte d'arc-en-ciel rectiligne, qu'on appelle le *spectre solaire*, une série de raies noires, très fines, ayant une position bien déterminée et provenant probablement de l'interposition d'une atmosphère particulière autour du foyer solaire. C'est que, dans cette atmosphère, se trouve une grande quantité de vapeurs métalliques, et les rayons, en les traversant, sont arrêtés en partie comme par une grille. On peut ainsi analyser et étudier la lumière qui nous vient du soleil, et rechercher même la constitution de l'atmosphère de ce foyer central.

La même étude peut se faire avec la lumière électrique. Le charbon seul donne un spectre continu formé des sept couleurs élémentaires, mais ne présentant aucune raie noire. Aussitôt que l'arc voltaïque contient des vapeurs métalliques, les couleurs élémentaires du spectre s'effacent peu à peu, deviennent presque invisibles, et à leur place se dessinent des raies particulières, très brillantes, colorées suivant la nature du métal, et situées à des places parfaitement fixes. Ainsi le sel marin donne deux raies fines jaunes, très rapprochées l'une de l'autre; le cuivre donne trois ou quatre raies bleues, le lithium une seule raie rouge. A l'aide d'un petit artifice d'expériences, on sait même faire devenir noires ces raies brillantes, mais on ne peut, en aucune façon, en changer les situations respectives. Par l'aspect seul de ces raies, brillantes ou noires, par l'étude de la place qu'elles occupent dans le spectre de charbon, on peut reconnaître le métal qui est volatilisé dans l'arc voltaïque, tant sont fixes et certaines les positions relatives des raies dues aux vapeurs métalliques.

MICROSCOPE PHOTO-ÉLECTRIQUE

Pour toutes les expériences dont il vient d'être parlé et d'autres encore, on emploie les microscopes photo-électriques. On ne dispose pas du soleil comme on veut, mais on peut toujours avoir une lampe électrique. Il suffit de monter une pile, et d'en amener, avec des fils, le courant au régulateur et aux charbons.

Un microscope sert à l'agrandissement des petits objets; il est formé d'une série de loupes, dont chacune grossit l'image formée par la précédente; leur ensemble amplifie extraordinairement l'objet, et tous les détails en deviennent perceptibles. Mais la lumière qui éclairait un petit espace, se trouvant répandue sur une vaste surface, chaque point de l'objet est, après le grossissement final, fort peu éclairé; souvent même il est invisible. Tout microscope est donc muni de miroirs ou de len-

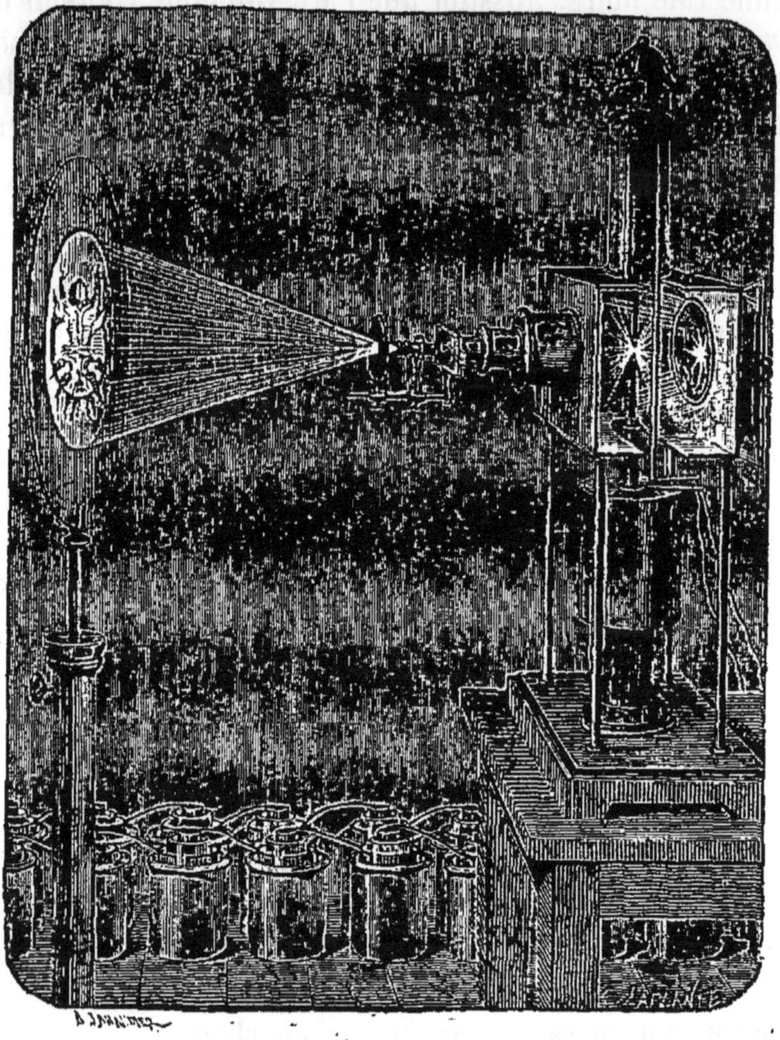

Fig. 68. — Microscope photo-électrique.

tilles pour concentrer sur l'objet la plus grande quantité de lumière possible.

Dans l'appareil photo-électrique, la lampe est placée dans une sorte de lanterne qui ne laisse sortir aucun rayon, pour ne pas troubler l'obscurité de la salle; la plus grande partie de la lumière dégagée par l'arc est renvoyée par des réflecteurs sur une lentille en verre. Celle-ci concentre tous les rayons qu'elle reçoit sur l'objet que l'on veut voir, et à la suite de cet objet est placée la série de loupes formant microscope. L'image fortement agrandie est enfin projetée sur un écran blanc, situé en face au fond de la salle, comme on le fait pour la lanterne magique. Dans le microscope ordinaire, l'observateur vient coller son œil sur la lunette; ici, dans l'appareil de projection, chacun peut de sa place voir l'objet sur l'écran. C'est ainsi qu'on a vu les charbons de la lampe et étudié les colorations de la lumière électrique.

Cet appareil est très souvent usité dans les cours publics. Le professeur, sans s'interrompre, décrit les faits que l'auditeur voit se produire sur le tableau. Toutes les expériences scientifiques sont susceptibles d'être ainsi projetées; les observations les plus ténues de la chaleur, les expériences les plus délicates de l'électricité, sont rendues visibles à un nombreux amphithéâtre. La sensibilité des appareils est pour ainsi dire augmentée, et l'intelligence des auditeurs est accrue de tout le pouvoir de leurs yeux.

ÉCLAIRAGE DES TRAVAUX DE NUIT

La lumière électrique sert à éclairer les travaux de nuit dont l'achèvement est nécessaire dans le plus bref délai.

Pendant la construction du pont Notre-Dame, à Paris, un service de ce genre fut organisé pour la première fois. Assurément on ne pouvait dire que l'on cherchait à faire des économies : la lumière était produite par une forte pile, et le prix de revient était environ quatre fois plus considérable que pour l'éclairage à l'huile. Mais on voulut étudier cette nouveauté et faire travailler pen-

Fig. 69. – Travaux de nuit à la lumière électrique.

dant la nuit. Le pont fut ainsi très rapidement construit.

On appliqua ensuite aux travaux des docks Napoléon, puis à ceux du nouveau Louvre, ce nouveau système de lumière; on alla ensuite l'essayer à Strasbourg, au pont de Khel. On cherchait dans ces travaux, non point une illumination resplendissante, mais un éclairage suffisant pour le travail. L'ouvrier devait voir, autour de lui, assez pour se diriger; les minutieux détails pouvaient lui échapper. Ces essais n'ont pas tous réussi. On n'a pas trouvé dans l'emploi de la lumière électrique des avantages assez grands pour compenser les nombreux inconvénients qui en résultent.

Depuis ces premières tentatives on a inventé la machine magnéto-électrique, et la lumière est produite à bien meilleur marché et plus régulièrement. Les essais ont donc été repris. En dernier lieu, on s'est proposé d'éclairer les mines et de substituer la lampe électrique aux chandelles et aux lanternes que porte chaque ouvrier et qui éclairent si lugubrement les points environnants. Les essais furent faits par M. Bazin, directeur des ardoisières d'Angers, et conduits par lui avec assez de succès pour que, à la suite du rapport de l'ingénieur, M. de Corbigny, on lui ait adressé des encouragements et des félicitations.

Il s'agissait d'éclairer une galerie souterraine à peu près carrée, de 40 mètres de longueur, la hauteur étant un peu moindre. On plaça aux points convenables deux lampes, alimentées par deux machines de la compagnie de *l'Alliance*. Les résultats furent satisfaisants : le travail devint plus facile, la surveillance plus sûre, l'exploitation plus régulière. Chacun était satisfait du changement; puis, à la suite de je ne sais quelles circonstances, on rendit aux ouvriers leurs lampes à huile, et chacun regretta ce bien-être d'un instant qu'on avait dû à la lumière électrique.

On reconnut dans ces expériences qu'une même machine magnéto-électrique ne peut desservir qu'une seule lampe. Si un même courant est envoyé successivement dans plusieurs lampes, il n'a plus la même intensité, et la lumière en est considérablement affaiblie. Chaque régulateur doit être desservi par un générateur spécial d'électricité. Mais les bougies électriques du système Jabloskoff peuvent être mises en grand nombre sur le même circuit.

On a reconnu encore qu'en augmentant la pile ou la vitesse de rotation de la machine, on n'accroissait pas l'intensité lumineuse : l'arc pouvait s'allonger, devenir même très long; mais il conservait toujours la même intensité. Aussi doit-on prendre une machine telle que celle qui a été décrite, ou bien une seule pile, formée de 40 ou 50 grands couples Bunsen et réunis les uns aux autres. L'arc obtenu est très court, mais très brillant.

ÉCLAIRAGE PUBLIC

Un soir de décembre 1844, par un brouillard épais, les personnes qui passaient sur la place de la Concorde à Paris étaient étonnées d'y voir clair, quoique les becs de gaz fussent invisibles à quelques pas : une lumière très intense traversait l'atmosphère et allait éclairer jusqu'aux recoins les plus reculés de cette vaste place. C'était un foyer électrique, situé vers le milieu de la place et à une certaine hauteur au-dessus du sol, qui envoyait ces rayons; une forte pile alimentait le foyer, et, pendant toute la soirée, il brilla presque sans variations. Cette expérience fut faite par M. Deleuil, habile constructeur d'instruments de physique.

Depuis cette époque, les essais se sont multipliés sous bien des formes. Du haut du pont Neuf on a projeté la lumière sur la Seine; une sorte de phare, établi au sommet de l'arc de triomphe de l'Étoile, éclaira les nombreuses avenues qui y mènent; on a vu de semblables expériences au Palais-Royal et à la porte Saint-Martin. Chaque fois qu'un régulateur nouveau était inventé, l'auteur demandait et obtenait l'autorisation de l'essayer publiquement.

Tous ces essais ont plus ou moins réussi. Ce n'est pas la manière de disperser les rayons, ce n'est pas l'intensité lumineuse, ce n'est même plus l'appareil qui fait défaut : l'inconvénient est que toute cette grande lumière ne part que d'un point; la clarté est immense autour de ce point unique; mais, à quelque distance, l'obscurité s'épaissit. Multiplier le nombre de becs, c'est augmenter considérablement la dépense et l'embarras, et il n'y a pas à y songer. De plus, la nuance de cette lumière est triste, les objets se teignent d'une couleur livide et blafarde, due à l'apparence bleuâtre des rayons, et il n'y a même pas à désirer que cette pâle lueur remplace les becs de gaz qui égayent et font vivre les boulevards jusqu'au milieu de la nuit. Ce n'est pas tout encore, et il faut signaler un dernier inconvénient de la lumière électrique : elle ne conserve pas aux objets leurs formes vraies; les ombres et les parties éclairées, nettement séparées, ne se fondent pas les unes dans les autres par des nuances intermédiaires, et l'œil croit ne voir partout qu'une série de plans, comme il ne voit qu'une succession de teintes plates. Cet effet provient encore de ce que le foyer lumineux, étant un point unique, ne donne aucune pénombre aux objets éclairés.

Mais si l'éclairage public par l'électricité ne paraît guère praticable avec les appareils actuels, on peut l'employer avec succès sur une vaste étendue dans des circonstances particulières. Dans les fêtes publiques, par exemple, l'illumination de la place de la Concorde et des Champs-Élysées se fait parfois par l'électricité. L'obélisque de Louqsor est entouré d'une estrade formée de fleurs et de lumières; quelques lampes électriques, placées sur cette estrade, lancent au loin leurs jets scintillants. Vis-à-vis, l'arc de l'Étoile se détache flamboyant sur l'obscurité du ciel, et d'immenses ceintures de feu réunissent ces deux foyers[1].

ÉCLAIRAGE DES NAVIRES

Quand le jour cesse, on allume un grand fanal à la proue de chaque navire, pour que sa marche soit signalée et que les autres vaisseaux s'éloignent du sillage parcouru. Dans les nuits sereines, ce fanal jette une vive lumière; mais lorsque le temps est couvert et brumeux, le flambeau est obscurci, et on ne le voit plus même à de faibles distances. Il serait peut-être possible d'appliquer la lumière électrique à cet éclairage. L'intensité serait toujours suffisante pour que le vaisseau fût aperçu de loin; on éviterait de grands malheurs, les rencontres, les chocs entre les vaisseaux, où l'un d'eux est presque toujours coulé, deviendraient plus rares.

Le prix de revient serait très-faible; la machine magnéto-électrique, installée à demeure, serait mue par la machine à vapeur du navire, et le régulateur, tel que l'a construit M. Foucault, ne craint ni les roulis ni les tangages du navire. Qu'importerait si, par hasard, un des crayons cassait et si le bâtiment restait quelques instants dans l'obscurité? De semblables interruptions, à quelques causes qu'elles soient dues, sont toujours momentanées. Cette nouvelle application semblerait donc n'offrir que des avantages. Il faut prendre garde cependant; certains inconvénients n'apparaissent que par l'usage, et la théorie, qui les explique plus tard, est le plus souvent inhabile à les prévoir.

[1] En 1878, éclairage public, par la lumière électrique de M. Jabloskoff, de plusieurs rues de Paris: avenue de l'Opéra, arc de triomphe, etc.

APPLICATION AUX EFFETS DE THÉATRE

En 1846, lorsqu'on prépara les représentations de l'opéra du *Prophète*, on voulut que la mise en scène fût splendide et digne à la fois de la musique et du poëme. Deux tableaux surtout furent l'objet de soins et d'études particulières, le lever du soleil au 4e acte, et l'incendie du dénoûment. La lumière électrique était encore une nouveauté, et son apparition sur le premier théatre de Paris avait quelque chose d'étrange et de solennel qui devait décider de son avenir. Elle eut sa part dans l'immense succès du *Prophète*. Aussi n'est-il plus guère aujourd'hui de ballet ou d'opéra où la lumière électrique ne joue un certain rôle.

Une des pièces où l'arc voltaïque a été employé avec le plus de succès, est le *Moïse* de Rossini, repris à Paris, il y a quelques années. Quoique la scène soit presque constamment éclairée, Moïse ne marche le plus souvent que dans un rayon de lumière. Une scène est surtout remarquable. Le peuple est au milieu du camp, il regrette l'Égypte, il veut retourner dans ce pays. Alors Moïse apparaît; ses yeux lancent des éclairs, toute sa personne est éblouissante, sa longue robe blanche est semblable au soleil. A cet aspect, avant même que le terrible prophète ait exhalé son indignation, le peuple tremble et s'agenouille. Cet effet de scène soulève toujours de grands applaudissements.

A l'intérieur des coulisses sont placées trois lampes électriques, dans le haut de la scène, vers ce qu'on appelle le cintre; la lumière des deux lampes placées de chaque côté est dirigée sur l'entrée de la tente de Moïse; une troisième est disposée en avant et frappe l'acteur en face. Les rayons se croisent à la porte. Aussitôt que la tente s'ouvre, quand l'acteur apparaît sur le seuil, on envoie le courant électrique. Les rayons balayent,

Fig. 70. — Théâtre de l'Opéra : *Moïse.*

pour ainsi dire, toute cette partie de la scène et l'acteur averti par avance des positions qu'il devra prendre, se meut continuellement au milieu de la lumière.

Ce sont là des effets ordinaires. Si un acteur principal doit être mis en relief, pour une cause ou pour une autre, s'il doit ressortir au milieu d'un groupe placé dans l'ombre, on dirige un jet de lumière à l'endroit où se placera l'acteur; la lampe est braquée, les rayons vont à l'endroit voulu; et lorsque le moment est venu, lorsque la réplique est donnée, il n'y a plus qu'à lancer le courant de la lampe.

À l'Opéra, où ce service, installé par M. J. Dubosq, fonctionne très régulièrement, on produit la lumière à l'aide de piles de quarante ou cinquante éléments; une chambre sous les combles est uniquement affectée à ces piles. Chaque soir un employé les monte, les arrange, les surveille, et, à la fin de la soirée, il les démonte. L'électricité qu'elles produisent passe dans différents fils, qui se divisent sur toute la scène et se dirigent vers chaque plan et chaque étage. Une petite armoire est pratiquée dans le mur : c'est là que débouchent les fils conducteurs de l'électricité. Le chef de service a la clef des placards; il les ouvre au moment convenable, attache des fils volants à ces fils fixes, et amène ainsi le courant au point où est disposée la lampe. De cette façon on n'a pas à chercher les fils, on ne risque pas de les embrouiller et de ne pouvoir agir quand le moment sera venu. Le courant de chaque pile est lancé dans le fil désigné et on le recueille. Puis, quand il faut changer de place, on va à un autre plan recueillir le courant d'une seconde pile; ou bien celui de la première, si on a eu le temps d'en changer la direction. Telle est l'organisation de ce service à l'Opéra.

Parfois on envoie des rayons colorés, soit pour faire ressortir un personnage particulier, soit pour éclairer un coin de la scène. Ailleurs, dans *Faust*, par exemple,

Fig. 71. — Théâtre de l'Opéra. Scène finale de *Moïse*.

Méphistophélès est de temps en temps éclairé par la lumière rouge. Dans une autre pièce d'un moindre succès, un alchimiste, lisant le destin dans un vase magique, était éclairé par un rayon vert qui semblait sortir du vase même : c'est que la lumière était teinte en traversant des verres colorés.

Dans la scène finale de l'opéra de *Moïse*, on était arrivé à un effet de lumière assez curieux et très difficile. Le peuple d'Israël vient de traverser la mer; sur le devant de la scène, dans une demi-obscurité, les Égyptiens se noient. Au fond, sur une montagne, Moïse tient les tables de la loi; les Hébreux, groupés autour de lui, chantent la célèbre prière considérée comme un des chefs-d'œuvre de Rossini. Le jour est éclatant, les lampes électriques éclairent la scène, la nuée flamboyante plane sur Israël. A ce moment, comme gage d'une alliance nouvelle, apparait l'arc-en-ciel.

Pour produire cette illusion, il y avait deux difficultés à vaincre. Il fallait d'abord faire dessiner par la lumière électrique un arc-en-ciel; puis cet arc devait être assez intense pour être vu de la salle sans être noyé dans les autres lumières électriques. Une lampe électrique, placée vers le milieu de la scène, mais cachée derrière un rocher, était alimentée par un fort courant. On ava attelé deux piles, afin que l'intensité de la lumière fût considérable. En revanche, on avait légèrement diminué l'intensité de la lumière du fond, ce qui n'était pas sensible, puisque le devant de la scène était obscur. Enfin, au moyen d'un appareil particulier, la lumière blanche était décomposée en spectre et l'on ne prenait dans ce spectre qu'un arc, qui allait se peindre sur la toile du fond : tout le reste de la lumière était perdu ou concentré du côté de l'arc.

D'autres théâtres ont imité ces innovations de l'Opéra, souvent bien, quelquefois mal. Mais nous ne pouvons nous appesantir ici sur cet objet.

FONTAINE LUMINEUSE

La lumière électrique sert encore à éclairer l'eau qui jaillit d'une fontaine et à la faire paraître véritablement lumineuse. Un vase d'eau est placé dans le voisinage

Fig. 72. — Fontaine lumineuse.

d'une lampe électrique, et tous les rayons sont concentrés dans le liquide; une fenêtre, que ferme une plaque de verre, est percée en face de l'ouverture par laquelle jaillira l'eau; la plaque de verre permet aux rayons lumineux de pénétrer dans le vase. Quelques instants avant de laisser sortir l'eau, on fait marcher la lampe et on éclaire le vase : la lumière pénètre alors dans le liquide, en imprègne les diverses parties et jusqu'aux moindres gouttes; lorsque l'eau jaillit, elle reste pénétrée de rayons et emporte avec elle la lumière dont elle est pour ainsi dire imbibée : c'est la fontaine lumineuse. Le jet est très clair, quand la salle ou le théâtre sur lequel on opère est dans une demi-obscurité.

L'explication scientifique de ce phénomène est assez complexe. La lumière dont chaque goutte est imprégnée est due à une série de réflexions intérieures qui ont pour effet de laisser sortir une lumière diffuse. On ne s'est pas encore rendu un compte assez exact des diverses circonstances qui accompagnent ce phénomène. On a vu seulement dans ce fait un nouveau moyen d'amuser le public.

On peut faire des jets diversement colorés, les uns rouges ou bleus, les autres verts ou blancs; on peut même, pendant que la fontaine coule, changer la couleur de la lumière, comme si, toute l'eau verte étant épuisée, l'eau bleu commençait à couler. Pour produire ces effets on n'a qu'à mettre un verre coloré au-devant de la lampe. — C'est M. Delaporte qui est l'inventeur breveté de ces fontaines.

CORPS PHOSPHORESCENTS

Certains corps ont la propriété curieuse de conserver pendant quelque temps la lumière dont on les a imprégnés et de devenir eux-mêmes une source lumineuse; cette propriété est analogue à celle que possède l'eau dans la fontaine dont nous venons de parler. Il faut pourtant rapporter probablement ces deux phénomènes à deux causes différentes. Les corps phosphorescents ont une couleur propre; ils ne rendent pas la même lumière que celle qu'ils ont reçue; ainsi certains corps, éclairés à la lumière blanche, restent bleus; d'autres deviennent rouges; et, quelle que soit la couleur de la lumière incidente, les corps phosphorescents ont toujours, dans l'obscurité, leur même couleur. Ces subtances sont très nombreuses; leur étude a fait l'objet d'un très beau travail de M. Ed. Becquerel, qui a recherché les propriétés de ces corps phosphorescents, le temps pendant lequel chacun d'eux conserve l'impression lumineuse, et rendu enfin cette difficile question abordable à tout le monde.

La lumière électrique est très propre à produire la phosphorescence des corps. On l'emploie toutes les fois que l'on veut montrer ces phénomènes dans un grand amphithéâtre. Non seulement on rend ainsi les corps lumineux par eux-mêmes dans l'obscurité, mais on renforce encore la lumière qui tombe sur eux : elle paraît plus intense, plus richement colorée si elle frappe ces substances, de même que la caisse d'harmonie d'un violon rend sensibles les vibrations de la corde.

Aussi, d'autre part, emploie-t-on depuis longtemps les corps phosphorescents pour augmenter l'intensité lumineuse. Dans la lampe des mineurs, telle que l'a construite M. Ruhmkorff, le serpentin dans lequel passe l'étincelle contient des particules phosphorescentes. Le verre d'urane, dans la jolie expérience de l'étincelle d'induction, doit ses propriétés éclairantes à la phosphorescence du verre.

Cette sorte de phénomène n'est pas encore appliquée au théâtre. On avait essayé, dans *les Aventures de Mandrin*, de rendre sensible le remords du crime par la persistance lumineuse de certains corps. Je ne sais quelles paroles écrites sur le mur de la prison poursuivaient le criminel et brillaient constamment, même dans l'obscurité. Cet essai a été abandonné.

LUMIÈRE DRUMMOND

Souvent, lorsqu'on n'a pas besoin d'une très grande intensité lumineuse ou qu'on recule devant la dépense, on se sert de la lumière Drummond. Moins brillante que la lumière électrique, elle est plus douce, plus régulière, et sa teinte jaunâtre est plus agréable à la vue. Dans la plupart des théâtres, on l'emploie à la place de la lumière électrique. C'est, pour ainsi dire, seulement à l'Opéra que celle-ci règne seule et en souveraine.

La lumière Drummond est formée par une flamme de gaz d'éclairage au milieu de laquelle on amène un courant d'oxygène, gaz vital qui entretient énergiquement la vie et la combustion. La flamme du gaz brûle alors avec vivacité; elle est dirigée sur un morceau de chaux, lequel devient fortement incandescent. C'est la lumière de la chaux qui donne le jet Drummond. La lampe est, par suite, facile à imaginer : deux tuyaux amènent, l'un le gaz pris sur un tuyau de conduite, l'autre l'oxygène enfermé dans un sac; ces tuyaux, séparés jusqu'à la flamme, se terminent par un bec de chalumeau, et le courant d'oxygène débouche au milieu de la flamme du gaz. Vis-à-vis est un morceau de chaux préparée et placée sur un support qu'on peut avancer et reculer à volonté. La lumière enfin est concentrée et dirigée à l'endroit voulu par un miroir ou une lentille. Cette lampe est beaucoup plus commode à manier, et elle occasionne moins de frais que la lampe électrique.

Par une série de comparaisons, on a trouvé que la quantité de lumière versée par le soleil sur la terre équivaut à celle de 22,500 becs Carcel égaux, brûlant chacun 42 grammes d'huile de colza épurée; que la quantité de lumière versée par la lumière électrique de la plus grande intensité possible sur une même surface placée à 1 mètre, est celle de 125 becs Carcel, et que la lumière du chalumeau Drummond est de 20 becs. Un bec Carcel est supposé équivalant à 8 bougies.

A Paris, sur la place de l'Hôtel-de-Ville, on a fait des expériences comparatives entre la flamme du gaz d'éclairage et celle d'un chalumeau Drummond particulier. D'après l'inventeur, M. Tessié-Dumotay, ce nouvel éclairage serait plus avantageux que celui du gaz; il reviendrait moins cher, et, pour une même quantité de lumière, il exigerait un nombre de becs bien moins grand. La lumière est encore obtenue par la combustion du gaz ordinaire, rendue plus vive par l'oxygène. Le dard enflammé est dirigé sur un fragment de magnésie et non plus de chaux. Cette substance est en effet moins friable que la chaux, elle se conserve plus longtemps, et surtout elle donne à la lumière une teinte bleuâtre très fine qui la rend aussi blanche que celle du soleil ou de la lampe électrique; mais ici le point est plus stable et n'est plus soumis aux oscillations désagréables de la lumière électrique.

L'avenir est seul juge de la valeur industrielle de ce nouvel éclairage public.

LIVRE IV

GALVANOPLASTIE

CHAPITRE I

DORURE GALVANIQUE

HISTOIRE DE LA GALVANOPLASTIE

La galvanoplastie est née d'hier, quoique certaines personnes, aimant le paradoxe, veuillent la faire remonter à des milliers d'années et assurent que les savants modernes ont à peine eu l'honneur de la retrouver. Les Égyptiens devaient connaître, dit-on, l'art de déposer électriquement le cuivre sur des vases, car on retrouve dans les tombeaux de Thèbes et de Memphis divers objets recouverts d'une même couche de ce métal présentant, au microscope, la texture des dépôts galvaniques. On a même trouvé dans les sarcophages des pièces curieuses en métal, si légères et si fines qu'il eût été impossible de les obtenir par la fonte ou le martelage de ces métaux. On imagine donc qu'un moule de cire avait été recouvert du dépôt galvanique, puis que la cire aurait été fondue en laissant isolée la mince couche de métal. D'autre part on prétend que les anciens alchimistes, quelques-uns du moins, parmi ceux qui cherchaient la pierre philosophale, savaient recouvrir divers objets d'une couche d'or. Quelques-uns se servaient de ces objets pour laisser croire qu'ils avaient trouvé la *benoîte pierre*, et s'enrichissaient aux dépens de la crédulité et de l'ignorance des autres. Un savant homme, Paracelse, réputé magicien et sorcier, transforma en or, dit-on, sous les yeux de Cosme de Médicis, une coupe et un clou de fer. On conserve ces témoignages de son art dans la collection d'antiquités du palais de Ferrare. Pour qu'on ne l'accusât pas de fraude, il avait laissé une de leurs moitiés intacte. Mais la vérité est qu'il avait tout simplement dissous de l'or dans l'eau régale et trempé sa coupe dans cette liqueur, qui n'avait rien de magique.

Malgré ces efforts d'érudition, il reste incontestable que c'est seulement depuis Volta que l'on obtient des dépôts métalliques. Ce savant reconnut, presque aussitôt après sa grande découverte de la pile, qu'en faisant passer le courant électrique dans une dissolution saline, il y avait dépôt de métal à un des pôles; depuis lors on s'est beaucoup occupé de cette question. Vers 1830, M. de la Rive, à Genève, en étudiant la pile, reconnut sur le dépôt métallique toutes les éraillures de la plaque qu'il couvrait.

Le 17 octobre 1838, M. de Jacobi annonça à l'Académie de Pétersbourg qu'il était parvenu à obtenir des planches en cuivre offrant l'empreinte exacte du dessin gravé en creux sur l'original. A la même époque, M. Spencer, en Angleterre, fit la même découverte. Les dépôts de cuivre étaient reconnus propres à copier des médailles, des bas-reliefs, et à servir de caractères pour l'impression. On imprima par ce procédé une lettre à un grand nombre d'exemplaires, et on la distribua publiquement. M. de Jacobi continua ses études; le 12 octobre 1839, dans une lettre adressée à Faraday et publiée par l'Athæneum, il décrivit les procédés galvanoplastiques et en proclama les avantages industriels. M. de Jacobi peut donc être considéré comme le principal inventeur de la galvanoplastie, c'est-à-dire de l'art de déposer du cuivre sur des supports. — M. de la Rive recommença ses essais et parvint à déposer également l'or et l'argent. Son travail fut publié en 1840. On travaillait beaucoup et vite en ces temps-là. Les trois années 1838, 1839 et 1840 ont vu paraître au grand jour quatre des plus grandes découvertes modernes : la télégraphie électrique, la galvanoplastie, la dorure électrique et le daguerréotype.

Le procédé tel qu'il était indiqué par M. de la Rive n'était pas industriel; M. Elkington, qui depuis longtemps travaillait à ces recherches, trouva des procédés véritablement pratiques pour le dépôt de l'or : ce sont ceux qu'on emploie encore aujourd'hui. Il prit des brevets et les transmit en France à M. Christofle, dont l'établissement est devenu célèbre.

Ce que M. Elkington fit pour l'or, M. de Ruolz le fit en même temps pour l'argent, et prit aussi des brevets. D'autres inventeurs ont surgi, et, à leur suite, sont survenus des procès où ont comparu comme experts de célèbres savants, depuis M. Becquerel jusqu'à M. Raspail. En somme, M. Elkington, inventeur de la dorure, et M. de Ruolz, inventeur de l'argenture, transmirent leurs brevets à M. Christofle, qui organisa immédiatement ses vastes usines; depuis ce temps, les brevets sont, pour la plupart, tombés dans le domaine public.

PROPRIÉTÉS CHIMIQUES DES COURANTS

Les courants électriques fournis par les générateurs ordinaires sont dus, ainsi que nous l'avons dit, aux actions chimiques s'exerçant entre les divers éléments constituant la pile : généralement l'acide sulfurique attaque le zinc, forme du sulfate de zinc, en laissant dégager le gaz hydrogène, et cette réaction est accompagnée d'une grande production d'électricité. Il est donc évident, d'après le principe important de l'action et de la réaction que nous avons déjà eu occasion de citer, que le courant électrique peut à son tour déterminer des actions chimiques.

Volta paraît être le premier qui ait démontré définitivement ce fait au moyen d'une série d'expériences. Il reconnut que l'étincelle même de la machine pouvait déterminer la combinaison de l'oxygène et de l'hydrogène, les deux gaz constituant l'eau. Il alla plus loin encore; et s'aperçut que le courant électrique fourni par sa pile avait la propriété de décomposer les solutions métalliques, en donnant un dépôt de métal à l'un des pôles. Mais ce fut Davy qui, quelques années après Volta, étudiant d'une manière si brillante les effets de la pile, attira l'attention de tous sur les propriétés chimiques des courants. En électrisant la potasse, corps prétendu simple jusqu'à lui, le savant anglais retira le potassium, métal étrange, qui brûle au contact de l'eau et qui a la consistance et la légèreté du beurre. Cette expérience fut considérée comme capitale; elle eut un immense retentissement. L'Institut de France décerna à Davy le grand prix des sciences physiques (1807), et, malgré la guerre qui régnait alors entre la France et l'Angleterre, l'Empereur envoya un vaisseau chercher l'illustre savant et le reçut à Paris avec des honneurs presque royaux. On raconte qu'il fit répéter devant lui l'expérience de la décomposition de la potasse, et qu'en la voyant, il se prit à comparer la pile de Volta à la moelle épinière, les fils conducteurs aux nerfs, partant de l'encéphale et y retournant, et la potasse aux muscles recevant comme eux l'action des générateurs.

Davy ne s'arrêta pas à la décomposition de la potasse;

son éclatant succès l'encouragea, et il se mit à étendre ce fait : la soude, la chaux, l'alumine furent également décomposées; certaines matières organiques, feuilles de laurier, tiges de menthe, soumises à l'action de la pile montrèrent même des phénomènes curieux, quoique beaucoup moins nets que les précédents.

Depuis cette époque, une innombrable quantité de corps, surtout les liquides, ont été soumis à l'action de la pile. On reconnut que sauf le mercure, qui est resté simple jusqu'à ce jour, tous les liquides sont décomposés par le courant électrique et réduits en leurs éléments. En particulier, l'eau, qui a été naturellement très étudiée, se décompose difficilement lorsqu'elle est bien pure; mais la réduction est plus facile si l'on ajoute au liquide quelques gouttes d'acide sulfurique : l'eau est alors décomposée; l'hydrogène se dégage au pôle négatif, l'oxigène au pôle positif, et on a pu constater que le premier gaz est double du second.

Un grand nombre de savants, parmi lesquels nous retrouvons Faraday et M. Becquerel, ont recherché les lois des décompositions électro-chimiques. Les lois qu'ils ont trouvées et énoncées paraissaient au premier abord assez complexes; mais aujourd'hui, en tenant compte du principe de la conservation du travail des forces, principe qui domine toute la science moderne et dont nous avons dit quelques mots, on peut les réunir en une seule, et dire que *le courant électrique pourrait, s'il n'y avait pas de pertes passives, déterminer dans le circuit qu'il traverse un travail chimique égal à celui qui lui a donné naissance.* Ainsi, lorsque l'acide sulfurique transforme en sulfate 33 grammes de zinc, poids particulier qui représente l'équivalent chimique de ce métal, l'électricité produite est au plus capable de décomposer l'eau et de dégager 1 gramme d'hydrogène, ou bien de réduire un sel de cuivre, d'argent ou de potasse en déposant 32 grammes de cuivre, 108 grammes d'argent, ou 39 grammes de potassium, nombres particuliers qui représentent les équivalents chimiques de ces corps. Mais c'est là une loi limite, difficile à atteindre, à cause des pertes d'électricité imprévues et inévitables.

Les décompositions électro-chimiques, quelles qu'elles soient, ont une importance considérable dans la science. Nous en avons dit assez pour le montrer; et industriellement, la décomposition particulière des sels de cuivre, d'or et d'argent, constitue les principes de la galvanoplastie, qui rend de si grands services à la société moderne.

PRÉPARATION DES PIÈCES POUR LA DORURE

La dorure électro-chimique est l'art de recouvrir d'une couche d'or des objets de différentes formes, au moyen du courant électrique. On dépose cette couche par une série d'opérations qui peuvent se grouper en trois ou quatre manipulations principales. La première est la préparation des pièces : c'est aussi la plus importante, car tout le succès des opérations suivantes dépend de cet apprêt. Comme on peut dorer divers métaux, il y a différentes manières de préparer les pièces.

Les objets sortant des mains du fabricant et du ciseleur sont toujours recouverts d'une légère couche grasse qui empêcherait l'adhérence de l'or. On se propose donc de décaper ces objets, c'est-à-dire d'en rendre la surface entièrement homogène et dans un état physique convenable.

Quand l'objet est en bronze, on le recuit sur un feu de mottes en le faisant rougir; quand il est en laiton, comme on ne pourrait sans altérer profondément la matière le chauffer à une haute température, on le décrasse, en le lavant dans une lessive concentrée de soude. Mais si le recuit ou la lessive alcaline enlève la matière grasse, il reste toujours une mince couche d'oxyde, et c'est pour enlever celle-ci qu'on *déroche* les pièces. On les porte dans un bain acide chaud pour les petites, froid pour les grandes; on les suspend par de grands crochets en cuivre, emmanchés de bois pour éviter le contact des mains; puis on les laisse là un certain temps, jusqu'à ce qu'elles deviennent légèrement rougeâtres; alors on les sort et on les lave en les brossant. Ce n'est pas tout encore, et la pratique, qui est le meilleur guide, a montré que les objets ainsi préparés ne sont pas parfaitement prêts à être dorés.

On achève donc leur préparation dans deux bains de décapage, fortement acides, dont le second, qui s'appelle bain de *blanchiment*, attaque vivement le métal. On opère très vite et on lave à grande eau, puis on les sèche à la sciure chaude et on les porte immédiatement à la dorure. C'est ainsi que l'on prépare les objets de bronze ou de laiton.

Lorsque les pièces sont en maillechort, en fer ou en zinc, on commence par les décrasser dans un bain de soude; puis on les soumet au *ponçage*, ce qui se fait en les frottant, sous un filet d'eau, avec de la ponce réduite en poudre et une brosse très roide en soies de sanglier, montée sur un tour rapide. Si les pièces sont trop délicates ou trop volumineuses pour être ainsi portées sous le tour, on les frotte à la main avec des brosses appropriées. Enfin les objets sont séchés à la sciure de bois et portés à la dorure.

Pour l'argent, les opérations sont les mêmes que pour le fer et le zinc; seulement avec le ponçage la pièce est blanchie; on la recuit au rouge et on la trempe vivement dans un bain légèrement acide. La surface sort de là avec un mat très blanc; la dorure qu'on applique ensuite est très belle.

Le plus souvent ces diverses opérations, surtout celles du ponçage, sont faites par des femmes. De temps en temps un ouvrier passe et porte les objets achevés à la dorure. Mais il faut éviter avec un soin extrême de toucher avec les mains les pièces déjà décapées. A ce moment, elles sont très sensibles, la surface est parfaitement nette, et les pores en sont ouverts, tout prêts à recevoir, à humer pour ainsi dire, le dépôt, dont l'adhérence sera complète avec ces précautions.

BAINS D'OR

La composition du bain d'or est parfaitement connue; on sait et l'on trouve dans tous les traités spéciaux la proportion des substances avec lesquelles on obtient les meilleurs dépôts. On rencontre pourtant parfois des industriels qui ne veulent pas divulguer la nature de leurs bains, soit qu'ils mêlent des matières inertes aux liquides utiles, soit qu'ils aient trouvé quelques tours de main pratiques qui leur permettent d'obtenir plus facilement de beaux effets. Mais la nature du bain est la même dans toutes les usines.

On fait dissoudre 50 grammes d'or dans l'eau régale et on évapore; puis, quand la liqueur est sirupeuse, on ajoute de l'eau tiède et on verse peu à peu 50 grammes de *cyanure de potassium.* Ce dernier corps est, grâce à cette application, devenu un des plus importants de la chimie; il est analogue à l'iodure de potassium, souvent ordonné par les médecins; il jouit de propriétés également remarquables, mais il est fortement vénéneux.

On forme ainsi 50 litres de la dissolution d'or et de cyanure; on fait bouillir ce liquide pendant quelques heures et on le verse dans la cuve où doit se faire la dorure. Cette cuve est elle-même chauffée, pendant l'opération, vers 70°. On pourrait bien opérer à froid, mais la quantité du dépôt est moindre et les couleurs sont moins riches.

Avant de plonger les pièces dans ce bain, on les rince une dernière fois à l'alcool, puis dans un bain acide, et on lave à grande eau pour enlever les poussières qui auraient pu tomber depuis le décapage ; ce n'est qu'après cette dernière préparation, faite au bord de la cuve même, que l'on plonge les pièces dans le bain. On les y laisse un certain temps, qui varie suivant l'épaisseur qu'on veut obtenir. Mais la couche d'or apparaît au bout de quelques minutes, et elle augmente au fur et à mesure.

Du reste, pour se rendre compte de la quantité d'or déposée, quantité dont le prix de l'objet dépend, on pèse le corps lorsqu'il arrive dans l'atelier de dorure, puis lorsqu'il en sort.

Tous les métaux se dorent également bien dans le bain, formé comme il a été dit. Pour certaines substances cependant, l'acier, l'aluminium, le dépôt d'or ne serait pas adhérent. On recouvre ces corps, par la galvanoplastie même, d'une légère couche de cuivre, sur laquelle on dépose l'or. Le cuivre adhère au métal, et l'or au cuivre ; de sorte que l'objet est solidement doré.

APPAREILS EMPLOYÉS

Les appareils que l'on emploie pour opérer ces dépôts sont très simples. Le courant d'une pile Bunsen ordinaire est amené par des fils à des tringles métalliques, suspendues au-dessus de la cuve. Les pièces à dorer sont attachées à deux tringles par des crochets également métalliques, et elles plongent entièrement dans le bain. Mais il faut bien observer qu'elles soient suspendues à la tringle négative, laquelle communique avec le pôle zinc de la pile ; à l'autre tringle est suspendue une feuille d'or ou d'argent, si le bain sert à la dorure ou à l'argenture.

Le courant électrique produit dans la pile se rend aux tringles ; de là, par les crochets métalliques et les pièces, il descend dans le liquide à travers lequel il passe. On voit qu'ainsi le circuit est complet et que l'électricité peut aller d'un pôle à l'autre. Mais le passage du courant à travers le liquide détermine des réactions très curieuses et très importantes. Ainsi que l'a reconnu Volta, l'électricité décompose les sels métalliques, et fait déposer le métal au pôle négatif. C'est ce qui arrive ici : le sel d'or, traversé par le courant, se décompose; l'or se dépose au pôle négatif où se trouvent les objets, et ceux-ci sont dorés. Mais il faut avoir bien soin d'établir les communications métalliques

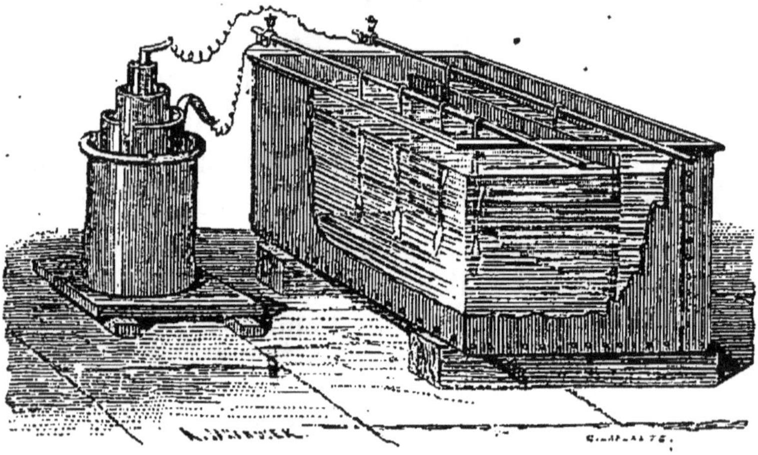

Fig. 75. — Appareil composé pour la dorure et l'argenture.

pour que les objets soient partout traversés par l'électricité, sinon ils ne seraient pas également recouverts.

A mesure que l'or se dépose, le bain s'appauvrit; il contient de moins en moins de métal précieux. Par suite, si l'on ne prenait aucune précaution, le dépôt, d'abord rapide, se ralentirait de plus en plus et cesserait au bout de quelque temps; il pourrait même arriver, surtout si le courant s'arrêtait, que l'or déposé abandonnât l'objet pour se dissoudre de nouveau. C'est pour éviter cet effet qu'on place au pôle positif une plaque d'or; à mesure que le bain s'appauvrit d'un côté, il s'enrichit de l'autre; au pôle positif, une quantité d'or se dissout précisément égale à celle qui s'est déposée à l'autre pôle.

Considérez ici la double pompe : le pôle positif refoule, pour ainsi dire, le métal, et le renvoie dans le liquide ; le pôle négatif l'attire et se l'approprie. Il n'y a aucune perte, et le bain reste également concentré, car il se renouvelle constamment pendant la durée de l'opération. Le même bain ainsi disposé peut servir très longtemps.

L'appareil se compose donc d'une pile, placée à un endroit quelconque, et reliée métalliquement aux tringles de la cuve, puis d'un vase en grès ou en bois doublé de gutta-percha contenant le bain et dans lequel plongent d'un côté les objets à dorer, de l'autre une lame de métal. La pile dégage toujours des vapeurs malsaines; il est bon de l'éloigner des ateliers où travaillent les ouvriers. Chez M. Christofle, elle est placée en dehors dans un grand hangar fermé et surmonté d'une cheminée à fort tirage. Cet appareil, usité actuellement pour la dorure et l'argenture, s'appelle *l'appareil composé ;* il est remarquable en ce que l'électricité est produite en dehors du bain.

DERNIÈRES OPÉRATIONS

En sortant du bain, les pièces ont ordinairement une couleur terne qui en réduit beaucoup la valeur. Aussi leur fait-on subir plusieurs opérations finales destinées à les polir et à leur donner la couleur et le brillant si recherchés dans le commerce.

La première de ces opérations est le gratte-brossage. On frotte énergiquement l'objet avec une brosse en laiton, composée de longs fils réunis en faisceau par un bout ; l'ouvrier prend le faisceau par l'autre extrémité, de manière à laisser une longueur libre plus ou moins considérable, et il frotte la pièce ; il dirige la brosse et polit les points particuliers du dessin qui est représenté. Cette opération se fait toujours au sein d'un liquide. Une eau gommeuse, ou mieux encore une décoction de bois de réglisse, est excellente pour cet effet ; il se forme un léger mucilage, et la brosse frotte plus doucement sans qu'il y ait risque d'écorcher le dépôt formé.

Lorsque les pièces sont unies, sans dessins en relief, on remplace le travail de la main par un travail mécanique. La brosse est disposée sur un mandrin qui tourne d'un mouvement très rapide, sous l'action d'un arbre de couche faisant 600 tours par minute. L'ouvrier dirige l'objet et le présente sous la brosse. Un filet d'eau mucilagineuse tombe constamment sur le gratte-brosse et s'écoule dans un baquet inférieur. Un ouvrier peut faire ainsi un travail égal à celui de dix hommes brossant à la main.

Après cette première opération, les pièces sont *mises en couleur*. La couleur est ravivée sur certains points spéciaux ; la réunion de ces points avec ceux qui sont simplement gratte-brossés forme les diverses teintes et les nuances dont on tire de si heureux effets. On a une sorte de bouillie, appelée très improprement *or moulu*, et qui ne contient que de l'alun, du nitre, de l'ocre rouge, des sulfates de zinc et de fer et du sel ordinaire. Ce mélange épais se dispose avec un pinceau sur la surface dorée. Puis on porte les pièces sur un feu de charbon de bois très clair et sans fumée. La bouillie fond, se dessèche, prend un aspect brunâtre, et l'opération est terminée. On plonge vivement l'objet dans une eau seconde, contenant de l'acide muriatique ; la bouillie est enlevée ; l'objet est mis à nu ; mais le dépôt a éprouvé en ces points une transformation physique qui en a modifié la couleur. On lave à grande eau, et on sèche à la sciure de bois chaude.

Les objets gratte-brossés ont un poli dur et cru même, sur les points mis en couleur ; ils n'ont pas encore ce velouté miroitant qui égalise, pour ainsi dire, le polissage sur toute la surface et adoucit les couleurs. C'est le *brunissage*, troisième opération, qui donne ce poli aux objets. Le brunissoir se compose ici, comme dans l'orfèvrerie ordinaire, soit de pierres très dures, agates ou hématites, enchâssées dans des manches en bois, soit encore de morceaux d'acier bien arrondis et bien polis. L'ouvrier prend en main le brunissoir et le promène avec force sur tout l'objet, en écrasant le grain endurci. Il frotte pendant quelque temps, jusqu'à ce qu'il s'aperçoive que l'opération est achevée et que la pièce est prête à être vendue.

Ces diverses opérations augmentent beaucoup le prix de revient des objets dorés par l'électricité; car la couche est excessivement mince, et ce n'est pas elle qui fait renchérir ces objets. On a trouvé que des cuillers à café ordinaires d'argent sont parfaitement dorées avec moins de 8 décigrammes d'or, c'est-à-dire que chaque cuiller ne prend environ que 35 centimes de ce métal précieux. On paye donc non pas la couche d'or, mais bien les manipulations qui précèdent ou qui suivent le dépôt. Cependant, il faut ajouter que les objets ainsi dorés coûtent environ deux fois moins que ceux que l'on obtenait par les anciens procédés, même à quantité d'or égale.

ARGENTURE ÉLECTRO-CHIMIQUE

L'argenture est plus importante encore que la dorure car on argente assez fréquemment un objet avant de le dorer : la préparation de la surface est bien moins délicate, et de plus un dépôt préalable d'argent permet d'obtenir une belle dorure, parfaitement mate, sur laquelle les opérations finales seront très faciles.

L'argenture ne doit donc pas se séparer de la dorure. Ce sont deux opérations semblables qui donnent des effets analogues et souvent se complètent l'une par l'autre.

Les objets à argenter sont soumis aux mêmes soins, aux mêmes décapages que ceux qui doivent être dorés. La composition du bain est la même, et la préparation n'en est pas changée. La cuve est encore en bois doublé de gutta-percha, pour empêcher l'absorption du liquide argentifère; le cyanure d'argent, que l'on mélangera au cyanure de potassium, comme on faisait tantôt pour le composé d'or, doit être excessivement pur et préparé à l'usine même; celui que l'on trouve dans le commerce ne conviendrait pas à cet usage.

Quand le bain argentifère est préparé, on dispose encore au pôle positif des plaques d'argent pur, et au pôle négatif les objets à argenter. Les diverses phases de l'opération sont les mêmes que pour la dorure; mais les dépôts se font plus rapidement; ainsi quatre éléments ordinaires peuvent déposer en quatre heures, environ 450 grammes d'argent, c'est-à-dire argenter très convenablement près de 5,000 cuillers à café, en ne supposant aucune perte de temps. — En sortant du bain, les objets sont encore soumis au gratte-brossage et au brunissage comme les autres.

Ordinairement le dépôt d'argent est mat; il arrive parfois, mais par hasard, et par un concours de circonstances ignorées, que le dépôt est poli. On a cherché depuis longtemps le moyen de régulariser ce hasard et faire à volonté une couche mate ou polie. On a trouvé qu'il suffisait pour cela de verser du sulfure de carbone dans le bain. Environ 10 grammes de ce liquide à odeur infecte suffisent pour 19 litres du bain argentifère. Ce mélange est abandonné à lui-même pendant un jour; on sépare ensuite une sorte de poudre noire qui tombe au fond, et le liquide restant est versé dans la cuve. Il se forme une légère quantité de sulfure d'argent, et c'est probablement grâce à ce composé que le dépôt est brillant. Ce procédé, pratiqué depuis M. Elkington, et rendu public seulement depuis quelques années, évite le gratte-brossage : aussi l'emploie-t-on assez souvent.

Il peut se faire que, malgré les précautions prises, les objets soient mal recouverts; et que, si l'on ne veut pas perdre la matière précieuse, on soit obligé de dédorer ou désargenter les objets. Si le support qui a été mal argenté est en cuivre, on le plonge dans un bain composé d'un mélange d'acides azotique et sulfurique, étendus d'eau; on chauffe à 70° environ; l'argent se dissout lentement; le cuivre n'est pas attaqué sensiblement au début; par le poids on peut juger la quantité d'argent qui a été enlevée. Pour le bain de dédorage, on ajoute du sel marin et on opère à froid. — Si le support est en fer ou en acier, on le débarrasse de la couche par le courant électrique même, en le suspendant au pôle positif. Ce procédé ne peut être employé pour le cuivre, qui se dissoudrait trop facilement dans le liquide cyanuré.

L'argenture est une opération plus fréquente que la dorure. Aussi, c'est à elle surtout que se rapportent les principaux travaux et les remarques faites dans la pratique, et le nombre en est grand. Une foule de tours de main, de petits procédés expéditifs, sont mis en usage non seulement pour faciliter et régulariser le dépôt d'argent, mais encore pour obtenir divers effets. Chaque usine, chaque fabricant a ses secrets que l'on cache à tous les yeux étrangers, que l'on redoute de se voir enlever par une usine rivale. On pousse même la précaution jusqu'à interdire l'entrée de certains ateliers spéciaux, et ne permettre qu'à regret la visite des autres ateliers. Tous les employés de la même maison ne sont pas dans le secret du fabricant; les ouvriers seuls qui méritent la plus grande confiance, et dont le nombre est le plus restreint possible, possèdent, non pas l'ensemble, mais chacun une partie spéciale des secrets. Défense leur est faite de travailler devant des étrangers et de dévoiler les procédés. C'est ainsi que, quoique l'ensemble des moyens d'argenture soit bien connu et bien étudié, beaucoup de procédés empiriques, de tours de main avec lesquels on obtient des effets particuliers, sont encore ignorés du public. — C'est là le résultat nécessaire de la spéculation et de la concurrence.

Outre les tours de main plus ou moins cachés et qui consistent, il faut bien le dire, surtout en de minimes détails, tels que faire bouillir un bain avant ou après une certaine opération, plonger la pièce au fond ou près de la surface, etc., il y a quelques observations communes à tous et qui n'ont rien de secret.

On a remarqué que les parties de l'objet les plus rapprochées des plaques suspendues au pôle positif se couvraient d'une couche plus épaisse. On a donc soin de placer en ces endroits les points les plus exposés au frottement et qui ont besoin d'une plus grande épaisseur. — Bientôt l'argent tombe au fond du liquide, et au-dessus il ne reste plus, pour ainsi dire, que de l'eau pure; la dissolution d'argent s'est concentrée au fond de la cuve; les pièces seraient donc très inégalement argentées; aussi agite-t-on souvent le bain. — L'argent s'épuise et on le maintient saturé avec des plaques; mais le cyanure de potassium s'épuise également, et au bout de quelque temps, il n'y a plus dans le bain assez d'alcali pour dissoudre le composé d'argent; le liquide ne peut plus dès lors fonctionner. On le régénère encore en ajoutant de temps en temps du cyanure de calcium; il se passe alors diverses réactions chimiques, et finalement le composé alcalin est réformé. Cette heureuse modification est due, paraît-il, à un ouvrier de la maison Christofle.

Il est utile de connaître ces procédés, autant pour

juger des minutieuses précautions qu'il faut prendre pour avoir de bons produits, que pour ne pas être embarrassé, si jamais on avait la fantaisie d'argenter de menus objets, ainsi que la mode en régnait au commencement de cette industrie.

RÉSERVES

Dans les belles pièces d'orfèvrerie, on réunit quelquefois divers métaux. L'or et l'argent se mélangent, et, par leur union, forment d'harmonieux contrastes. C'est, par exemple, une guirlande de fleurs : les tiges, les feuilles sont dorées à l'or vert, chacune avec des nuances plus ou moins foncées; les fleurs sont argentées, et les étamines sont dorées à l'or ordinaire. Toutes les nuances imitent entièrement les couleurs naturelles, et de simples ustensiles de fer ou de cuivre deviendront de magnifiques objets d'art, peints et ciselés par l'action lente et silencieuse de l'électricité.

D'abord, on obtient de l'or vert en mélangeant un bain d'or avec des proportions plus ou moins grandes de bains d'argent; le dépôt est un alliage variable d'or et d'argent qui possède une teinte légèrement verdâtre. L'or rouge est donné dans un mélange de bains d'or et de bains de cuivre. L'or jaune est produit dans le bain ordinaire.

Quand on veut obtenir un dépôt sur toute la surface de l'objet, on le plonge entièrement dans le bain. Mais si l'on ne veut avoir de dépôts qu'à des points déterminés, il faut préserver les points voisins et les empêcher de recevoir la couche qui va se former; on pratique alors des réserves et des épargnes. Avec un pinceau on applique sur les parties qu'on veut conserver un léger vernis formé de copal, d'huile et de chromate de plomb; ce vernis ne laisse pas passer l'électricité. L'objet recouvert par places est plongé dans un bain et travaillé comme à l'ordinaire. Le vernis résiste aux liquides dans lesquels il est plongé, mais on l'enlève en le délayant dans la térébenthine.

APPLICATIONS DE LA DORURE GALVANIQUE

Quand on sut dorer et argenter des métaux, on se demanda si l'on ne pouvait pas opérer de même sur des objets de toute sorte. Les savants n'ont en vue que les conséquences les plus importantes; c'est à d'autres personnes, surtout aux industriels, qu'il appartient de chercher ensuite toutes les applications possibles de ces découvertes premières.

Qui pouvait songer d'abord à déposer l'or et l'argent sur la soie? à broder les tissus? à recouvrir les dentelles de couches métalliques si fines et si légères, que l'aiguille de la plus habile couturière ne puisse les imiter? qui donc aurait eu l'idée de dorer les robes de bal! Lorsque le problème fut posé, il parut d'une exécution presque impossible. Ne faudrait-il pas plonger les tissus dans les liqueurs corrosives, dessiner des broderies à la main et forcer l'électricité à attacher l'or aux points indiqués? Sans doute, mais toutes ces questions ont été résolues. On admire quelquefois dans les bals des toilettes délicates surchargées de magnifiques broderies. On s'étonne qu'il se soit trouvé une main assez habile pour tisser ensemble tant d'or et tant de soie, et toutefois l'on est surpris de voir combien tout cela est fin et léger. Les fils sont recouverts d'une si mince couche d'or que le poids n'en est pas augmenté et que pour fabriquer la robe de bal la plus riche, on n'a consommé que quelques centimes de ce métal.

Bien plus, on recouvre aussi d'or et d'argent les matières organiques. A Berlin, on dore des corbeilles, des fruits et des fleurs. Ces petits ornements fort délicats sont très recherchés. On pique les fruits avec une épingle, et on en recouvre doucement toute la surface avec de la plombagine, qui est du graphite réduit en poudre très fine. Puis on porte chaque fruit dans un bain de cuivre; il se forme une couche de cuivre, sur laquelle on dépose l'or galvanique. On retire ensuite l'épingle, on laisse sécher le fruit intérieur, et il ne reste plus qu'une enveloppe métallique qui a exactement la forme du fruit, et en reproduit les plus légers détails, même jusqu'au duvet.

En France, on fabrique de petites corbeilles en argent, légères et gracieuses. On fait venir d'Allemagne une sorte d'osier très mince, très léger; on tresse les corbeilles et on les recouvre d'une couche de plombagine. On dépose ensuite autour des brins d'osier une couche assez épaisse de cuivre que l'on argente; la corbeille est finie; l'osier se dessèche dans sa gaîne métallique, et l'on a des tiges d'argent très fines, très solides, tressées en corbeilles.

En France, en Belgique, on dore même le verre, la porcelaine, et la couche est adhérente. On commence par déposer sur la surface un léger voile d'argent, ce qui se fait dans un bain ordinaire, contenant de l'huile d'œillette. Cette huile rend, on ne sait pourquoi, le dépôt d'argent adhérent. Puis on recouvre ce premier dépôt d'une couche de cuivre, et enfin d'une couche d'or. On commence même par faire avec ce procédé des miroirs, dans lesquels le tain mercuriel est remplacé par une couche d'argent.

Rien ne limite les applications de la dorure et de l'argenture électro-chimique. Les procédés mis en usage sont plus ou moins faciles, plus ou moins connus et expliqués; mais qu'importe à l'industrie, si la science prudente marche à tâtons dans une voie qu'elle explore? L'industrie profite de toutes les découvertes, et il ne lui est même pas toujours indispensable de les comprendre.

PROCÉDÉS ANCIENS

Avant la découverte de la galvanoplastie, on dorait les objets par trois procédés qui étaient tout à la fois pénibles, incertains et coûteux.

La *dorure par immersion* est encore employée pour les bijoux plaqués et les petits objets. On trempe les pèces dans un bain aurifère. La préparation de ce bain est assez longue et pénible, et l'on ne peut tirer parti de tout l'or qui est dans le liquide, tandis qu'avec l'électricité on retire du bain jusqu'aux dernières particules de ce métal. Les opérations qui précèdent ou suivent la dorure sont les mêmes que celles qui ont déjà été décrites. La couche d'or est seulement extrêmement mince, et l'on ne peut augmenter le dépôt que par des moyens détournés; il arrive même que la dorure est irrégulière, peu homogène, et qu'il faut souvent recommencer l'immersion.

La *dorure au mercure* n'est plus employée. Elle avait l'épouvantable inconvénient d'empoisonner les ouvriers. Après un certain temps de travail, ils étaient saisis d'un tremblement nerveux; ils salivaient en abondance; leurs dents tombaient, leurs os se ramollissaient, ils mouraient enfin sous les pernicieuses influences des vapeurs mercurielles. Ce procédé consistait à former un amalgame d'or. On dissolvait le métal précieux dans le mercure, comme l'on dissout le sucre dans l'eau bouillante; on formait une pâte visqueuse, qui était placée avec le pinceau sur les objets à dorer; on portait ensuite le tout dans un four, le mercure se vaporisait et laissait l'or attaché au point où on l'avait mis. Cette opération devait se refaire plusieurs fois, car l'or ne s'attache pas également à tous les points, et il est nécessaire de faire des reprises. On se servait enfin du brunissoir pour polir la couche d'or.

S'il fallait dorer du bois ou du carton-pâte, comme les cadres de glaces, on dorait *à la feuille*. On appliquait sur le cadre une sorte de vernis et on le recouvrait d'une feuille d'or laminée et devenue d'une minceur extrême. La feuille était ensuite brunie avec une pierre d'agate. Si l'on veut dorer ainsi les métaux, il faut, avant de brunir, passer la pièce au four pour sécher le vernis : de là vient le nom de *dorure au four*.

On pratiquait de même une argenture à la feuille, aujourd'hui complètement délaissée car la main-d'œuvre y est considérable, et les pertes sont très grandes.

Le plaqué d'argent s'obtient en soudant sur un lingot de cuivre une feuille d'argent fin ; la soudure est faite avec un mélange de borax et d'azotate d'argent. Le lingot de cuivre, chauffé au rouge et recouvert de cette pâte liquide, est entouré de la feuille d'argent, puis passé au laminoir. On fabrique ainsi des plaques de cuivre plaquées d'argent, que l'on peut travailler au tour ou au moule et qui sont d'autant plus riches que la couche de métal fin est plus épaisse.

On pratique enfin, en Angleterre surtout, pour les objets de mince valeur, un dernier moyen d'argenture. C'est l'*argenture au trempé*, presque identique du reste à la dorure par immersion. On plonge les objets dans un bain argentifère bouillant, et le métal se dépose en mince couche.

La plupart de ces anciens moyens sont à peu près abandonnés aujourd'hui, grâce au procédé galvanoplastique, et les nombreux inconvénients qu'ils présentaient sont maintenant évités.

CHAPITRE II

CUIVRAGE GALVANIQUE

Dans la galvanoplastie, on se propose non seulement de recouvrir d'une couche de métal, or, argent ou cuivre, un objet déterminé, façonné, et ciselé d'avance; mais on a encore pour but de reproduire un modèle autant de fois qu'on le voudra, et d'obtenir de nouveaux objets de forme identique. Le dépôt de cuivre s'effectue dans les mêmes conditions et suivant les mêmes règles que celui de l'or ou de l'argent; on y a souvent recours, ainsi qu'on l'a déjà vu, pour faciliter l'adhérence du métal précieux. Le cuivrage en couches épaisses sur un modèle s'obtient au moyen de procédés faciles à comprendre d'après ce qui précède et également faciles à exécuter. Aussi, toutes les fois qu'on veut reproduire avec une exactitude minutieuse un objet quelconque on le soumettra à la galvanoplastie. C'est ainsi que cet art s'applique à tous les autres et leur vient en aide, soit pour reproduire indéfiniment, et vulgariser par cela même les statues et les bas-reliefs, soit pour fabriquer les candélabres, les fontaines ou les colonnes publiques, soit pour conserver des clichés, des planches de gravure ou de typographie : applications innombrables et d'autant plus fréquentes qu'elles sont faciles et peu coûteuses.

APPAREIL

L'appareil dont on se sert pour cuivrer les objets, quels qu'ils soient, est un appareil simple, où l'électricité est produite dans le bain lui-même. Dans une cuve, on met une dissolution de couperose bleue, ou sulfate de cuivre, comme celle dont on se sert dans la pile de Daniell; c'est dans ce liquide qu'on plonge la pièce. On peut remarquer que l'on a ainsi un commencement de pile et que le bain peut précisément faire partie du générateur de l'électricité. On a donc simplifié l'appareil employé à la dorure.

Dans le bain de cuivre on met un vase poreux en por-

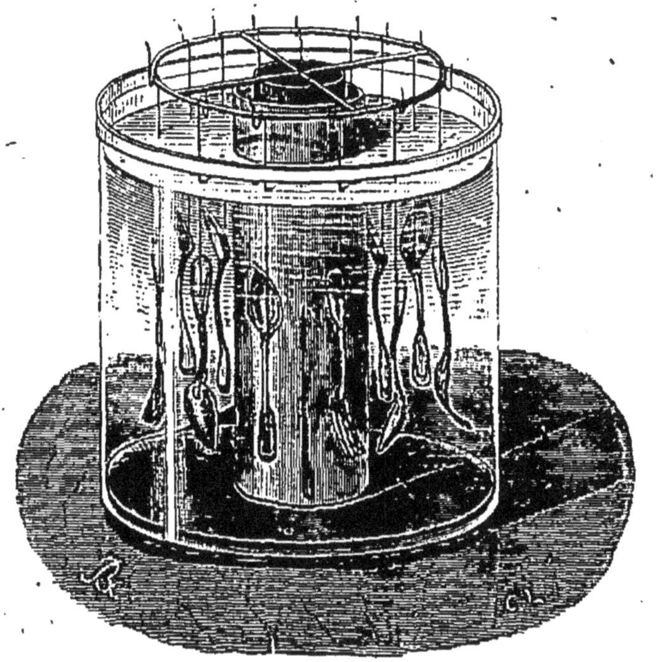

Fig. 74. — Appareil simple pour le cuivrage galvanique

celaine dégourdie; ce vase est lui-même rempli d'acide sulfurique et d'une plaque de zinc amalgamé. C'est là une véritable pile de Daniell, avec cette modification que la cuve extérieure contenant le sulfate de cuivre est très grande et peut contenir à la fois plusieurs vases poreux. L'électricité se produit dans ces vases par la réaction chimique de l'acide sur le métal, et le pôle négatif est le zinc lui-même; le pôle positif est dans le bain de sulfate de cuivre comme dans la pile de Daniell. Pour former le courant, il n'y a qu'à réunir les deux pôles par un fil métallique.

Le moule, l'objet à cuivrer, est suspendu dans le bain et devient le pôle positif, si l'on a soin de métalliser cet objet, c'est-à-dire de le rendre apte à conduire l'électricité. Aussitôt que le circuit est fermé, que le moule est réuni au zinc, le courant passe et le cuivre commence à se déposer. Bientôt cependant, à mesure que le métal se dépose, le bain s'épuise de plus en plus; ici, comme pour la dorure, il est de toute nécessité d'entretenir le liquide à l'état de saturation. On suspend alors un petit sac de toile rempli de cristaux de couperose bleue qui se dissoudront au fur et à mesure et rendront le bain toujours également concentré.

On voit que cet appareil est très simple; il contient à la fois la pile et le bain; il n'exige l'emploi d'aucune pile spéciale, et chacun peut l'organiser chez soi pour faire de la galvanoplastie.

MOULES

Dans la dorure et l'argenture, il s'agissait de recouvrir d'une couche de métal un objet déterminé, et c'était cet objet lui-même que l'on plongeait dans le bain. Ici on peut se proposer, ou bien de cuivrer un objet particulier, ou bien de reproduire un modèle sans toucher à ce dernier. Dans le premier cas, on plonge encore dans le bain l'objet lui-même rendu métallique, s'il ne l'est déjà, par une couche de plombagine; dans le second cas, il faut mouler le modèle et agir sur le moule. Ce qui arrive ordinairement pour le cuivrage se présente quelquefois dans la dorure, lorsqu'on cherche à reproduire un modèle en or ou en argent; les procédés ne sont pas changés.

On fabrique les moules avec une substance plastique

quelconque; tous les détails, même les plus minimes, rapportés sur le modèle, seront ensuite recouverts de cuivre. La matière plastique varie; on se sert tantôt de cire, tantôt de plâtre.

Ainsi pour reproduire une médaille, on la couvre de plâtre coulé; on imprègne ensuite ce plâtre d'une couche de stéarine pour le préserver de l'action corrosive du bain cuivreux : on le laisse sécher, et, après en avoir réservé les parties extérieures, on le plonge dans le liquide. Si la médaille est en relief, le moule en plâtre sera creux et le dépôt en cuivre recouvrira les creux d'une couche homogène, qui ira en augmentant de plus en plus. Lorsque l'épaisseur sera suffisante, on retirera l'objet, et on détachera le moule de son empreinte. Si la médaille n'est reproduite que sur une face, le dépouillement sera facile et le moule pourra servir plusieurs fois encore.

La réserve des parties extérieures s'obtient en ne métallisant pas les points où le dépôt ne doit point se faire. Cette métallisation est nécessaire pour tous les moules, à moins qu'ils ne soient métalliques : elle a pour but de les rendre perméables pour ainsi dire à l'électricité. Tous les corps, en effet, ne sont pas également traversés par les flux de l'électricité : les uns, ce sont les métaux, sont très facilement traversés, et conduisent aisément l'électricité, selon l'expression admise, jusque dans leurs parties les plus éloignées : les autres, au contraire, les résines, le verre, la porcelaine, les matières plastiques ordinaires, sont rebelles à l'action électrique, et ne laissent électriser que les points immédiatement touchés : ils sont mauvais conducteurs. Dans un bain galvanoplastique, pour que le dépôt se fasse, il faut que les points qui seront cuivrés soient conducteurs, et que l'électricité puisse circuler librement sur la surface. A cette condition seule, le dépôt aura lieu, et la couche sera homogène.

La métallisation des moules se fait avec la plombagine, poudre très conductrice de l'électricité, et provenant des charbons graphitoïdes. On s'assure d'abord si la plombagine possède les propriétés que l'on recherche; puis avec un blaireau chargé de charbon, on passe doucement et plusieurs fois sur toutes les parties du moule, de façon que la couche soit égale partout, et que tous les points en soient recouverts; enfin, avec une brosse fine, on rend la surface brillante. On entoure le contour de la médaille d'un fil de cuivre, qui touche sur tout son contour à la plombagine, et par ce fil on suspend le moule dans un bain.

On peut encore rendre les surfaces conductrices par la métallisation humide. On fait dissoudre du nitrate d'argent dans l'alcool, et on imbibe les substances de cette solution, puis on laisse sécher. Il reste une couche saline que l'on expose aux émanations sulfureuses : l'argent est réduit, la couche devient noire et conductrice. C'est de ce procédé que Elkington, en Angleterre, et M. Piédulller, officier francais, se sont servis pour métalliser les substances végétales. Ainsi ont été rendus métalliques les fleurs, les fruits, les fils de soie; ainsi les verres et les cristaux; et lorsque ce premier dépôt chimique est obtenu, on soumet les substances aux bains électro-chimiques.

Les moules en cire ou en stéarine sont façonnés et disposés de la même façon. Mais toutes ces matières plastiques sont rigides et ne peuvent servir que pour les dépouillements faciles. Il ne faut pas que le moule soit brisé en dépouillant les pièces, ce qui augmenterait considérablement la dépense et la main-d'œuvre; il faut, au contraire, qu'il puisse servir plusieurs fois.

Aussi, le plus souvent, on néglige le plâtre, la cire ou la stéarine, et l'on emploie la gutta-percha. C'est une résine particulière, analogue au caoutchouc, et éminemment propre aux usages galvanoplastiques. Si cette industrie a fait tant de progrès, si elle est arrivée à une si grande perfection, c'est grâce à l'emploi de la gutta-percha. Elle est assez élastique pour reproduire fidèlement les objets les plus fouillés; elle est complètement inaltérable dans les bains alcalins ou acides, et elle peut servir presque indéfiniment. De temps en temps cependant, la gutta-percha, qui, exposée à l'air, devient dure et cassante, est fondue avec un peu de résine neuve, et cette opération lui rend sa plasticité première. Il est bon, de plus, de la conserver dans l'eau afin qu'elle dure plus longtemps.

On place sur la plate-forme d'une presse à vis un châssis où est couché l'objet à mouler; au-dessus, on met une boule suffisante de gutta, ramollie dans l'eau bouillante et pétrie avec les doigts. On dispose ensuite une contre-pièce, présentant grossièrement les anfractuosités du modèle, et l'on presse le tout. La gutta s'affaisse sous l'action de la presse et s'imprime exactement sur les contours du modèle. On laisse refroidir et on démoule. Pour que le démoulage soit facile et afin qu'il n'y ait pas adhérence entre le modèle et la matière plastique, on enduit préalablement le corps d'une eau savonneuse et la gutta de plombagine; on peut alors séparer parfaitement les objets.

Quand on pétrit entre ses mains la gutta-percha ramollie, elle s'attache aux doigts comme un pétrin trop sec; elle se réduit en filaments pâteux et noirâtres, qui s'allongent et se collent entre les doigts. En vain on la lave à l'eau chaude, à l'eau froide; la gutta refroidit et adhère à la peau. Il faut frotter énergiquement et longtemps, pour se débarrasser de ces taches gluantes. Mais il y a un moyen bien simple de se préserver de cet inconvénient : c'est de tremper ses mains dans l'eau froide avant de toucher à la gutta-percha.

Le moulage à la compression ne peut se faire que sur les objets ou les métaux qui ne craignent pas de se déformer sous la presse ou à la chaleur. Cependant on doit reproduire parfois des modèles en plâtre ou en cire, et il faut alors recourir à la gélatine. Celle-ci est plus élastique encore que la gutta-percha ; elle moule plus facilement les objets très fouillés ; mais elle s'altère dans les bains, et quand on a un moule de cette substance, il faut opérer très vite, ce qui ne se fait qu'avec un courant énergique : alors le dépôt est dur, cassant, impropre à une foule d'usages. Pour être beaux, homogènes et malléables, les dépôts galvaniques doivent se faire lentement et d'une manière très régulière.

Pour rendre la gélatine plus propre aux usages galvanoplastiques, on en préserve la surface extérieure par un vernis épais ou une mince feuille de gutta. On coule cette gélatine préparée entre deux chapes en plâtre, dont l'une supporte le modèle, et l'autre présente les sinuosités les plus fortes. La gélatine refroidit lentement ; on la vernit ensuite et enfin on la porte à l'atelier de métallisation.

La confection des moules est la partie la plus délicate et la plus importante de la galvanoplastie. Pour les métaux, il faut par des décapages minutieux rendre la surface susceptible d'être portée dans le bain. Les substances plastiques doivent être rendues propres, par des métallisations très soignées, à recevoir les dépôts. « Telle surface, tel dépôt, » répètent constamment, depuis l'origine, les industriels et les savants qui ont inventé ou perfectionné cet art.

GALVANOPLASTIE MASSIVE

La coquille galvanoplastique, c'est-à-dire le dépôt de cuivre isolé du moule, n'est solide que lorsqu'elle représente des objets massifs, et lorsqu'elle est très épaisse. Alors seulement le dépôt se tient seul et ne risque pas de se briser. Généralement l'épaisseur en est faible, et la coquille a besoin d'un support. On a, par exemple, un moule creux; le dépôt reproduira avec une fidélité étonnante et rapide les sinuosités du modèle; la reproduction sera en relief, et après qu'on aura enlevé le moule, le dépôt restera seul. Mais derrière cette surface, il s'est formé un creux, représentant grossièrement les principales anfractuosités du modèle; et si l'épaisseur est faible, si l'objet, par exemple, est une longue tige sculptée, une baguette ornementée, la coquille n'a plus aucune solidité.

Pour remédier à cet inconvénient, la maison Christofle comble le vide intérieur de la coquille avec un métal particulier. On remplit ces creux de fils et de morceaux de laiton, puis, avec un chalumeau ordinaire, on chauffe ces fils. Le cuivre jaune fond à une température bien plus basse que celle qui est nécessaire pour la fusion du cuivre rouge. Le laiton intérieur fond, remplit le vide, se répartit uniformément partout, et l'enveloppe n'est ni fondue, ni même déformée; elle conserve exactement la forme de la surface sur laquelle elle a été déposée. On laisse solidifier le laiton par le refroidissement et il reste des pièces massives.

On a reproduit par ce moyen des pièces d'une délicatesse et d'une légèreté extrêmes. Ces baguettes si finement travaillées, qui décorent les panneaux de certains meubles, ces festons composés de fleurs, de guirlandes détachées les unes des autres, reliées à peine entre elles par un mince fil de cuivre, sont obtenues par ce procédé. On leur donne même par le bronzage une couleur foncée, ce qui leur fait imiter assez bien les anciennes dentelures de bois, si patiemment burinées par les ouvriers d'autrefois.

GALVANOPLASTIE RONDE-BOSSE

Lorsqu'on veut reproduire une ronde-bosse, on doit prendre diverses précautions. Les objets arrondis, les statues ou les bas-reliefs dans lesquels certaines parties en relief sont cachées par d'autres, sont difficiles à mouler tout d'une pièce, et le moule se dépouillera difficilement du dépôt galvanique. Ainsi dans une statue, il faut reproduire à la fois la face antérieure et la face postérieure; et pour que la statue sorte complète, il faudra briser le moule. On obtient cependant par la galvanoplastie des objets complets avec tous les reliefs, tous les fouillés qu'ils présentent naturellement.

Le plus souvent ces objets sont reproduits par parties séparées : on fait plusieurs moules, un pour chaque partie essentielle, et on assemble ensuite ces parties diverses. Dans une statue on fait la face intérieure, puis la face postérieure, puis chaque bras, lorsqu'ils sont séparés du corps; ces portions, reproduites par la galvanoplastie, sont réunies ensemble par une soudure habilement faite, de telle sorte que, la soudure étant achevée et effacée, la statue reste complète.

Il y a pourtant un moyen que l'on emploie quelquefois, et qui permet de faire les rondes-bosses d'une seule pièce. On fabrique un moule total, soit en plusieurs parties intimement collées, l'une et l'autre, soit en une seule partie. Ce moule simple est creux, et c'est sur la surface interne que se déposera le métal. On introduit dans l'intérieur une carcasse en fils de platine, présentant grossièrement la forme de l'objet. Ces fils métalliques sont attachés ensemble et suivent le moule dans ses sinuosités principales, mais sans le toucher, puis on plonge cette masse dans le bain, en ayant soin de la suspendre dans l'appareil composé dont on se sert pour la dorure. Le liquide pénètre dans le moule par la base ouverte, et le dépôt s'opère à la fois sur toute la surface intérieure. L'électricité arrive par les fils de platine qui communiquent avec le pôle positif de la

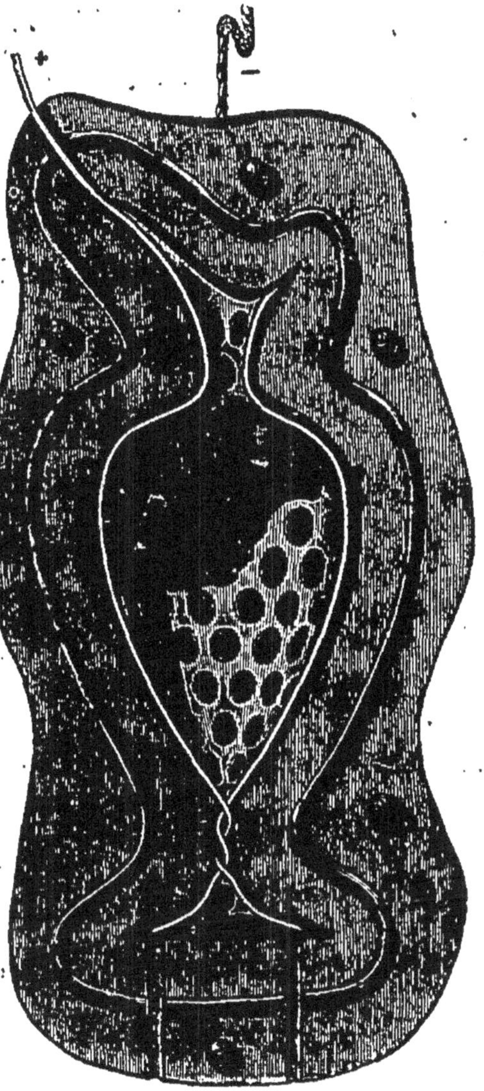

Fig. 74. — Moule pour la galvanoplastie ronde-bosse.

pile, traverse le liquide en le décomposant, et refoule le métal sur la surface du moule. Celui-ci a été plombaginé avec soin, et il communique avec le pôle négatif. Le dépôt se forme donc lentement dans chaque partie.

Il faut prendre garde à un léger inconvénient : le courant électrique décompose non seulement le sel de cuivre mais encore l'eau qui le tient en dissolution. Il en résulte une grande quantité de bulles de gaz qui se dégagent sur les fils de platine. Dans les bains ordinaires, les gaz s'échappent facilement dans l'atmosphère; mais ici, comme l'ouverture de la base est très-petite, les gaz, même lorsqu'ils se dégagent et qu'ils quittent le fil de platine, viennent s'accumuler à la partie supérieure et gênent bientôt l'opération. Aussi a-t-on soin de ménager de petites ouvertures à l'intérieur même du moule, pour laisser échapper les gaz à mesure qu'ils se forment. Avec cette précaution, on obtient facilement la ronde bosse.

Il faut encore avoir soin que les fils ne touchent le moule en aucun point; car il ne se déposerait aucun métal sur ce point, puisque l'électricité passerait directement d'un pôle à l'autre sans traverser le liquide. Aussi, à leur sortie, pour traverser la base étroite, les fils sont entourés de petits tubes de verres minces qui les isolent des contours du moule.

Ce procédé, inventé par un Anglais, Parker, et appliqué par lui en 1841, a été depuis lors grandement perfectionné et simplifié, surtout en France, où on l'emploie souvent tel que je l'ai décrit.

Ordinairement on reproduit par ce procédé la statue entière. Mais quand il y a des membres, bras ou jambes, isolés du reste du corps, on les reproduit à part, parce que la carcasse de fils seraient trop compliquée. Ces membres faits isolément sont soudés au corps de la statue par les procédés ordinaires.

Généralement le moule est fait de deux portions fortement attachées ensemble par des fils de cuivre; puis, le dépôt achevé, on sépare les deux parties du moule, et le métal intérieur reste isolé, formant la statue elle-même. De cette façon, le moule peut servir plusieurs fois.

Nous donnons comme exemple la statue d'Henri IV enfant, reproduite en argent par la maison Christofle d'après ce procédé. L'original se trouve au Louvre, dans une des salles du musée des souverains. On a suivi

Fig. 75. — Statue de Henri IV reproduite par la galvanoplastie.

de point en point la méthode qui vient d'être exposée, et les bras ont été soudés à part. C'est une des plus belles reproductions qu'on ait obtenues.

La soudure des diverses parties isolées d'un même

objet peut se faire de diverses manières. Le plus souvent on soude à l'argent ou à l'étain. Lorsque la soudure est achevée, on en avive la surface en la décapant avec un acide : puis, avec du mastic de vitrier, on fait au point de jonction une sorte d'auge qui sera remplie de dissolution métallique. Dans ce liquide est introduit le fil positif de la pile, pendant que la statue communique avec le pôle négatif, et le métal se dépose sur la soudure. On se sert ainsi du dépôt galvanique, non point pour souder, mais pour dissimuler les soudures et les raccorder exactement aux parties voisines. Quand il y a une légère protubérance, on la fait disparaître avec une lime douce.

DIVERSES REPRODUCTIONS

Le principal avantage de la galvanoplastie est de reproduire avec une fidélité scrupuleuse le moule sur lequel se fait le dépôt, quelque finesse ou quelque vigueur qu'aient les différentes parties de l'objet, quelque déliés qu'en soient les traits ; le dépôt galvanique est comme un métal coulé à froid, c'est-à-dire débarrassé du retrait, du recuit, de la trempe, de la liquation, phénomènes qui accompagnent toujours plus ou moins complètement le coulage à chaud ordinaire.

Si le moule est en relief, le dépôt sera en creux ; mais sur cette première reproduction on pourra dresser de nouveaux moules pour avoir l'objet en relief. Il ne faut pas oublier que la principale condition du succès est de faire de bons moules, et que si le premier a le plus léger défaut, ceux que l'on construira sur le premier dépôt reproduiront le même défaut, agrandi peut-être par les diverses manipulations. Aussi, toutes les fois qu'on peut plonger l'objet lui-même dans le bain, est-on certain d'éviter toute imperfection. Si l'on veut, par exemple, reproduire le cachet d'une lettre, on fait chauffer un petit fil de métal qu'on applique sur la cire à une partie inutile; puis on métallise la surface du cachet, sans oublier le point d'attache, et on plonge le tout dans le bain. Le dépôt se forme. On sépare ensuite le cachet de sa reproduction et l'on a en creux l'imitation parfaite du relief. C'est dit-on, le moyen dont se sont servis quelquefois des agents chargés de décacheter les lettres suspectes pour en prendre connaissance. Une fois lues, les lettres étaient recachetées avec l'empreinte galvanique, et il ne restait aucune trace visible de cette violation du secret des correspondances.

Le plus ordinairement, on prend les moules des objets, et on opère comme il a été dit précédemment. Quand ce sont des modèles plats, des médailles, des bas-reliefs, on les suspend au milieu du bain, de manière qu'ils soient couchés horizontalement et non pas debout. Si les bas-reliefs ont de grandes dimensions et présentent de fortes saillies, on fait en sorte que le fil positif envoie des ramifications dans les creux; ou bien encore on termine ce pôle par une plaque métallique reproduisant grossièrement la forme de l'objet et placée vis-à-vis. Sans cette précaution, il pourrait arriver que le courant électrique ne passât point par les points éloignés, et que ceux-ci ne fussent recouverts que par une épaisseur très faible. C'est ainsi qu'ont été obtenus les bas-reliefs du piédestal de la statue de Gutemberg, à Strasbourg.

C'est aussi par ce procédé qu'ont été reproduits les bas-reliefs de la colonne Trajane. Au mois de Juillet 1864, ces bas-reliefs obtenus en cuivre galvanique furent déposés dans les salles de rez-de-chaussée du Louvre, pour y être exposés en permanence. Ce précieux travail, sorti de l'usine électro-métallurgique de M. Oudry, à Auteuil, près de Paris, a été exécuté sur des plâtres envoyés directement de Rome et moulés sur la colonne elle-même, en 1861 et 1862. Déjà plusieurs fois, et notamment sous les règnes de François Ier et de Louis XIV, on avait essayé de transporter en France ces bas-reliefs, dont l'intérêt est inappréciable. Lors de la fondation de l'école française à Rome, on se fit envoyer des plâtres incomplets qui restèrent au château de Fontainebleau et s'y détruisirent peu à peu. La Convention voulut transporter la colonne elle-même et en orner la place Vendôme. Aucun de ces projets n'avait réussi : le succès était réservé à notre temps. C'est sur les cuivres galvaniques eux-mêmes que M. W. Frochner a expliqué complètement ces sculptures romaines. Depuis, ces études et ces explications ont été publiées, et la gravure a reproduit les bas-reliefs presque complets de la colonne Trajane. C'est ainsi que, grâce à la galvanoplastie, l'histoire romaine des Antonins a pu être étudiée avec de nouveaux documents. Il était à peine besoin de cet exemple pour faire comprendre que toutes les sciences et tous les arts sont intéressés au développement de la science de l'électricité.

FABRICATION DES CANDÉLABRES

Dès 1865, on comptait à Paris environ 30,000 becs de gaz, donnant une lumière équivalente à celle de 300,000 bougies. Il y a cent ans, la capitale de la France n'était éclairée que par 6,000 lanternes à chandelles, dont M. de Sartine avait doté la ville en 1765.

La facilité prodigieuse avec laquelle on fabrique les candélabres a certainement beaucoup contribué à l'accroissement de leur nombre : ils sont en fonte, recouverts de cuivre galvanique, et c'est là le principal travail de l'usine de M. Oudry, à Auteuil.

Un candélabre est formé de deux parties, le pied et la tige; la lanterne est fabriquée à part. Les pièces en fonte, portées à l'usine, sont vernies avec un mélange de substances résineuses. Ce vernissage est une heureuse invention de M. Oudry lui-même. Le cuivre n'adhérait pas sur les pièces de fer ; de plus, le bain galvanoplastique est toujours fortement acide, et il attaque violemment le fer, le corrode et le rend impropre à tous usages. Quand il fallait cuivrer une pièce de fer, on était obligé de la plonger dans un bain de cyanure, ce qui augmente considérablement le prix de revient.

Le vernis de M. Oudry rend le dépôt cuivreux adhérent à la fonte. Cette adhérence se conserve assez longtemps ; mais, après quelques années, soit par suite des secousses auxquelles les candélabres sont exposés, soit à cause de la formation d'une rouille du fer intérieur, le cuivre se détache tout d'une pièce ; l'âme intérieure en fonte est alors recouverte d'une gaîne de cuivre, qui ne la touche plus, et ne la préserve plus de l'action de l'air humide. Aussi les candélabres sonnent-ils creux et deviennent-ils rapidement hors d'usage. On les enlève alors pour les porter à l'usine.

Les pièces de fonte, étant vernies, n'ont plus besoin d'être décapées ; aussitôt que l'enduit est sec, on le recouvre encore d'une couche de plombagine et on porte la pièce dans le bain de sulfate de cuivre ordinaire. — Chez M. Oudry, ce liquide est placé dans de grandes cuves, où l'on opère sur plusieurs pièces à la fois. On pose les sacs de sulfate d'un côté de chaque candélabre, et de l'autre les vases poreux contenant le zinc et l'acide.

Le cuivre se dépose lentement, et l'épaisseur augmente de plus en plus. Au bout d'une huitaine de jours, on a obtenu une couche de 1 à deux millimètres d'épaisseur. On enlève alors les deux parties du candélabre, et on les passe séparément au bronzage.

Le bronzage de toutes les pièces en cuivre galvanique a pour but de les préserver du vert-de-gris et de leur donner un aspect agréable. Exposé à l'air humide, le

Fig. 76. — Fabrique de candélabres à l'usine de M. Oudry, à Auteuil.

cuivre se couvre d'une rouille verte; sans parler des dangers que présente ce poison exposé publiquement, on doit tenir compte de l'aspect repoussant que prennent les objets, devenus rouges ou verdâtres par places. Aussi bronze-t-on toutes les pièces en cuivre quelles qu'elles soient, statues, candélabres, bas-reliefs, etc. Cette opération consiste à frotter la surface cuivreuse avec une huile contenant une substance particulière, jaunâtre et à odeur infecte, que les chimistes appellent le sulfhydrate d'ammoniaque; elle a la propriété de déterminer un composé de cuivre très adhérent à la surface et complètement inaltérable à l'air.

On passe donc plusieurs pièces de bronzage sur les candélabres, et on leur donne la couleur qu'ils ont ordinairement, au lieu de les laisser rouges, comme l'est le cuivre galvanique. Les candélabres sont alors achevés, il ne reste plus qu'à réunir les pièces séparées, à les maintenir dans une forte soudure, et à les poser dans Paris en surmontant chaque tige de sa lanterne. Ainsi fait, un candélabre coûte environ 220 francs. La grande économie provient surtout de ce que les ornements et les ciselures sur le moule en fonte n'ont pas besoin d'être travaillés avec autant de soin qu'auparavant. En se recouvrant d'une couche épaisse de cuivre, les moulures s'adoucissent et perdent leurs roideurs et leurs irrégularités. Un candélabre dure, en moyenne, dix ans.

Le cuivre galvanique est très pur et très beau, et d'un aspect presque cristallin. Aussi M. Oudry en a-t-il profité pour faire diverses applications de ce métal, par exemple la fabrication de couleurs, très belles et très vives, à base de cuivre, et complètement inaltérables.

Elles ne ternissent pas, ne se détruisent que très difficilement, résistent à l'air, à l'eau, à tous les agents de destruction connus. On s'en sert pour les constructions. Le cuivre qui entre dans ces compositions est donné par la galvanoplastie en lames plus ou moins épaisses, puis réduit en poudre impalpable dans l'intérieur de l'usine même. Les ouvriers qui font ce travail sont exposés à respirer des poussières métalliques vénéneuses; aussi ont-ils la tête recouverte d'un linge et ne pénètrent-ils que masqués dans la pièce où le métal est pulvérisé mécaniquement.

Toute pièce de fer, ou d'autre métal, peut être recouverte d'une couche épaisse de cuivre. Des statues, de grands vases, des bas-reliefs sont faits tout d'une pièce. Les fontaines qui décorent la place de la Concorde à Paris sont un exemple de ce procédé : ce travail gigantesque a été la première œuvre capitale de l'usine de M. Oudry. Les différentes parties de fonte furent recouvertes d'une épaisse couche de cuivre, puis elles furent bronzées et assemblées. Depuis plus de vingt années, le cuivre ou le fer n'ont subi aucune altération. — La fontaine de la place Louvois est encore une œuvre de la galvanoplastie due au même industriel.

CHAPITRE III

APPLICATIONS DIVERSES DE LA GALVANOPLASTIE

Les procédés galvanoplastiques peuvent s'appliquer toutes les fois que l'on veut recouvrir de cuivre un objet quelconque. Quel que soit le support employé, on le rend conducteur de l'électricité par la plombagine, et on le plonge dans le bain avec des précautions convenables. Toutes les substances, la soie, les fruits, les feuilles, les tiges dorées, sont ainsi transformées en métal ; les feuilles de cerfeuil, de fenouil même, dont le limbe est si finement découpé, ont servi à faire des bijoux imitant parfaitement la nature. Bien plus, on a présenté un jour, à l'académie des sciences, le corps d'un pauvre enfant, mort en naissant, recouvert d'une couche de cuivre. Ce fait, trop excentrique, montre du moins que rien ne limite dans ce sens les applications de la galvanoplastie.

Ajoutons toutefois que, dans beaucoup de circonstances, il y a nécessité, comme nous allons l'indiquer, de modifier légèrement les procédés ordinaires.

ÉLECTROTIPIE

La galvanoplastie est devenue l'auxiliaire active de l'imprimerie : elle sert à reproduire les gravures sur bois, de telle sorte que, par son aide, on peut tirer d'un même dessin un nombre considérable d'exemplaires. Autrefois on tirait les épreuves sur le bois lui-même, tel qu'il avait été livré par le graveur; le dessin était promptement fatigué et usé, les contours s'émoussaient, et bientôt on était obligé de faire recommencer la gravure. On s'est ensuite servi de clichés en plomb. Aujourd'hui, on coule sur le bois de la gutta-percha, et l'on porte ce moule dans un bain de cuivre; le cliché obtenu est dressé au tour ou bien au rabot, fixé sur un bois d'épaisseur, et il est utilisé tout à fait comme une planche gravée sur cuivre. Si le dépôt est très lent, le cuivre est très dur, et l'on peut sans usure apparente, tirer soixante à quatre vingt mille épreuves.

Ces diverses manipulations n'augmentent pas le prix de revient. Avant la galvanoplastie, un atlas composé de 80 grandes cartes coûtait environ 300 francs, prix exorbitant et accessible seulement aux grandes bibliothèques ou aux riches familles. Une seule carte gravée sur bois revient à 1,800 francs, et en tirant sur le bois même, on ne peut avoir que 2,000 épreuves convenables; encore les dernières commencent-elles à être défectueuses. Par la galvanoplastie, on reproduit la planche aussi souvent qu'on le veut, sans recourir à de nouveaux frais de gravure, et toutes les épreuves sont aussi parfaites que le dessin buriné par l'artiste. Aujourd'hui le même atlas ne coûterait guère qu'une trentaine de francs. Cette réduction provient uniquement de ce que le tirage n'est plus limité.

Quant à la reproduction des planches stéréotypées, des clichés ou des caractères d'imprimerie, il est rare qu'on ait recours aux procédés électriques; les moyens industriels sont assez perfectionnés et assez économiques pour être généralement employés.

Certains dessins veulent être reproduits avec la fidélité la plus scrupuleuse, par exemple, les timbres-poste, les billets de banque, etc. Un dessin qui serait fait d'après un modèle, en différerait toujours par quelque point, et ne tromperait pas des yeux très exercés. Il faut que l'administration puisse reproduire à volonté des épreuves entièrement identiques au modèle, et que le type, une fois arrêté, ne soit plus exposé à être refait. Voici comment on procède. Un timbre-poste a été buriné avec soin sur une plaque d'acier et on a pressé sur cette plaque une lame de plomb qui en a pris exactement la contre-épreuve. Cette lame de plomb forme la matrice des timbres-poste; c'est sur elle qu'il reste à opérer.

On dépose d'abord du cuivre galvanoplastique sur le creux, un certain nombre de fois; l'on a ainsi autant de reproductions du modèle primitif qu'on le désire, reproductions parfaitement identiques à ce modèle, et qui pourront le remplacer pour toutes les opérations suivantes. On agit sur les premières reproductions comme sur le modèle primitif, et les secondes épreuves, assemblées en planches, servent à la gravure.

Lorsque, par suite d'un long usage, une de ces planches est usée et déformée, on en fabrique une autre avec la première reproduction; on n'a donc que très rarement besoin de recourir à la matrice.

On a établi à Vienne une imprimerie célèbre. Tous les ouvrages sortis des presses de cette imprimerie impériale sont parfaits, sous le rapport typographique. Dans cet établissement, la galvanoplastie joue un rôle très important : elle reproduit non seulement les gravure sur bois ou sur planches, ainsi qu'il vient d'être dit, mais encore les fleurs, les tiges des plantes, les feuilles, etc. On place ces objets entre une lame de plomb et une lame d'acier; puis on presse brusquement et avec force. Le plomb prend l'empreinte exacte de l'objet, jusque dans ses détails les plus délicats; on fait un moule en gutta-percha, et on prend l'empreinte en cuivre, que l'on soumet à la même opération que la matrice des timbres-poste. Il est vrai que, par ce procédé, les organes végétaux doivent être plus ou moins écrasés et déformés; mais il paraît que la déformation est moins grande qu'il ne semble naturel de le supposer[1].

[1] On a proposé la pile de M. Clamond, pour la reproduction galvanoplastique des matrices des billets. Cette pile, différente de celles que nous avons étudiées jusqu'à présent, paraît appelée à un certain avenir. Elle est fondée sur une expérience déjà très ancienne, et qui jusqu'à présent avait donné peu de conséquences pratiques.

On prend deux métaux différents, par exemple le bismuth et l'antimoine; on en fait deux soudures distinctes, et on fait entrer les soudures dans un circuit métallique. Aussitôt qu'une de ces soudures est plus chauffée que l'autre, un faible courant électrique se produit, allant de la soudure chaude à la soudure froide. L'intensité de ce courant augmente si l'on augmente le nombre des paires de soudures, les unes chauffées, les autres refroidies; le courant devient également plus fort, si la différence des températures des deux soudures est plus forte.

De cette expérience, M. Becquerel avait conclu un thermomètre électrique pour mesurer la température des lieux inaccessibles.

M. Clamond vient d'en conclure sa pile *thermo-électrique*. Celle-ci se compose d'un certain nombre de soudures métalliques chauf-

GRAVURE GALVANIQUE

La gravure galvanique, telle qu'elle a été inventée par M. Smée, donne des effets identiques à ceux de la gravure en taille-douce ordinaire, mais plus beaux et plus nets que ceux de la gravure à l'eau-forte. On se rappelle que, dans un bain de dorure, on met au pôle positif une plaque d'or qui se dissout peu à peu et entretient le bain toujours à un même état de saturation. Ce que l'on fait dans le bain d'or peut se faire également dans le bain de cuivre, si l'on a soin de prendre alors pour le cuivrage un appareil composé. C'est d'après cette observation que M. Smée a été conduit à inventer la gravure galvanique.

Sur une plaque de cuivre entièrement recouverte d'un léger vernis isolant, on a tracé un dessin; la plaque est plongée dans le bain de cuivre et placée au pôle positif. Le pôle négatif mis en regard du premier est formé par une lame de métal de même dimension que la première. Quand le courant passe, le cuivre se dépose sur la plaque négative et se dissout peu à peu au fond des traits marqués sur la plaque positive d'où le vernis isolant a été enlevé. A la fin de l'opération, la planche reproduit le dessin de la façon la plus nette et la plus régulière.

M. le prince de Leuchtenberg a renversé le résultat de M. Smée. D'après son procédé, on dessine sur le cuivre même, avec une encre grasse, la plus fluide qu'on puisse avoir : on dessine avec soin, effaçant, corrigeant le trait

fées par un bec de gaz, tandis que les soudures correspondantes sont refroidies par l'air ambiant. Un courant se forme assez intense pour produire la plupart des effets que nous avons vu produire par les autres piles. En ayant soin de brûler toujours le même volume de gaz, le courant est très constant. L'électricité revient par ce moyen à très bon marché, car pour produire les effets galvanoplastiques on ne dépense que quelques sous de gaz par jour.

aussi souvent qu'on le veut. Puis cette planche est portée dans le bain de cuivre au pôle positif. Quand le courant passe, le métal qui n'est pas recouvert d'encre isolante se dissout, et les parties qui en sont couvertes restent en relief. Plus l'encre est épaisse, plus le relief est accusé. L'épreuve qu'on obtient ainsi est le dessin lui-même.

PLANCHES DAGUERRIENNES

On a longtemps essayé de graver les épreuves du daguerréotype de manière à pouvoir tirer à l'encre les images obtenues par le soleil. La galvanoplastie a permis de résoudre ce problème, quelle que soit l'image daguerrienne.

On sait qu'on obtient les épreuves du daguerréotype sur une plaque d'argent poli ; les ombres sont produites par la surface brillante de l'argent lui-même, et les clairs par des gouttelettes de mercure attachées à l'argent, d'après le procédé même de Daguerre. Plus cette couche de mercure est épaisse, plus le point sera clair. Divers moyens avaient été successivement essayés pour graver la plaque ; M. Grove y est arrivé en appliquant le procédé imaginé par M. Smée pour la gravure.

La plaque daguerrienne est couverte, sur sa face postérieure, d'un vernis de gomme-laque, qui protège les parties inutiles au dessin. Puis elle est plongée dans un bain au pôle positif ; ce bain n'est composé que d'acide chlorhydrique dissous dans l'eau. Tandis que l'argent est promptement attaqué par cet acide, le mercure ne l'est que lentement et peu à peu. Aussi opère-t-on très vite. On place le pôle négatif, qui est une lame de platine de même dimension que la plaque, très près de celle-ci. Le courant passe, et au bout de trente secondes environ on retire la plaque daguerrienne, où l'argent seul a été attaqué. On lave avec une eau ammoniacale pour dissoudre les composés formés, et il reste une épreuve où les noirs sont représentés par des creux, les clairs par des pleins. On peut tirer à l'encre cette planche, ou bien en prendre une contre-épreuve par le cuivrage galvanique.

Cette reproduction est d'une fidélité extraordinaire! M. Grove a ainsi obtenu un écusson de $2^{mm}1/_2$ de hauteur, sur lequel étaient tracées cinq lignes d'inscriptions. Après la reproduction, on a pu lire très distinctement cette inscription, avec la même loupe dont on était obligé de se servir pour l'écusson lui-même.

Ce procédé et celui de M. Smée ont été appliqués à l'Imprimerie impériale de Vienne, et les épreuves obtenues ont toujours été magnifiques. On peut en voir de beaux modèles dans les galeries du Conservatoire des arts et métiers. Le seul inconvénient qu'on puisse reprocher à ces planches est une fragilité qui ne permet de tirer qu'un petit nombre d'exemplaires. Mais on peut reproduire les mêmes épreuves par les moyens précédemment indiqués.

M. Charles Nègre, en France, a perfectionné cette gravure héliogalvanique et a rendu les plaques plus solides. L'épreuve daguerrienne est portée dans un bain d'or ordinaire. Toute la surface libre se recouvre d'une légère couche d'or, mais les clairs où s'est attaché le mercure sont préservés. Les épreuves en taille-douce obtenues par M. Nègre (voir les épreuves de la cathédrale de Chartres) sont plus belles encore que celles de M. Grove.

GALVANOGRAPHIE

Dans la galvanographie, on poursuit le même but que dans la gravure galvanique, celui de faire servir le passage du courant à la reproduction des dessins. Mais au lieu de faire rougir la plaque servant de support, on dépose à sa surface une couche de vernis. Ainsi, dans le procédé, imaginé vers 1840, en Russie, par M. le prince de Leuchtenberg, on dessine directement sur la plaque de métal poli ; le dessin ne se fait pas à rebours, et l'on a tout le temps de le corriger. Les traits, marqués avec une encre très fluide et isolante, peuvent être aussi fins et aussi déliés qu'on le désire. Sur cette plaque on dépose une couche de ce cuivre galvanoplastique. L'encre isolante préserve du dépôt des linéaments du dessin, et la planche est gravée.

Il semble que l'encre, placée en certains points, est tellement peu épaisse, qu'elle ne se retrouvera plus sous le dépôt. Mais il faut remarquer que les moindres irrégularités du support sont fidèlement reproduites. C'est même en voyant exactement reproduites par le dépôt de cuivre les rayures d'une plaque plongée dans le bain électro-chimique, que Spencer découvrit en Angleterre la galvanoplastie et la fit immédiatement servir à la gravure.

Dans la galvanographie, on se sert de plaques d'argent très polies, ou encore de plaques recouvertes d'une couche d'argent galvanique, comme celles que l'on emploie dans le daguerréotype.

PROCÉDÉ DE M. DULOS

Le procédé de gravure de M. Dulos tient à la fois à la gravure ordinaire et à la galvanoplastie ; il est d'autant plus ingénieux qu'il est susceptible d'être modifié sans cesse pour être appliqué dans des cas particuliers.

On dessine comme à l'ordinaire, sans le faire à rebours, sur une plaque métallique, avec une encre grasse et isolante ; d'autres fois on dessine sur une plaque enduite d'un vernis isolant et que le crayon enlève dans son tracé. Sur la plaque ainsi préparée on verse un métal liquide, par exemple le mercure ou l'alliage fusible de d'Arcet, qui fond dans l'eau bouillante. Quand cet alliage, composé de plomb, bismuth et étain, se refroidit peu à peu, il redevient solide et reste aussi dur et aussi solide qu'un autre métal.

On peut remarquer que, lorsqu'on verse de l'eau sur un corps couvert de graisse ou même de poussière, cette eau ne se répand pas uniformément sur toute la surface; elle se divise en gouttelettes très rondes et isolées les unes des autres. Quand un liquide ne mouille pas la surface sur laquelle il est répandu il tend à se mettre en gouttelettes, et ce fait est appelé un *phénomène de capillarité*.

Lorsque M. Dulos versa un métal sur la plaque, il remarqua que le métal mouillait le support, mais ne mouillait pas l'encre grasse. En toute place où le métal est mis à nu, l'alliage fusible se répand uniformément; mais, sur les points recouverts d'encre grasse, l'alliage ne se répand pas; il se forme sur la plaque une série de rigoles dont les traits sont le fond, et qui, par leur ensemble, reproduisent le dessin tracé avec autant d'exactitude et de sensibilité. Les moindres points, les traits plus faibles sont représentés et forment des creux très fins dans la répartition du métal liquide.

Quand cette couche d'alliage fusible a été répandue sur la plaque, quand on en a régularisé l'épaisseur, on laisse refroidir et on enlève l'encre grasse; il reste alors une planche fortement gravée. On la porte dans un bain de cuivre, et on obtient la contre-épreuve en relief. Lorsqu'on a refondu l'alliage, la plaque peut servir plusieurs fois encore.

Si l'on dessine sur un vernis, il faut avoir soin, avant de commencer cette série d'opérations, de déposer une couche d'argent aux points où le vernis a été enlevé par le crayon. La couche d'argent suit les traits et les linéaments du dessin, et elle agit comme l'encre grasse, en déprimant l'alliage fusible.

Tel est le principe du procédé de M. Dulos. Mais le

procédé en lui-même est sans cesse perfectionné et modifié suivant la nécessité, et ce principe peut être appliqué de plusieurs façons différentes.

On n'a voulu indiquer ici que les procédés qui paraissent les plus utiles et les plus commodes, ceux du moins dont on fait le plus souvent usage. Il en existe beaucoup d'autres. On a appliqué d'autres principes et on a trouvé d'autres combinaisons aussi ingénieuses que celles que j'ai rapportées. Dans l'impossibilité d'énumérer toutes les applications de ce genre, je laisse ce qui a rapport à la gravure pour parler d'autres applications galvanoplastiques.

DÉPOT DE DIFFÉRENTS MÉTAUX

Beaucoup de métaux peuvent être déposés, comme l'or, l'argent et le cuivre. Les précautions qu'il faut prendre sont encore les mêmes, et aussi les appareils. Mais le but que l'on se propose est généralement différent. Avec les corps précédents, on cherchait surtout l'ornementation des objets, la reproduction de certains modèles. Les autres métaux, au contraire, sont déposés dans le but de conserver les supports. On sait en effet, que les métaux usuels, exposés à l'air et surtout à l'air humide, se couvrent d'une couche d'oxyde. Et même dans certains corps, tels que le fer, aussitôt qu'un des points de la surface est rouillé, l'oxydation marche rapidement et l'objet tout entier est bientôt transformé en une éponge de rouille. C'est là un fait que l'on explique par les actions électriques. La rouille et le métal forment les deux corps hétérogène nécessaires à la constitution du couple de Volta; l'air humide est le liquide qui les baigne, et l'électricité produite dépose l'air sur le pôle positif qui est le métal; celui-ci s'oxyde alors très rapidement, à travers la rouille qui est poreuse et perméable à l'air.

C'est en tenant compte de cette explication que l'on réunit deux corps particuliers convenablement choisis. On sait que, dans le couple voltaïque, le métal le plus facile à la rouille est toujours le pôle positif; dès lors, le courant qui se formera dans l'air humide déposera l'air sur le métal facilement oxydable et l'éloignera de l'autre solide. Ainsi on se sert fréquemment aujourd'hui du fer galvanisé, c'est-à-dire recouvert d'une mince couche de zinc; dans le couple formé par le fer, l'air humide et le zinc, celui-ci est le pôle positif; il va s'oxyder aussitôt qu'une crevasse aura mis le fer à nu. Mais comme l'oxyde de zinc n'est pas poreux, la rouille du pôle positif s'arrêtera immédiatement, grâce à cette sorte de vernis, et le fer restera intact.

C'est dans ce but de conservation que l'on dépose sur les métaux usuels de minces couches d'autres métaux rebelles à l'action de l'air humide.

Le *platine* se dépose facilement sur les métaux ordinaires; on emploie un bain formé par la dissolution du chlorure double de platine et de potassium, et pour que l'opération soit bien conduite, le bain est alcalinisé avec de la potasse. Les couches de platine se déposent quelquefois sur certains points réservés des objets dorés; la couleur mate et blanche du platine ajoute alors à l'ornementation. Mais le plus souvent, des couches excessivement minces de ce métal sont déposées sur le fer, l'acier, le cuivre, pour les préserver de l'oxydation. Ainsi on platine des armes, des ustensiles de laboratoire, des pièces d'horlogerie, pour les rendre entièrement inoxydables et par conséquent inusables; le prix n'est pas plus élevé que si l'on faisait recouvrir ces objets d'une couche d'argent, à cause de la faible épaisseur du dépôt.

Le *plomb* se dépose assez facilement sur la fonte. On emploie un bain d'acétate de plomb, ou mieux encore une dissolution de litharge dans la potasse. On fait quelquefois usage de chaudière en tôle plombée pour remplacer les chaudières en tôle.

Quelquefois on dépose le *fer* sur du cuivre. Lorsqu'on se sert d'une planche de cuivre pour la gravure, on peut tirer un nombre assez considérable d'épreuves; mais, à la fin du tirage, la finesse des traits est altérée, et il faut rejeter la plaque pour en faire une nouvelle, si l'on veut recommencer à prendre des épreuves; on a proposé de déposer sur la planche de cuivre une mince couche de fer qui résiste très bien à la pression. Lorsque, par suite de l'usage, l'aciérage commence à disparaître, on peut le renouveler, et le dessin reste toujours aussi fin qu'en sortant des mains du graveur. On ferre la plaque de cuivre en la plongeant dans un bain préparé : le dépôt se fait sans l'emploi de l'électricité. Le bain s'obtient en plongeant une plaque de fer dans un bain de chlorure d'ammoniaque : la plaque de fer est le pôle positif, et une lame de platine placée dans le liquide est le pôle négatif. L'électricité n'intervient ici que pour la formation du bain.

En Amérique, les objets *nickélisés* sont depuis longtemps très répandus. Le nickel, déposé en couche galvanique, est poli, blanc jaunâtre et très dur. Il ne s'oxyde pas facilement et conserve ses propriétés bien plus longtemps que le platine. En France, le goût du nickel commence également à se répandre. On dépose la couche de nickel dans des bains chargés du chlorure de ce métal. Les préparations qui précèdent ou suivent le dépôt, la composition exacte du bain[1], sont encore tenues secrètes par la plupart des industriels. Mais il est à craindre que le nickel ne soit pas très recherché de longtemps encore, car la couche de ce métal n'adhère pas au support, elle s'en détache facilement par le brunissage, ou

[1] Le plus souvent on emploie, pour les bains de nickel, le sulfate double d'ammoniaque et de nickel; il faut de plus que le bain soit acide.

même par la dilatation spontanée sous l'action de la température ambiante. Cependant, on est arrivé à de très bons résultats en déposant le nickel sur un métal bien poli et bien travaillé d'avance. Le dépôt est alors obtenu très compact et très beau.

ZINGAGE

On vient d'expliquer la longue conservation du fer galvanisé, c'est-à-dire du fer recouvert d'une couche de zinc, et de laisser pressentir les fréquents usages auxquels est employé ce produit industriel.

Pour galvaniser le fer, on le décape dans un bain d'eau seconde. En faisant longuement macérer des tourteaux de colza, l'eau se charge des acides qui ont servi à extraire l'huile, et elle devient propre à enlever la couche de rouille qui recouvre toujours le fer. Lorsque le métal est tiré de ce bain de décapage, il est plongé dans un creuset en tôle épaisse rempli de zinc fondu; puis les pièces zinguées sont plongées dans un bain ammoniacal, où elles sont débarrassées de l'excès de zinc. Elles sont ensuite livrées au commerce.

Les fils du télégraphe, qui doivent être tous zingués, sont plongés en paquet dans un bain de décapage; ils sont ensuite enroulés sur un cylindre, et conduits dans le creuset de zinc; le fil ne pénètre dans le métal fondu qu'en traversant une épaisse couche de graisse, laquelle préserve le liquide métallique du contact de l'air. En sortant du creuset, le fil passe dans un trou de filière qui exprime l'excès du zinc et en régularise l'application; puis il va s'enrouler sur des bobines en tôle.

Le zingage du fer augmente de 5 à 6 pour 100 le poids primitif du métal. Cette industrie est en ce moment très importante dans toute la France.

ÉTAMAGE

On dépose l'étain sur les objets pour les conserver inaltérables. Les ustensiles destinés à la cuisine, et dont la plupart sont en cuivre, doivent être étamés avec grand soin pour éviter les accidents qu'occasionne l'oxydation du cuivre; de même, les couverts en fer, dont se servaient, avant la découverte de la galvanoplastie tous ceux qui ne pouvaient avoir de l'argenterie massive, devaient encore être étamés soigneusement, pour être propres et sains.

Autrefois, après avoir bien décapé les objets et les avoir chauffés au rouge, on versait directement sur eux de l'étain fondu. La couche d'étain était régularisée avec un tampon d'étoupe. Ce procédé très simple et très élémentaire est encore souvent employé.

De même pour étamer la tôle, c'est-à-dire pour fabriquer du fer-blanc, après avoir bien décapé ces plaques, on les trempe, pendant un certain temps, dans un bain de suif qui les sèche complètement; on les plonge ensuite dans l'étain fondu où elles restent pendant une heure; on laisse écouler le métal en excès, et on coupe le bourrelet qui s'est formé inférieurement: il ne reste plus qu'à laver le fer-blanc, à le réchauffer pour égaliser la couche d'étain et enfin à le brillanter avec de l'étoupe et du blanc d'Espagne.

Aujourd'hui ces procédés ne sont plus usités que pour les objets de grandes dimensions. Pour les petites pièces, telles que clous, épingles, etc., on emploie un étamage électrique. On forme un bain, dont la composition a été donnée par M. Roseleur, et qui contient de l'hypophosphate de soude et du chlorure d'étain : ce bain, tout bouillant, est agité continuellement pour être rendu homogène. Puis les objets sont mis sur une plaque de zinc percée de trous. Cette sorte de crible est enfoncée dans le bain. On agite fortement, on retourne les objets et l'étain se dépose peu à peu.

Ce dépôt se fait par l'action électrique. Le métal formant le clou et le zinc formant le crible sont séparés par un liquide, comme il arrive dans la pile de Volta ; le liquide est décomposé, le zinc se dissout et l'étain se dépose sur le fer ou le laiton.

Les bains, en vieillissant, deviennent pauvres en étain et restent chargés de chlorure de zinc. On laisse reposer le liquide, et bientôt on le voit se séparer en deux couches très nettes : l'une est claire et très riche en sel de zinc ; l'autre, trouble et chargée de toutes sortes d'impuretés, est rejetée ; la première est décantée, mise dans des *baquets de conservation*, où l'on vient de placer les pièces à étamer pendant le temps qui s'écoule entre le décapage et l'étamage définitif. Dans ces baquets, il se produit un commencement d'action électrique ; la première couche d'étain qui se dépose dans ce baquet de conservation a toutes les propriétés des dépôts galvaniques, ainsi elle adhère fortement au métal ; si le premier dépôt d'étain formé laisse l'action se continuer, il se précipite bien encore de l'étain métallique, mais cette nouvelle couche n'est due qu'à des actions chimiques ; les conditions du couple voltaïque étant changées, et elle n'est plus adhérente au support.

CONSERVATION DU DOUBLAGE DES NAVIRES.

Les navires, surtout lorsqu'ils naviguent vers l'embouchure des fleuves où l'eau douce se mélange à l'eau salée, sont rapidement attaqués par certains insectes, les tarets, qui percent la carène et font bientôt une foule de trous par où pénère l'eau de la mer. En outre, d'innombrables coquilles s'attachant au bois du vaisseau, en augmentent considérablement le poids, et causent à la navigation les plus grands dommages, soit en retardant la marche, soit en diminuant le fret. Ces dépôts de coquilles sont tellement durs et adhérents, qu'il faut un temps très long et une force très considérable pour les détacher.

On s'est occupé de tout temps à préserver les carènes des vaisseaux de ces deux causes de destruction. Il y a environ un siècle, les Anglais essayèrent sur quelques vaisseaux isolés de doubler les carènes avec du cuivre. L'avantage fut immédiat, et lors de la guerre de l'Indépendance, la marine anglaise put rendre de très grands services et obtint une supériorité incontestable sur les autres flottes, parce qu'elle se composait de vaisseaux entièrement doublés en cuivre. Mais on remarqua bientôt que ce dernier métal s'usait rapidement et que l'eau de mer était un puissant corrosif. En 1814, les lords de l'Amirauté engagèrent l'illustre Davy à s'occuper de cette question, et lui fournirent tous les moyens de la résoudre.

Après quelques expériences dans son laboratoire, Davy annonça à la Société royale de Londres que le cuivre couvert de quelques morceaux de zinc et de fer convenablement répartis est entièrement préservé de la corrosion. L'explication que Davy donnait de ce fait n'est plus admise aujourd'hui, et on a reconnu que la préservation du cuivre par le zinc avait la même cause que celle du fer par le même métal. Les expériences, que l'on avait si bien faites dans le cabinet, furent recommencées dans les ports de Chatham et de Portsmouth. Quelques morceaux de zinc, de fer ou de fonte furent répartis sur des plaques de cuivre exposées à l'action de la marée pendant plusieurs semaines; les plaques restèrent nettes et propres. Mais bientôt il se forma sur le cuivre un léger dépôt terreux; et aussitôt il se rassembla des quantités de plantes et de coquilles marines que les propriétés vénéneuses du cuivre tenaient éloignées. Un vaisseau ainsi protégé entraînerait toute une forêt avec lui.

La proposition de Davy ne fut donc pas adoptée. Depuis

lors, malgré bien des travaux, il ne parait pas qu'on soit arrivé à des résultats pratiques nets et acceptables. La seule modification qu'on ait apportée au doublage des navires est de les faire maintenant en un bronze, alliage de cuivre et d'étain. Ce doublage est moins altéré par l'eau salée que le cuivre, et on a remarqué qu'une carène, qui avait déjà subi dix ans de navigation, ne présentait aucune trace sensible de corrosion.

DÉPOT DES ALLIAGES

Il serait très important de pouvoir déposer sur les métaux une couche d'alliage. Ainsi, le laiton, qui rend de si grands services, et qui est formé de cuivre et de zinc, s'altère peu à l'air; il se conserve longtemps intact, alors que le cuivre rouge se couvre de vert-de-gris.

On a par suite cherché à déposer sur les objets, et par l'électricité, un mélange de cuivre et de zinc dans des proportions qui donnent le laiton.

Le problème est difficile : l'électricité ne dépose pas des matières suivant nos désirs, mais elle suit toujours des lois régulières plus ou moins faciles à distinguer.

La quantité d'un métal déposé au pôle négatif varie avec une foule de circonstances, avec la force du courant, avec les proportions des matières qui composent le bain, et encore avec la température du liquide : l'effet produit est toujours excessivement complexe. Tant qu'il ne s'agit que d'obtenir un résultat simple, comme les précipitations d'un métal unique, les diverses circonstances extérieures étaient assez indifférentes, car il ne pouvait se déposer que du métal désiré. Mais aussitôt qu'on cherche un résultat complexe, tel que le dépôt d'un alliage, les influences étrangères ne peuvent plus être négligées : de leur ensemble dépendent les proportions des corps déposés.

En formant un bain avec les quantités relatives nécessaires à la composition du laiton, on aurait, avec les courants de la galvanoplastie ordinaire, du cuivre rouge pur. Si, au contraire, on prend un courant très intense, le dépôt est formé de zinc blanc unique. Il faut donc chercher un courant convenablement fort, faire des essais continuels, marcher longtemps à tâtons, avant d'obtenir ce que l'on recherche. C'est pourquoi les dépôts d'alliage sont si peu usités dans la pratique. Pourtant on emploie encore assez souvent les bains de laiton et ceux de bronze.

Les bains de laiton s'obtiennent en mettant dans le bain de cuivre, et au pôle positif, une lame de zinc, de sorte que, pendant que, sous l'influence du courant électrique, le cuivre se dépose d'un côté, le zinc se dissout de l'autre. Au bout de quelques heures, lorsqu'il se dépose un mélange de cuivre et de zinc de la couleur qu'on demande, on s'arrête, on conserve le bain ainsi préparé, dans lequel on plonge les pièces à couvrir : mais il faut opérer très rapidement, comme dans la dorure ordinaire. On ne laitonise que les pièces de fonte, fer ou zinc ; on leur donne ainsi l'apparence du cuivre jaune, ou même l'aspect du métal de différentes couleurs. — Comme les proportions du bain changent à mesure que le dépôt s'opère, on doit avoir soin de prendre pour pôle soluble une lame formée d'avance et composée de l'alliage qu'on recherche.

Les bains de bronze s'obtiennent en mélangeant, suivant des proportions dépendant de l'effet désiré, des dissolutions de carbonate de potasse et d'azote d'ammoniaque avec du chlorure de cuivre et du chlorure d'étain. Le bronze ordinaire des bouches à feu contient du cuivre et de l'étain : cet alliage se dépose lentement quand on prend les mêmes précautions que pour le laiton. On bronze ainsi quelquefois les métaux ordinaires pour les rendre moins altérables au contact de l'air et leur donner un aspect spécial.

DÉPOT DES OXYDES

Il serait très avantageux de recouvrir les métaux que l'on veut préserver de l'oxydation, non pas d'une couche de métal moins oxydable, mais d'une couche de métal déjà oxydé, et assez adhérente pour former une gaine protectrice. Quand il faudrait porter les objets à de hautes températures, l'oxydation de la couche extérieure ni celle du métal interne ne pourraient avoir lieu. Ces oxydes inaltérables à toutes les actions sont le peroxyde de plomb et surtout le peroxyde de fer, qui se forme spontanément sur les pièces de fer rougies, mais qui, dans ce cas, n'est pas adhérent au métal. La solution du problème a été donnée par M. Becquerel dès 1843 ; mais il est à remarquer que ces procédés trop délicats ne sont pas encore passés dans l'industrie.

Le bain qui déposera du peroxyde de fer est assez difficile, non à obtenir, mais à conserver : il faut le tenir à l'abri de l'air dans un bocal bouché à l'émeri et placé dans le vide. C'est une dissolution de sulfate de fer dans l'ammoniaque. Versée dans un vase poreux, cette dissolution forme le second liquide de la pile où plongera le pôle positif, à l'extérieur du vase poreux est placée la composition ordinaire d'acide sulfurique et de zinc qui contient le pôle négatif. En réunissant les pôles, le courant s'établit ; l'eau est décomposée, l'oxygène est poussé dans le vase poreux et il oxyde le sel de fer, lequel se déposera à l'état de peroxyde sur la lame positive. Après quelques minutes, on a obtenu un dépôt brun rouge, très adhérent, et il faut s'arrêter. Il se déposerait ensuite un oxyde d'un violet foncé moins adhérent. Ce procédé pourrait servir à préserver les pièces de fer, de fonte, d'acier, de zinc, qui sont d'un usage journalier.

Les bains qui déposent le peroxyde de plomb s'obtiennent de la même façon, en remplaçant seulement l'ammoniaque par la potasse; ils sont beaucoup plus faciles à conserver. Le mode d'action est le même ainsi que les précautions à prendre; il se dépose au bout de quelques instants une couche brune adhérente. Cette couche préservatrice pourrait être déposée sur le fer, le cuivre ou le laiton, et elle donnerait à ces corps l'aspect du bronze artistique.

Cette couche de peroxyde de plomb affecte même diverses couleurs suivant les précautions que l'on prend, et M. Becquerel en a conclu un moyen pour obtenir des dépôts colorés. La plaque de métal est toujours fixée au pôle positif dans un bain formé de potasse et de plomb; puis, avec le pôle négatif, on touche un des points de l'objet pendant quelques secondes. On voit aussitôt se former en ce point une série d'anneaux colorés, très brillants, comme ceux qui parent les bulles de savon. Ces anneaux sont dus à des couches de différentes épaisseurs de peroxyde de plomb. Les colorations des bulles de savon ont été expliquées par Newton. Un savant italien, M. Nobili, les avait formées sur les métaux, M. Becquerel a fixé par ce procédé l'apparence fugitive des anneaux de M. Nobili.

Au lieu de toucher un point unique de la plaque positive, il faut promener la pointe négative rapidement et sur toute la surface, sans la toucher. Alors les anneaux se mêleront, se brouilleront les uns les autres, et on aura une couleur unique produite par une épaisseur uniforme de la couche déposée. On voit ainsi l'objet prendre toutes les couleurs, depuis le rouge jusqu'au violet, et l'on s'arrête à celle que l'on désire. Cette curieuse expérience n'exige cependant qu'une grande habileté et un tour de main que l'usage donne rapidement.

Aussitôt que l'objet est coloré, on le retire du bain; on le lave à grande eau et on le sèche avec de la sciure de bois chauffée. La coloration apparaît enfin, très adhérente et très stable. La surface peut être touchée, frottée loucement sans être altérée, et elle se conserve longemps en cet état. M. Becquerel montre divers objets ainsi colorés depuis plus de vingt ans; la vivacité des eintes n'en est pas diminuée.

Mais si l'air n'a aucune action sur ces couleurs, il n'en aut pas moins user de grandes précautions pour la conservation de ces objets. L'eau acidulée, les mains humiles, les émanations sulfureuses effacent et ternissent rapidement ces teintes en agissant chimiquement sur la couche plombeuse. Lorsqu'on ne veut pas les mettre sous erre, on les recouvre d'une épaisse couche de vernis ncolore qui empêche l'action de l'air. Ce vernis, déjà aturé d'oxygène, est formé par la dissolution, dans l'huile le lin, de litharge et de sulfate de zinc. Comme il contient déjà du plomb, il ne peut avoir aucune action sur a couche colorante.

Il y a lieu de s'étonner que l'industrie n'ait pas, jusqu'à présent, usé de ces moyens. Le principe est certainement applicable, quoiqu'il n'y ait encore là qu'un travail de laboratoire, une expérience scientifique; on doit s'attendre à en voir sortir une nombreuse série d'applications usuelles. Ce qui n'est pas fait se fera un jour.

FIN

TABLE DES FIGURES

TABLE DES MATIÈRES

CHAPITRE IV

CHAPITRE V

CHAPITRE VI

CHAPITRE VII

LIVRE II

MACHINES D'INDUCTION

CHAPITRE I

CHAPITRE II

CHAPITRE III

LIVRE III

LUMIÈRE ÉLECTRIQUE

CHAPITRE I

CHAPITRE II

LIVRE IV

GALVANOPLASTIE

CHAPITRE I

CHAPITRE II

CHAPITRE III

5796. — IMPRIMERIE A. LAHURE,
rue de Fleurus, 9, à Paris.

www.ingramcontent.com/pod-product-compliance
Lightning Source LLC
Chambersburg PA
CBHW060133200326
41518CB00008B/1015